高等职业院校公共基础课系列教材

信息技术基础立体化教程

主　编　沈萍　张莉

副主编　傅晓婕

西安电子科技大学出版社

内 容 简 介

本书以教育部颁布的《高等职业教育专科信息技术课程标准 (2021 年版)》为指导，以提升大学生的信息素养和信息技术应用能力为目标组织编写，书中既安排了对计算机基础知识的系统讲解，又加入了 5G 技术、云计算、人工智能等互联网新技术的介绍。

本书分为两篇，共 7 章，内容包括走进互联网、互联网应用、互联网新技术、Windows 10 基本操作、Word 文档编辑、Excel 电子表格以及 PowerPoint 演示文稿。

本书语言浅显易懂，条理清晰，案例丰富，可作为高等职业院校公共基础课程的教材，也可作为互联网应用相关课程的配套教材，还可供广大计算机爱好者自学使用。

图书在版编目 (CIP) 数据

信息技术基础立体化教程 / 沈萍，张莉主编 . -- 西安：西安电子科技大学出版社 , 2024. 8. -- ISBN 978-7-5606-7378-3

Ⅰ. TP3

中国国家版本馆 CIP 数据核字第 2024PR7318 号

策　　划	刘小莉	
责任编辑	刘小莉	
出版发行	西安电子科技大学出版社 (西安市太白南路 2 号)	
电　　话	(029) 88202421　88201467	邮　　编　710071
网　　址	www.xduph.com	电子邮箱　xdupfxb001@163.com
经　　销	新华书店	
印刷单位	陕西博文印务有限责任公司	
版　　次	2024 年 8 月第 1 版　　2024 年 8 月第 1 次印刷	
开　　本	787 毫米 × 1092 毫米　1/16　印 张 14.5	
字　　数	317 千字	
定　　价	46.00 元	

ISBN 978-7-5606-7378-3

XDUP 7679001-1

*** 如有印装问题可调换 ***

前　言

　　信息技术已成为经济社会转型发展的主要驱动力，它是建设创新型国家、制造强国、网络强国、数字中国、智慧社会的基础支撑。提升学生信息素养，增强个体在信息社会的适应力与创造力，对个人的生活、学习和工作，对全面建设社会主义现代化国家都具有重大意义。

　　能以计算机为核心，利用一系列现代化办公设备和先进的互联网技术随时随地处理各种信息化业务，全面、迅速地收集、整理、加工、使用信息，高效地协同工作，是对当代大学生和现代办公室工作人员的基本信息素养要求。本书的编写以"必需、够用"为原则，主要内容包括 Internet 简介，互联网在学习、生活、工作中的应用，5G 技术、物联网、大数据、云计算、人工智能等互联网新技术介绍，Windows 10 的基本操作，Word 文档编辑、Excel 电子表格及 PowerPoint 演示文稿的使用。本书引导读者理解互联网内涵，智慧运用互联网和办公自动化技术，高效整合资源，从而提高读者解决实际问题的能力。

　　本书在内容选取上，注重实用性和代表性；在内容编排上，将相关知识点分解到任务中，让读者通过对任务的分析和实现来掌握相关理论知识；在编写风格上，强调任务先行，通过任务引入、知识讲解、任务实施，逐步为读者建立完整的知识体系；在教育思想上，以人为本，充分将"思政元素"与"专业知识"合一，引导读者主动思考、悟化于心；在资源配置上，提供教学课件、课程标准、电子教案、微课视频、练习题库等，读者可以在出版社官网获取，方便学习。

　　本书由沈萍、张莉担任主编，傅晓婕担任副主编，具体编写分工为：第 1 章由傅晓婕编写，第 2 章至第 5 章由沈萍编写，第 6 章和第 7 章由张莉编写。全书由沈萍设计与统稿。感谢参与本书编写与出版的所有人员，特别感谢杭州全速网络技术有限公司的张春燕经理，她对本书的编写提出了宝贵的建议。在编写本书的过程中，编者参考了大量专家与学者的相关文献，在此谨向有关的专家与学者表示深深的谢意。

　　由于互联网、信息技术的发展非常迅速，加之编者水平有限，书中难免存在不足之处，恳请同行专家和广大读者批评指正。

编　者

2024 年 5 月

目　录

第1篇　互联网应用基础

第2篇　办公自动化

第1篇
互联网应用基础

第 1 章　走进互联网

能力目标

- 了解 Internet；
- 掌握 Internet 的常用应用。

素质目标

- 提升网络素养，助推网络强国。

实践任务

- 浏览网站；
- 收发电子邮件；
- 上传、下载文件。

习近平总书记在乌镇视察"互联网之光"博览会时指出："互联网是 20 世纪最伟大的发明之一，给人们的生产生活带来巨大变化，对很多领域的创新发展起到很强的带动作用。"21 世纪，互联网已经渗透到人们生活的方方面面，成为现代文明进步的重要推动力。

1.1

Internet 简介

Internet 是世界上覆盖面最广的计算机网络，中文译名为"因特网"。它采用 TCP/IP 协议，实现了全球范围内不同国家、不同地区、不同结构类型的计算机、国家骨干网、广域网、局域网等设备之间的高速互联。

认识 Internet

Internet 的起源可以追溯到 20 世纪 60 年代，当时美国国防部为了保证通信系统的可靠性，开始研究一种新型的通信技术。1969 年，美国国防部成功研发出了第一个计算机网络——ARPAnet，它将美国的 UCSB(加州加利福尼亚大学)、University of Utah(犹他州大学) 等 4 所大学的计算机连接在一起，这被视为互联网的萌芽。随着 ARPAnet 的不断发展，越来越多的大学、企业加入了这个网络。

在 ARPAnet 的成功激励下，计算机网络领域逐渐涌现出了其他类型的网络。例如，夏威夷建立了 ALOHA 无线电网络，硅谷发明了以太网络，等等。1973 年，ARPAnet 通过卫星通信实现了与夏威夷、英国伦敦大学和挪威皇家雷达机构的联网。从美国本地互联网络逐渐发展成为国际性互联网络，ARPAnet 经历了一系列的进化过程。

1980 年，传输控制协议 / 网际协议 (Transmission Control Protocol/Internet Protocol，TCP/IP) 研制成功，它规定了数据在网络中的传输方式，使得网络内不同硬件、不同操作系统的计算机能够无障碍通信。1983 年，TCP/IP 协议正式被作为 ARPAnet 的通信协议，为 Internet 的发展奠定了基础。

20 世纪 80 年代中期，由于科学研究计算资源的稀缺性以及分布在不同地理位置的研究人员对于高速通信和大量数据传输的需求，美国国家科学基金会 (National Science Foundation，NSF) 在全美范围内建设了多个超级计算中心，并资助了一个主干网络 NSFnet 来直接连接这些中心，以促进科研机构之间的信息交流和资源共享。NSFnet 于 1990 年完全取代 ARPAnet 成为互联网的主干网。

美国发展 NSFnet 的同时，全球其他国家和地区也在建设自己的 Internet 骨干网，并与美国的 Internet 相联，最终形成了庞大的国际互联网。随着 Internet 规模的不断扩大，它所提供的信息资源和服务也变得越来越丰富，涉及的领域包括军事、经济、健康、新闻、社交等，形成了一个集各个领域信息资源为一体，供用户共享的信息资源网络。尤其是在 1991 年，英国物理学家 Tim Berners-Lee 在欧洲粒子研究中心发明了采用超文本标记语言的万维网 (World Wide Web，WWW)，使网络上的信息通过超链接连接起来，创造了世界上最大的信息库，使人们可以通过浏览器轻松获取各种信息、发布自己的观点、与他人交流互动等。

中国 Internet 的发展历程可以分为以下几个阶段：

(1) 1987 年至 1995 年，互联网的起步阶段。1987 年，中国发送第一封电子邮件"越过长城，走向世界"，标志着中国开始接触互联网。1994 年，"中国国家计算与网络设施"工程 (NCFC) 通过国际线路连到美国，正式融入国际互联网，成为世界上第 77 个接入互联网的国家。

中国 Internet 的发展

(2) 1996 年至 2000 年，互联网的蓄势待发阶段。1996 年，中国首个互联网骨干网——中国科技网 (CSTnet) 开通。随后，中国互联网骨干网不断增强，形成了以中国科技网、中国教育和科研计算机网、中国公用计算机互联网和中国金桥信息网四大骨干网为主体的互联网基础设施。同时，中国互联网的商业化进程开始加速，互联网开始进入人们的生活和工作，免费邮箱、新闻资讯和即时通信成为受欢迎的应用。

(3) 2001 年至 2008 年，互联网的爆发阶段。随着人们对互联网需求的持续增长，中国互联网产业蓬勃发展，互联网应用领域日益丰富。电子商务、在线媒体、社交网络等领域高速发展。同时，互联网公司兴起，阿里巴巴、腾讯、百度等全球知名的互联网企业脱颖而出。至 2008 年，中国网民数量达到 2.98 亿，首次超越美国，位居全球第一。

(4) 2009 年至今，移动互联网的崛起阶段。随着智能手机的普及和移动互联网技术的发展，中国移动互联网产业蓬勃兴起，移动支付、共享经济、短视频等取得巨大成功，微博、微信、在线购物、网约车等服务逐渐普及。同时，中国互联网发展也面临网络安全、数据保护、数字鸿沟等挑战。

注意：国际上，因特网和互联网是两个不同的概念。

• 因特网 (Internet)：通过工业、教育、政府以及科研部门中的自治网络将用户连接起来的全球网络，采用 TCP/IP 协议。

• 互联网 (internet)：可以将两个或多个相互连接的局域网组成一个互联网。

这两者之间的关系如图 1-1 所示。

因特网和互联网的关系

图 1-1　因特网和互联网的关系

Internet 主要应用

1.2

Internet 的主要应用

世界因互联网而更加丰富多彩，生活也因互联网更丰富多元。通过使用互联网，人们可以与远方的朋友视频聊天，随时共享资源；可以宅在家中，买遍全球好物；能够身临其境地体验世界各地的风景名胜；也可以在各种平台上学习知识和技能等。可以说，互联网的发展深刻地改变了我们的生活和社会。

Internet 最初的服务主要包括以下 4 个方面。

1. 万维网 (WWW)

WWW 即全球信息网，简称 Web 或万维网。WWW 由 Internet 上所有 Web 服务器提供的网页组成，不同网页之间通过超链接相互连接，用户只需要使用标准浏览器就能访问所需网页，并通过点击网页中的超链接跳转到其他网页。

1989 年，WWW 起源于欧洲粒子研究中心 (CERN)，是由物理学家 Tim Berners-Lee 设计的一个用于浏览和检索信息的系统。最初，WWW 是为了方便参与核物理实验的分布在不同国家的科学家之间交流研究报告、装置蓝图、图画、照片等文档而设计的网络通信工具。浏览 WWW 就是访问存储在 Web 服务器上的超文本文件——Web 网页，这些网页通常由超文本标记语言 (HTML) 编写，并在超文本传输协议 (HTTP) 的支持下运行。网站是由多个网页组成的集合，这些网页通常具有相同的主题或目的，并且每个网页都对应唯一的地址，用统一资源定位符 (URL) 来表示。URL 是一种用于描述 Internet 上网页和其他资源的地址的标识方式，即我们所称的"网址"。

WWW 极大地便利了获取信息的过程，通过搜索引擎，人们可以轻松地找到他们需要的信息。无论是学术研究、娱乐资讯还是商业信息，都能在 WWW 上找到。这不仅扩展了人们的知识面，还促进了信息的传播和共享。

动一动：打开浏览器访问网站"学习强国"，如图 1-2 所示。

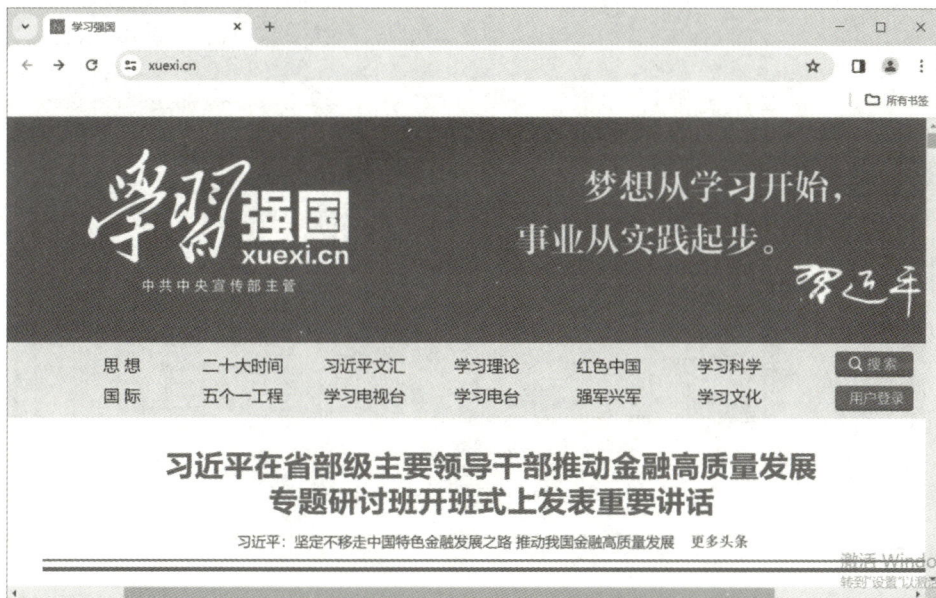

图 1-2　WWW 服务：访问学习强国网站

2. 电子邮件 (E-mail)

电子邮件 (Electronic-mail) 简称 E-mail，是一种通过电子手段进行信息交换的通信方式。作为 Internet 上应用最广泛的服务之一，电子邮件系统允许用户以非常低廉的价格 (无论发到何地，只需支付网络网费)，在极短的时间 (几秒) 之内将电子邮件发送到世界上任何指定的目的地，与全球任何一个网络用户联系。电子邮件可以以文字、图像、声音等多种形式传递信息。同时，用户还可以获得大量免费的新闻、专题邮件，并轻松地进行信息搜索。

世界上第一封电子邮件是在 1971 年发送的。当时 ARPAnet 正在积极发展中，但参与该项目的科学家们分布在不同的地点进行着各自的工作,无法方便地分享研究成果。于是,BBN 公司的麻省理工博士 Ray Tomlinson 实现了电子邮件的发送和接收功能,以便科学家们可以快速地共享想法和研究成果。Tomlinson 选择使用符号"@"将用户名与主机名分隔,这种创新成为电子邮件地址的标准格式。

20 世纪 80 年代末和 90 年代初,随着互联网的普及,电子邮件的使用也迅速增长。许多公司和组织开始提供电子邮件服务,使员工和客户能够通过电子邮件进行交流和沟通。同时,个人计算机的普及使得人们能更方便地使用电子邮件。据统计,截至 2023 年,全球电子邮件用户数量约为 43.7 亿,比上一年增长了 2.7%,这意味着世界上超过一半的人正在使用电子邮件,电子邮件已成为人们日常通信的重要工具。

动一动:使用你的邮箱 (如 QQ 邮箱) 收发电子邮件,如图 1-3 所示。

图 1-3　电子邮件服务:收发邮件

3. 文件传输 (FTP)

当需要分享大量文件或信息资料给他人,或者需要从其他地方获取有价值的信息资料时,可以使用 Internet 提供的文件传输协议服务。

FTP(File Transfer Protocol) 即文件传输协议,它是因特网上的另一个主要服务。该服务名称来源于其所使用的协议,各类文件存储在 FTP 服务器上,用户可以通过 FTP 客户端连接 FTP 服务器,并利用 FTP 协议进行文件的下载或上传。

下载指的是通过相应的客户端程序,在文件传输协议的控制下,将因特网共享文件服务器中的文件传输至本地计算机的过程。上传则是将本地计算机中的文件传送至 FTP 服务器的过程。

FTP 客户端 - 服务器协议最初的标准是由印度计算机科学家 Abhay Bhushan 编写的 RFC114,于 1971 年 4 月 16 日公布,旨在促进 APRAnet 文件传输。

动一动：在实训室机房里利用 Serv-U 完成作业下载和作业上传。服务端如图 1-4 所示。

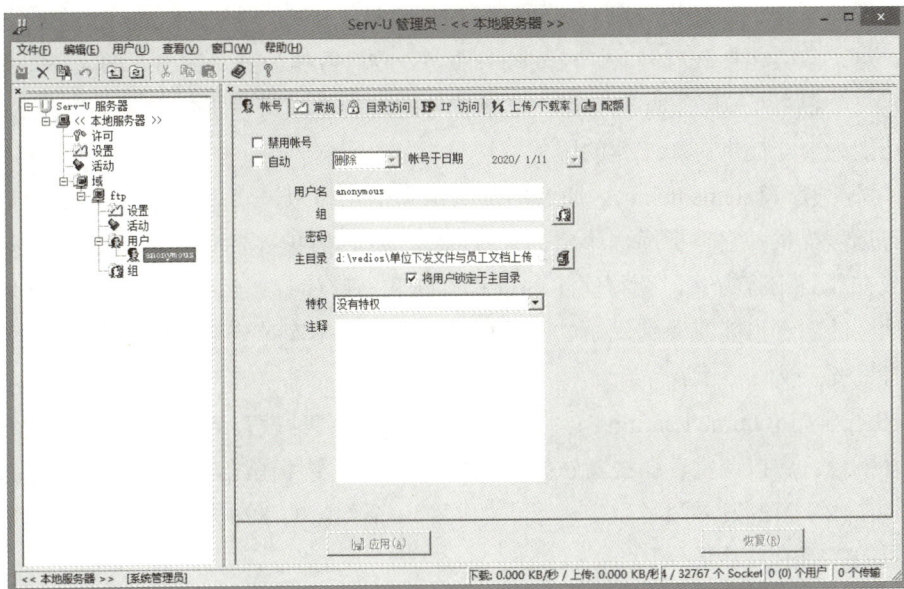

图 1-4 文件传输服务：Serv-U 服务器

4. 远程登录 (Telnet)

Telnet 是一种基于 TCP/IP 网络 (如 Internet) 的远程登录和仿真程序，起源于 1969 年的 APRAnet。通过 Telnet，用户可以坐在自己的计算机前用 Internet 登录到另一台远程计算机上，无论这台计算机是在隔壁房间还是在地球的另一端。一旦登录到远程计算机，本地计算机就成为远程计算机的一个终端，用户可以直接操纵远程计算机，享受与本地终端同样的操作权限，如图 1-5 所示。

图 1-5 远程登录服务

Telnet 的主要用途是利用远程计算机上拥有但本地计算机上没有的信息资源，如果主要目的是在本地计算机和远程计算机之间传输文件，那么与其使用 Telnet，不如使用 FTP 可能更为快捷有效。

随着 Internet 以及社会和经济的发展变化，出现了许多新的业务，主要包括以下几个方面。

(1) 电子商务 (E-Commerce)：通过电子通信网络进行的商业交易活动。其中包括在线销售商品和服务、在线交易等。电子商务采用了多种交易模式，如企业对企业 (B2B)、企业对消费者 (B2C) 和消费者对消费者 (C2C)。电子商务平台如淘宝、京东等，极大地改变了传统商业模式，并提高了交易效率和便捷性。

(2) 电子政务 (E-Government)：政府利用信息技术和网络通信技术，对政府管理和服务职能进行电子化、数字化改造。这样可以提高政府工作效率和透明度，方便公众获取政府服务。电子政务包括政府网站、在线政务服务、政府数据公开等服务，如"浙里办""电子社保卡""互联网＋政务服务"等。电子政务的发展不仅可以提高政府的工作效率和透明度，还能为公众提供更加便捷的服务。

(3) 远程医疗 (Telemedicine)：通过通信网络和信息技术，实现医疗资源的远程共享和医疗服务远程提供。它包括远程诊断、远程会诊、远程监护等多种形式。患者可以通过网络视频或在线咨询等方式，获得医生的远程诊断和治疗建议。远程医疗打破了地域限制，让偏远地区的患者也能享受到优质的医疗资源，对于平衡医疗资源分配以及提高医疗服务效率具有重要意义。

(4) 在线学习 (Online Learning)：通过互联网进行的各种教育活动。其中包括网络课程、在线教育平台、虚拟课堂、在线考试等。学生可以通过多种在线形式进行学习，获得知识和技能。在线学习的发展为学生提供了更加灵活和个性化的学习方式，同时也为教育机构提供了更加广阔的教学平台。

(5) 网上娱乐：通过互联网提供的各种娱乐内容和服务。它包括在线音乐、在线视频、网络游戏、社交媒体等。随着互联网的发展，网上娱乐已经成为人们休闲娱乐的重要方式之一。

1.3

网 络 强 国

截至 2023 年 12 月，我国网民规模达 10.92 亿人，居世界第一；2023 年我国网上零售金额达 15.42 万亿元，居世界第一；2023 年年底我国"慕课"已上线超 7.68 万门，注册用户 4.54 亿，服务国内 12.77 亿人学习，我国慕课建设和应用规模居世界第一。这一组世界第一的数据，反映了一个历史悠久的东方大国在互联网和信息化浪潮中的积极进取、勇敢前行。

习近平总书记在党的二十大报告中指出，以中国式现代化全面推进中华民族伟大复兴，要加快建设制造强国、质量强国、航天强国、交通强国、网络强国、数字中国。网络强国是实现中国式现代化和中华民族伟大复兴的重大战略任务和当务之急。

党的十八大以来，习近平总书记站在人类历史发展、党和国家事业全局高度，从信息化发展趋势和国内大局着眼，高度重视互联网、促进互联网发展、规范互联网法治，统筹推进网络安全和信息化工作，提出一系列开创性、具有深刻意义的新理念、新思想、新战略，形成了关于网络强国的重要思想。在这一重要思想的引领下，我国在超级计算机、量子通信等领域的研究和应用达到了国际领先水平，人工智能技术广泛应用，从建立全球最大规模的光纤宽带和 5G 网络，到物联网、大数据、云计算、区块链，逐步实现了万物互联。我国网信事业取得了历史性成就、发生了历史性变革，开辟了中国特色治理网络之道，由网络大国稳步向网络强国迈进。

对于青年学生来说，利用网络科技强国不仅是时代的要求，更是应该承担的责任。正确认识互联网、深入学习互联网、积极运用互联网，已经成为当今时代的必修课。广大青年学生应增强网络安全意识和能力，提高网络信息识别能力，抵制网络上的不良信息和行为，积极传播正能量，讲好中国故事，展现中国形象，在网络强国建设中实现自我价值，为构建干净的网络空间和良好的网络生态作出贡献。

动一动： 观看科技纪录片《网络强国》，讲述中国互联网的发展历史，如图 1-6 所示。

图 1-6　纪录片《网络强国》

习 题 一

1. 关于电子邮件的说法错误的是（　　）。

A. 可以同时发给多人　　　　　　　B. 可以暂缓发送

C. 不能带附件　　　　　　　　　　D. 能发送图形、声音、文件等

2. "因特网"的英文名称是（　　）。

A. ISDN　　　　　　　　　　　　　B. LAN

C. Internet　　　　　　　　　　　　D. internet

3. 北京大学的网址是 http://www.pku.edu.cn，其中 edu 表示（　　）。

A. 政府部门　　　　　　　　　　　B. 军事部门

C. 公司企业　　　　　　　　　　　D. 教育部门

4. Internet 最先由美国的（　　）网发展和演化而来。

A. ARPAnet　　　　　　　　　　　B. NSFnet

C. CSnet　　　　　　　　　　　　　D. BITnet

5. 将文件从 FTP 服务器传输到客户端的过程称为 (　　)。

A. 上传 　　　　　　　　　　B. 下载

C. 浏览 　　　　　　　　　　D. 计费

6. WWW 的作用是 (　　)。

A. 信息浏览 　　　　　　　　B. 文件传输

C. 收发电子邮件 　　　　　　D. 远程登录

7. 百度是一个 (　　)。

A. 搜索引擎 　　　　　　　　B. 压缩 / 解压缩软件

C. 聊天室 　　　　　　　　　D. 新闻组

8. 要在浏览器中查看某公司的主页，则必须知道 (　　)。

A. 该公司的 E-mail 地址 　　B. 该公司的主机名

C. 该公司主机的 ISP 名称 　 D. 该公司的 WWW 地址

9. Internet 的网络协议核心是 (　　)。

A. HTTP 　　　　　　　　　　B. SMTP

C. TCP/IP 　　　　　　　　　D. ISP/SPX

10. 网络中实现远程登录的协议是 (　　)。

A. POP3 　　　　　　　　　　B. IGMP

C. Telnet 　　　　　　　　　D. RIP

习题一参考答案

第2章 互联网应用

能力目标

- 会选择学习平台，进行网上学习；
- 会网上购物；
- 会制订旅游计划表；
- 掌握常用网上地图的使用；
- 会在网上制作求职简历；
- 掌握在线调查问卷的设计、发布及统计。

素质目标

- 为个人成长而学习，培养终身学习的习惯；
- 重视旅游文明素质，做文明游客。

实践任务

- 网上学习；
- 网上购物；
- 网上旅游预订；
- 网上问路；
- 网上求职。

2.1

网上学习

习近平总书记在中共中央政治局第五次集体学习时强调："要建设全民终身学习的学

习型社会、学习型大国，促进人人皆学、处处能学、时时可学，不断提高国民受教育程度，全面提升人力资源开发水平，促进人的全面发展。"随着互联网的普及和教育方式的不断变化，越来越多的人利用在线学习来扩展和提升知识技能，提高个人能力。在线学习网站繁多，如学习强国、网易公开课、中国大学大型开放式网络课程 (Massive Open Online Courses，MOOC) 网、学堂在线、国家智慧教育公共服务平台等。

2.1.1　信息检索

在信息检索方面，互联网最大的优势在于信息的丰富性和搜索的快捷性。善用互联网，有效利用其中丰富的信息，可以拓宽视野，提高学习效率；反之，沉迷其中，将时间花在游戏、无意义的浏览和聊天上，

信息检索

则会导致时间和精力的浪费。在信息爆炸的时代，善于搜索和筛选信息的人，才能更好地学习，并且更有利于终身学习。有效的信息检索需要注意以下几点。

1. 明确信息需求

在进行信息检索之前，首先要明确自己所需的信息类型。将搜索的主题具体化并确定关键词。例如，如果需要了解有关北京的信息，则要明确是"北京天气""北京旅游""北京饮食""北京住宿"还是"北京文化"，通过清晰的关键词可以获得更准确的信息。

2. 选择适当的搜索引擎

常见的搜索引擎包括谷歌、必应、百度等，如图 2-1、图 2-2 所示。在选择搜索引擎时，可以考虑搜索结果质量、速度、广告数量、隐私保护、地域性等因素。

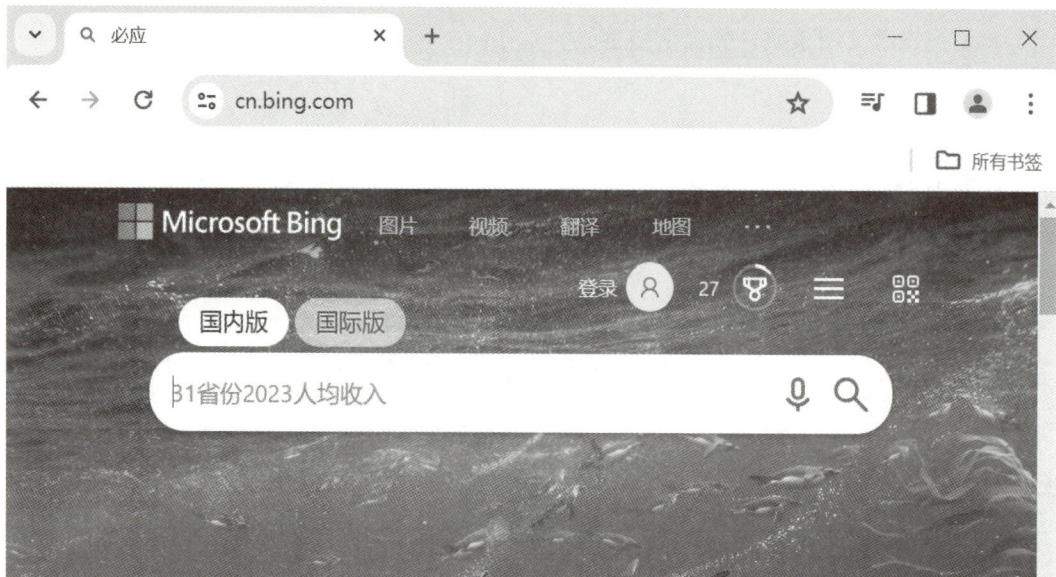

图 2-1　必应

图 2-2　百度

3. 筛选和整理信息

在获取大量信息后，难免会遇到有误导性或内容不准确的情况。应当学会对信息进行辨别，参考多个可靠来源的意见，并形成自己的判断。根据需求和目的，选择有价值的信息进行整理和归档，可以善用浏览器的"书签"功能或各种软件笔记工具（如有道云笔记）来整理信息。

动一动：选择合适的搜索引擎，查找常见的适合自己专业的在线学习平台，并收藏。

2.1.2　PC 端网上学习

网上如何学习

在线教育平台为人们提供了丰富的学习资源和便捷的学习条件，以广为人知的在线学习平台"网易公开课"为例，该平台汇集了清华、北大、哈佛、耶鲁等世界知名学府的上千门课程，涵盖科学、经济、人文、哲学等 22 个领域。

1. 注册登录

打开"网易公开课"官方网站 (https://open.163.com/)，单击"登录 / 注册"按钮，如图 2-3 所示，在弹出的窗口中选择手机号登录、邮箱登录或微信登录等方式完成网站用户注册并登录网站。

图 2-3　网易公开课

2. 搜索内容

在网站首页的搜索框中输入"大学计算机",即可快速查询与关键词相关的课程。在搜索结果界面会显示课程名称、所属学校、课程时长、播放次数等信息,如图 2-4 所示。

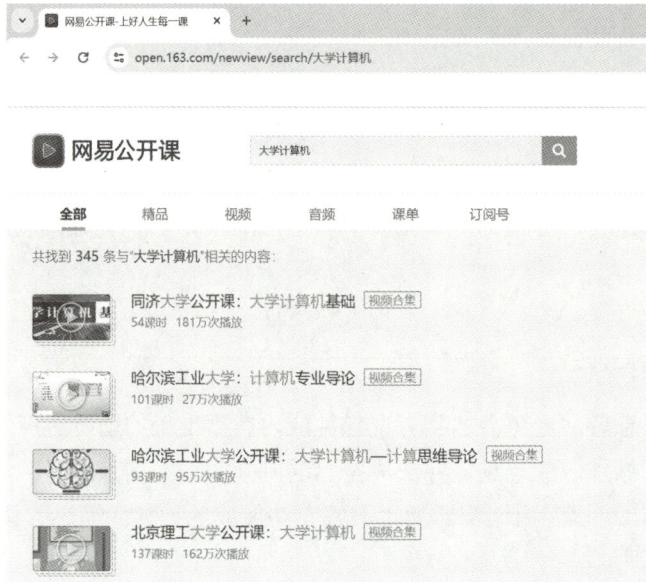

图 2-4　搜索结果界面

3. 课程学习

在搜索结果界面中单击课程名称"同济大学公开课:大学计算机基础",进入学习页面后,在右侧可以进行选集学习,如图 2-5 所示。

图 2-5　课程选集学习

4. 学习记录

大多数在线学习课程主要以短视频录播的形式呈现，将整个课程分解成多个短视频。用户可以多次登录网站完成课程的学习。在播放记录页面单击"个人中心"→"播放记录"可查看个人的观看记录，如图 2-6 所示。

图 2-6　播放记录页面

比较受欢迎的学习平台还有：

(1) 国家智慧教育公共服务平台 (https://www.smartedu.cn/)：由教育部指导，教育部教育技术与资源发展中心主办的国家智慧教育公共服务平台，汇聚了国家中小学、职业教育、高等教育的智慧教育资源，提供了丰富的课程和教育服务。

(2) 中国大学 MOOC 网 (https://www.icourse163.org/)：网易与高教社联合推出的中文 MOOC 学习平台，承接教育部国家精品开放课程任务，为用户提供中国知名高校的 MOOC 课程。在该学习平台上，学习者可获得认证。

(3) 学堂在线 (https://www.xuetangx.com/)：清华大学创建的未来导向慕课在线学习平台，提供高校课程和实战技能培训。该平台汇聚 5000 余门慕课，致力于打造服务终身学习者的平台，帮助学习者应对职场挑战。

(4) 哔哩哔哩 (https://www.bilibili.com/)：也称 B 站，现为国内领先的年轻人文化社区，国内知名的在线视频弹幕网站。知识学习和科学分析是其特色之一。其科技类视频资源涵盖了各个领域的知识和技能 (如编程、设计、语言学习等)，是 B 站上广受欢迎的内容之一。

动一动：选择一个学习平台，注册账号，搜索感兴趣的内容进行学习。

2.1.3　手机移动端网上学习

随着智能手机的普及和移动网络的发展，许多网络学习平台纷纷推出了手机端 App 软件。手机端网上学习充分利用了手机的普及性与便携性，以及用户的碎片时间，使用户能更好地享受网上学习的乐趣。例

如何在手机端学习

如"网易公开课"对应的 App 名为"网易公开课 - 名校网课在线学习 App",如图 2-7 所示。在搜索"大学计算机"时,相关课程会直接显示并可以立即观看。

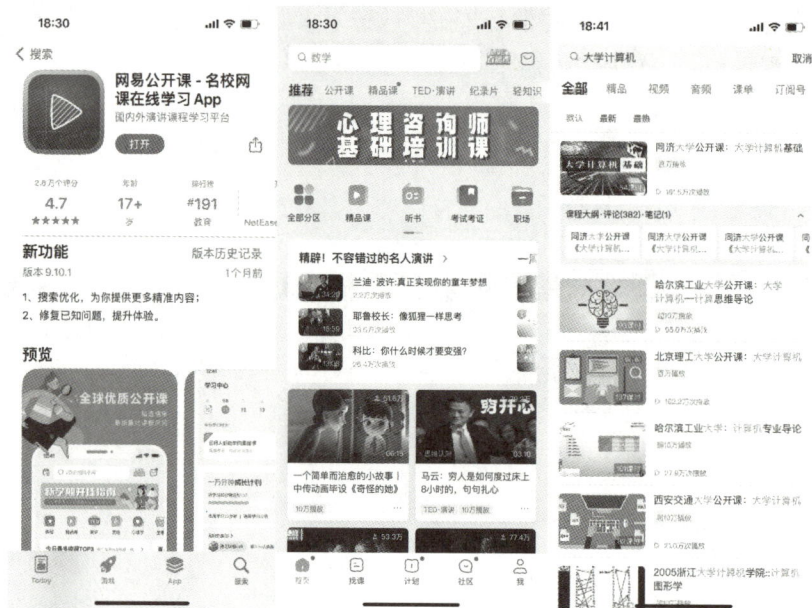

图 2-7 网易公开课 App

"学习强国"学习平台由中共中央宣传部主管,以习近平新时代中国特色社会主义思想和党的二十大精神为主要内容,旨在为全体党员提供服务,并面向整个全社会提供高质量的学习平台,如图 2-8 所示。该平台内容丰富,涵盖政治、经济、文化、军事、外交以及文艺、哲学、历史、法律、科技等各领域,堪称一部"掌上百科全书"。

图 2-8 学习强国 App

在手机应用商店搜索"学习强国"，安装好 App 后，在首页单击"新用户注册"，输入手机号码并根据提示操作即可快速成为会员。进入"慕课"栏目，无论是想学法律、管理、经济，还是对建筑、机械、物理感兴趣，都可以找到国内一流大学和权威名家的讲座课程，如图 2-8 所示；这也是青年人的"娱乐天地"，其中的"百灵"频道包括推荐、党史、竖、炫、窗、藏、靓、秀、熊猫、美食、虹等栏目，如图 2-9 所示，数以万计的视频释放出健康乐观、积极向上的正能量，让人心情愉悦，充满正能量，激励人们不断前行。

图 2-9　"百灵"和个人中心

用户可以像浏览网页新闻一样，只要单击标题链接或视频即可进入到详细内容页面学习，学习结束后，用户不仅能获得一定的积分，还可以发表观点、收藏内容、分享内容；也可以通过在搜索框里输入关键词来查找所需内容。

在学习强国的主界面，用户单击右上角"我的"链接，即可进入个人中心页面，在该页面，用户可以查看学习情况、收藏夹、订阅内容、浏览历史等，如图 2-9 所示。

动一动：搜索手机应用商店并安装"学习强国"App，找到"慕课"→"计算机"→"大学计算机 (青岛学习平台)"，并学习，如图 2-10 所示。

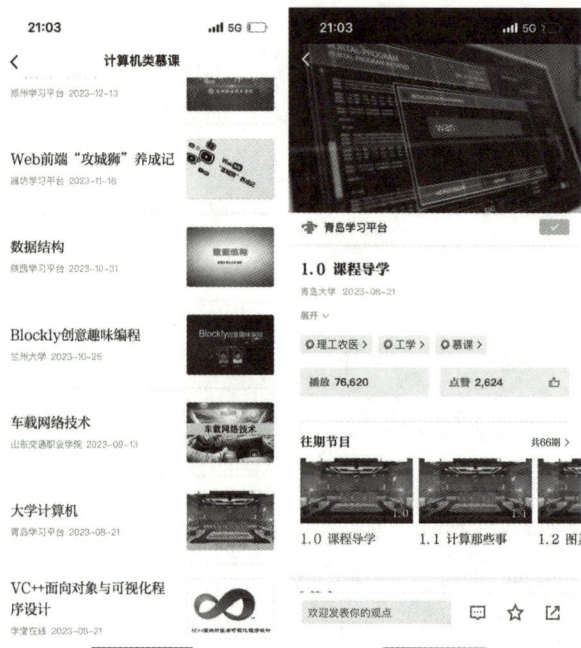

图 2-10   计算机类慕课

·思·

同学们，人生是一场不断前进的旅程，而终身学习是这个旅程中一项永恒的任务。无论你们身处何地，无论年龄大小，学习都应该成为生活的一部分。

世界不断变化，科技、社会、经济都在不断进步。终身学习可以帮助你们跟上这些变化，适应新的情况，保持竞争力。无论是工作上的新技术还是社会变革，学习都是应对变化的最佳途径。

学习可以拓展你们的视野，让你们了解更多关于世界的信息。它可以帮助你们培养批判性思维、解决问题的能力和创新思维。知识是一种宝贵的财富，它可以为你们的人生带来更多的机会。

"活到老，学到老。"终身学习不仅仅是一种学术活动，更是一种生活态度，一种积极的人生方式。它将伴随你们一生，为你们的成长和成功提供持续的动力和机会。

2.2

网 上 生 活

2.2.1 网上购物

网上购物（简称"网购"）是互联网、银行和现代物流业发展的

如何网上购物

产物，人们可以通过 Internet 上的购物网站购买所需的商品或服务。网上购物的具体步骤为：买家通过网络购物平台检索到需要的商品信息，比较销售状况 (价格、销售数量、买家评价等)，最终确定购买意向并填写电子订购单，选择安全的交易方式付款，卖家根据订购信息发货，通过物流配送送达买家手中，最后由买家确认付款并评价。网上购物提供 24 小时营业、低成本、丰富的商品种类，已逐渐成为最流行的购物模式。到 2023 年，我国网上零售额达到 15.42 万亿元，连续 11 年成为全球最大的网络零售市场。

根据交易主体的属性，网上购物一般可分为以下 4 类：

(1) B2B(Business-to-Business) 指企业间的电子商务交易。通过 B2B 平台，企业能快速找到所需商品或服务，并与供应商进行交易。B2B 的典型代表有阿里巴巴、中国制造网等。

(2) B2C(Business-to-Consumer) 指企业直接面向消费者提供商品或服务。在传统零售模式中，产品通常通过中间商进入市场，但在 B2C 模式下，企业直接向消费者提供产品或服务，绕过了中间环节。B2C 的典型代表有天猫、京东、苏宁易购等。

(3) C2C(Consumer-to-Consumer) 指消费者之间的电子商务交易。在 C2C 平台上，消费者可以发布自己的商品或服务需求，其他消费者可以根据需求进行报价或提供服务。这种模式能够提供个性化和定制化的服务。C2C 的典型代表有淘宝、闲鱼、58 同城等。

(4) O2O(Online-to-Offline) 指线上与线下的结合，利用互联网技术将线下商机与线上平台结合，实现互联网落地。O2O 模式能扩大商家服务范围，提高用户体验和服务质量，同时也为商家带来更多的用户数据和消费行为分析，帮助其更好地了解市场需求和用户行为。O2O 的典型代表有美团、饿了么、滴滴出行等。

目前，一些知名的网上购物商城包括淘宝、亚马逊、京东、拼多多、唯品会、苏宁易购、天猫商城、1 号店、当当网等。这些网上商城各具特色。亚马逊以全球化的商品种类和完善的物流体系著称，淘宝以其灵活的商业模式和丰富的商品种类吸引了大量用户，京东凭借优质商品和物流服务赢得口碑，拼多多则通过社交电商的模式和低价吸引用户。这些购物网站不断改进和优化，提升商品品质、物流配送、售后服务等，从而为消费者提供更便捷完善的购物体验。

网络购物已经成为现代生活中不可或缺的一部分，但是在购物时也需要注意以下事项：

(1) 选择正规购物平台。在网上购物时应选择正规有资质、知名度较高、信誉较好的大型电商平台。避免通过陌生"微商"购物。若选择在"微商"购物，则建议要求卖方出具相对应的商品检验报告等溯源资料。

(2) 关注商品质量。仔细阅读商品信息、促销条款、退货政策、红包、消费积分、优惠券使用规则等信息。不要被网站的夸大宣传所诱惑，防范劣质、仿冒陷阱。

(3) 选择安全支付方式。支付时走正规流程，使用平台提供的正规支付渠道，不与卖家私下约定交易方式，不轻信、不接受任何直接汇款至个人账户的理由和要求。建议选择信用卡、借记卡及货到付款等方式支付，不随意点击网页、手机中的不明链接和弹窗，不随意扫描不明二维码，不轻信抽奖、中奖等信息，谨慎购买促销中的"不退不换""特价商品"以及虚假广告、低价商品、高额奖品等商品。

(4) 保护个人信息安全。消费者在购物时要提高自我保护意识，不轻易将身份证号、银行卡号、手机号码等个人敏感信息提供给他人，更不要随意泄露手机动态验证码，尤其是信用卡要确认数据加密，谨防使用生日、电话、姓名等容易被破解的信息作为密码。

(5) 保留购物凭证。网购时，要保存网上商品交易图片以及与商家的聊天记录等信息，并索取有效购物凭证或发票，以备消费纠纷时提供证据。

动一动： 选择一个网上购物平台，完成一次在线购物。

2.2.2　网上旅游预订

常见的旅行方式包括跟团旅行、自助旅行和自驾车旅行。跟团旅行由旅行社组织，安排所有行程、交通、酒店、餐饮等，游客只需按照预定好的行程旅行，无须费心费力规划路线和安排食宿。目前，自助旅行和自驾车旅行比较受欢迎，因为旅行目的地、交通和住宿可根据个人喜好来规划，更自由舒适。

网上旅游预订

如今，许多旅游网站提供旅游信息和服务 (景点、酒店等)，用户可以通过这些旅游网站提前在线预订行程，从而使行程更加丰富、轻松和安全。

1. 预订火车票、机票

中国铁路 12306 网站 (https://www.12306.cn) 是中国铁路客户服务中心的官方网站，它提供火车票查询、预订、改签、退票等服务。用户可通过该网站查询列车时刻表、余票信息、票价等，并可在线预订车票并支付费用。同时，用户还可以使用支付宝应用程序的 "12306" 功能来快速购买车票：

(1) 在支付宝中打开 "铁路 12306" 应用，选择起始站点和目的地，单击 "查询车票"；选择合适的车次，在有票的情况下单击 "预订" 按钮，如图 2-11 所示。

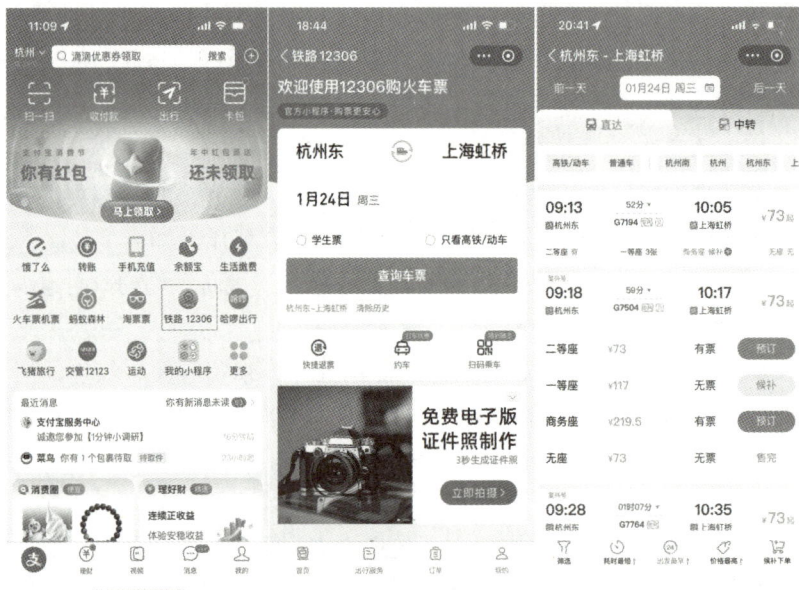

图 2-11　铁路 12306 车票查询

(2) 在选择乘车人后，可以在线选座 "靠窗 A" 或 "过道 C" 等，单击 "提交订单"，然后确认出发站、目的地、出发时间、到达时间、乘车人等信息无误后单击"立即支付"，如图 2-12 所示。

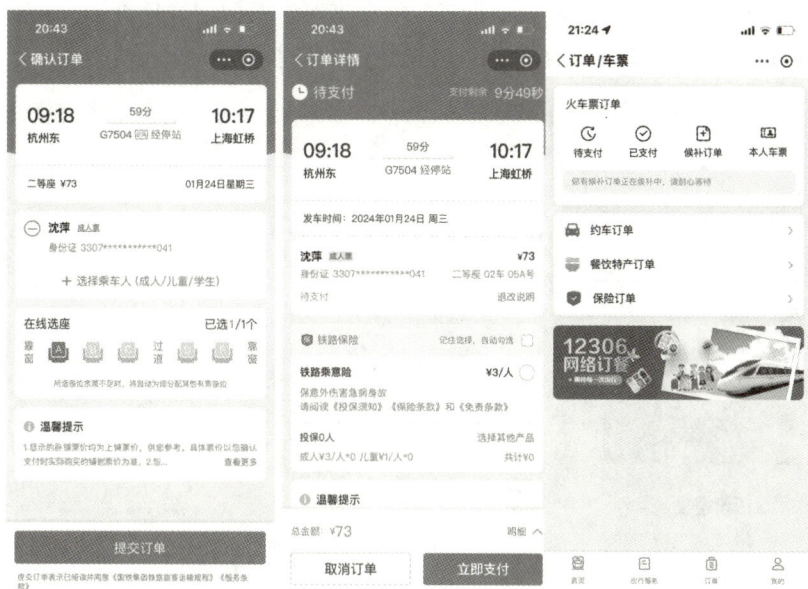

图 2-12　提交订单和立即支付

(3) 用支付宝确认付款后即完成订票,用户可在底部的"订单"菜单中查看火车票订单，包括"待支付""已支付""候补订单"和"本人车票"，在"已支付"订单里可以进行退票或者改签操作。

在没有余票的情况下，可以单击"候补"选项，候补购票是指当没有余票时，用户自愿按日期、车次、席别和购票需求提交预付款，系统会自动将用户排入候补队列。当对应的车次和座位有退票时，系统会自动出票，并向用户发送购票结果通知。

用户可以通过航空公司官方网站 (如中国航空) 或者旅游平台 (如携程、飞猪、去哪儿等) 预订机票。以携程网站为例，预订机票的步骤如下：

(1) 登录携程网首页 (https://www.ctrip.com/)，单击"机票"，如图 2-13 所示。

图 2-13　携程网首页

(2) 在页面上选择航程类型为"单程"，设置出发地为"杭州"，设置目的地为"成都"，选择出发日期为"2024-01-22"等，在您选择出发日期时，系统会根据日期显示相应的参考票价，如图 2-14 所示，选择好出发时间后，单击"搜索"按钮进行查询，如图 2-15 所示，即可在搜索结果页面中查看符合条件的航班信息，如图 2-16 所示。

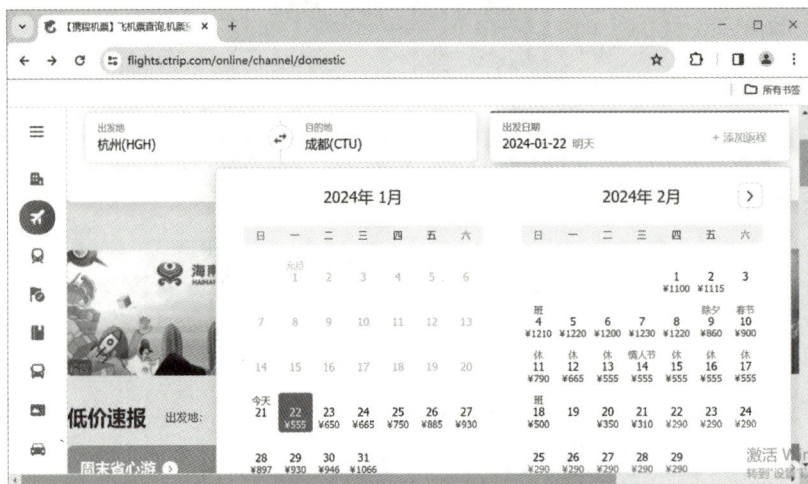

图 2-14　不同日期机票价格不同

图 2-15　搜索机票

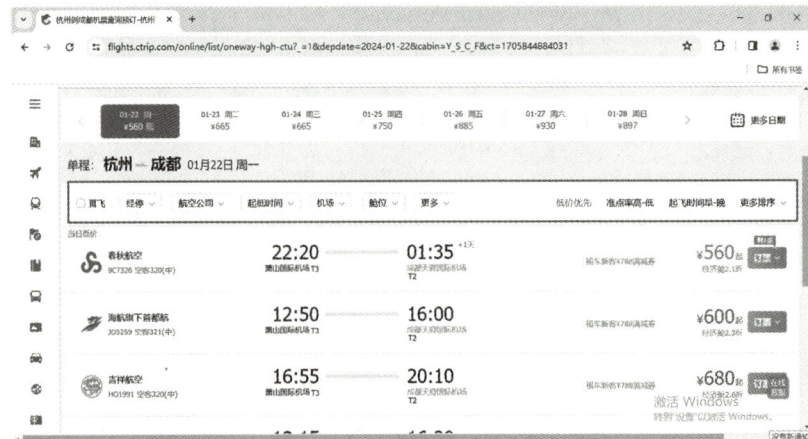

图 2-16　机票查询结果

在搜索结果页面，可以利用"筛选和排序"功能对搜索结果进行细化，以更好地满足用户需求。

在搜索结果页面单击"订票"按钮，系统将展示该航班的详细信息，如图 2-17 所示。预订机票之前，务必查看机票的退改签规定、托运行李额度等重要信息，确认这些信息无误后，再单击"预订"按钮。接着，使用账号密码登录并填写登机人信息，即可提交订单。

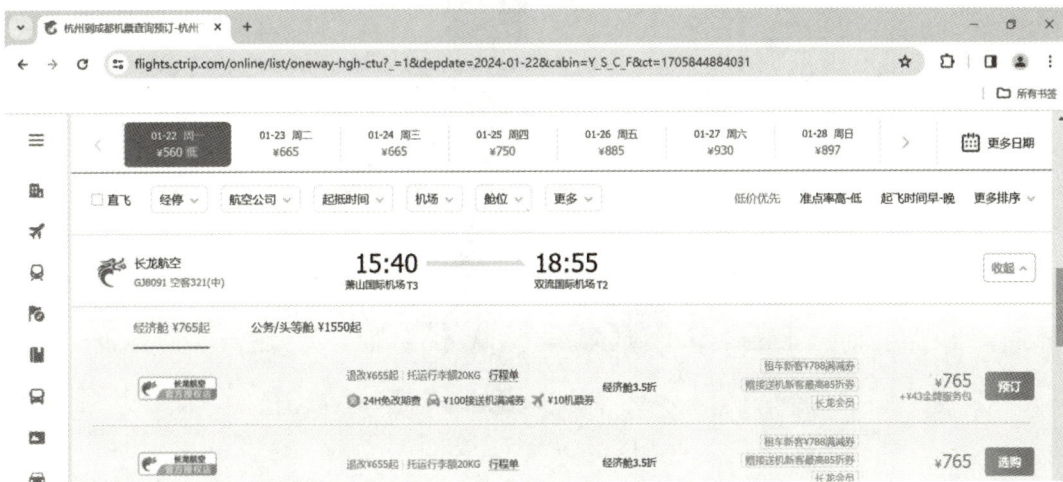

图 2-17 航班的详细信息

手机上可通过"携程网""飞猪旅行""去哪儿"等应用订购机票。

2. 预订酒店

在旅行过程中，选好住宿非常重要，通过网上提前预订，用户能够提前了解酒店的情况，从而节约时间和费用。用户可以通过酒店的官网或者"携程网""飞猪""去哪儿""同程旅游"等旅游电商平台来预订酒店。在预订酒店时，需要考虑以下几个因素：

(1) 价格：选择在预算范围内的合适酒店，并在不同的平台上比较酒店的优惠政策，以获取更多优惠。

(2) 位置：通过地图查看酒店的地理位置，确认是否靠近旅游景点或出差目的地，并评估周边交通的便利性以及所在区域的安全性。

(3) 口碑：查看其他入住客人的图文评价和评分，了解酒店的实际情况，并在预算范围内选择那些口碑好且评价高的酒店。

(4) 设施：研究酒店的设施和服务，例如床的大小、房间是否带窗、停车场的可用性、是否提供早餐服务等。同时注意酒店的卫生和清洁情况，确保更好地保障住宿体验和服务质量。

国内主要的酒店集团包括锦江国际、华住酒店、首旅如家酒店、格林酒店等。对用户来说，连锁酒店因其标准化的房间设施和一致的服务，能够更好地保障住宿体验和服务质量。使用支付宝"飞猪"预订酒店的步骤如下：

(1) 打开支付宝的"飞猪旅行"，如图 2-18 所示，选择"酒店"→"国内"，入住的城市选择"上海市"，设置入住时间为"1 月 22 日 - (1 晚) -1 月 23 日"，填写期望入住的酒店区域为"外滩"，然后单击"搜索酒店"，随后会弹出查询结果。

图 2-18 飞猪旅行：搜索酒店

(2) 在弹出的页面上，可以查看到所有符合条件的酒店信息，用户可以根据"位置距离"或"价格/星级"来筛选酒店。找到感兴趣的酒店后，单击酒店名称，如"如家商旅（金标）"，以查看酒店的详细信息，包括酒店图片或视频、地理位置、用户评价和评分、房型等，如图 2-19 所示。单击具体房型，如"高级大床房"，可以获取关于房间的详细信息，如房间面积、所在楼层、是否配有窗、早餐服务、加床政策等，如图 2-19 所示。

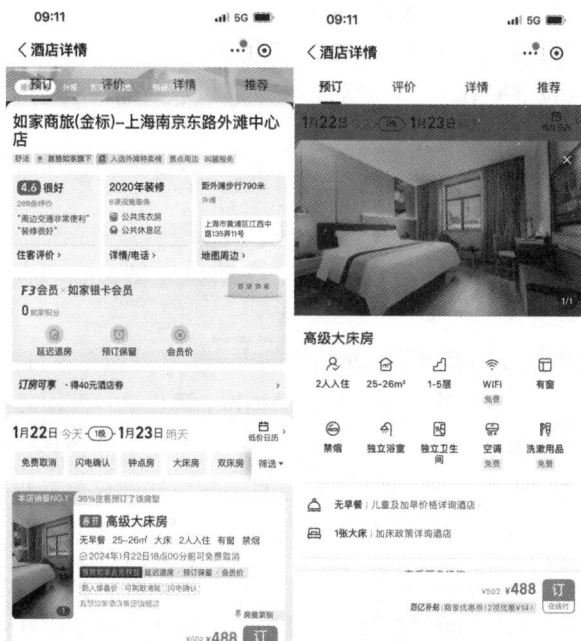

图 2-19 查看酒店详情、房间详情

(3) 在"酒店详情"页面中单击"订"后，填写必要的入住信息，包括房间数量、入住人姓名及联系手机，然后选择"立即支付"以提交订单，如图 2-20 所示。

图 2-20 预订酒店

3. 预订门票

随着我国旅游行业的快速发展，目前国内的大多数旅游景点已实施了提前预约参观的方式，尤其在寒暑假、黄金周等旅游高峰期，不少热门景点的门票几乎一票难求。预约景点门票主要有 3 个方式：通过第三方 App、景点的官方网站和官方公众号进行预约。常用的第三方 App 主要有"大众点评""美团""飞猪"等，若通过景点官网预约，则首先需要搜索并访问官方网站，例如"秦始皇帝陵博物院"的官网 (https://www.bmy.com.cn/index.html)，在首页选择"购票"，如图 2-21 所示。接下来，进入"购票进程"，选定参观日期、检票进场时段以及票的类型，填写订单信息并支付，即可完成购票过程，如图 2-22 所示。

图 2-21 秦始皇帝陵博物院官网

图 2-22　购票进程

通过微信公众号进行预约，以故宫为例，故宫博物院不提供售当日票的服务，所有观众须通过实名制预约参观。在微信中搜索"故宫"，找到并打开"故宫"小程序，如图 2-23 所示。单击首页的"购票约展"，进入"购票约展"页面，注意故宫博物院的门票可在参观日期前 7 天的 20:00 开始进行预约。在"购票约展"页面，选择你计划的参观日期和时间段，并填写个人信息（包括姓名、身份证号码、手机号码等），选定支付方式并完成支付。预订成功后，你将收到包含电子门票的短信通知。

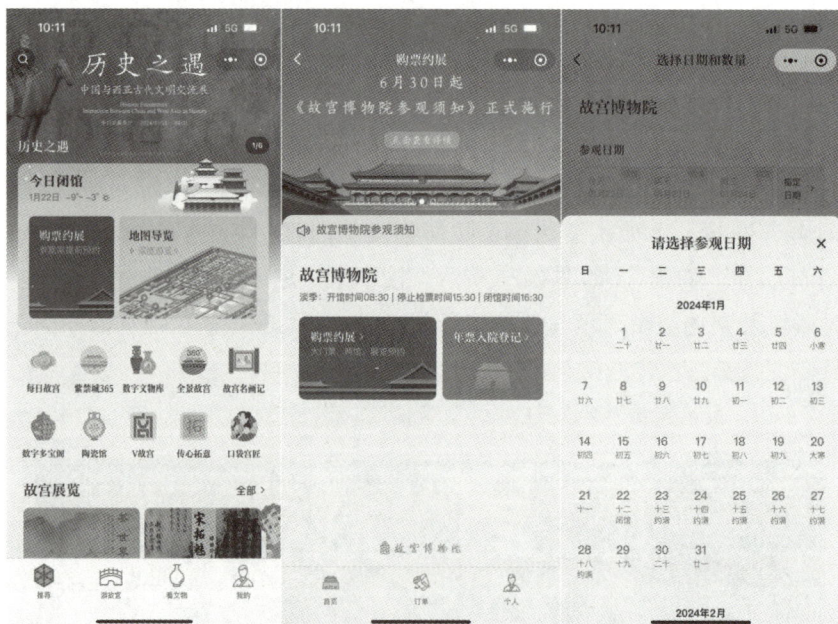

图 2-23　故宫博物院门票预约

动一动：暑假期间，你们一家三口计划从杭州出发前往西安旅行。为此，你需要制订一份详尽的旅行计划，内容包括预订交通工具、酒店、景点门票等，并对旅游费用进行预算，此外，还应提前了解西安的主要景点、人文背景、特色美食及气候情况。

·思·

　　在旅游景区或者其他公共场合，我们偶尔遇到游客大声喧哗、不讲理、肆无忌惮，这些不文明现象不仅影响游玩的心情，甚至可能对景区造成破坏。

　　景区的硬件设施在升级，让美丽的风景变得更加适游，每一个参与者都是构成这道风景的一部分，出门在外，一定要文明旅游：要尊重当地的文化和习俗；要注意保护环境，不破坏自然景观和文物古迹；要衣着整洁得体，以礼待人；参观野生动物时，不追逐、不投喂、不恐吓动物等。

　　在旅游中能够互相尊重、相互理解，才能真正地享受旅游的乐趣。尊重他人、规避冲突、理性沟通，努力让自己的旅行质量更高、更充实，才能让旅游成为一种美好的回忆。

2.2.3　网上问路

网络地图的使用

　　网络地图利用计算机技术，通过数字方式进行地图的存储和查阅。当前知名的网络地图包括百度地图、高德地图、腾讯地图、谷歌地图等，这些平台各具特色，提供了包含公交地铁信息、实时公交数据、路线规划、叫车服务等在内的丰富的地理信息和服务，以满足不同用户的需求。本书以"高德地图"为例，介绍网络地图的使用方法。

1. 地点查询

　　在手机应用商店里搜索并安装"高德地图"，启动应用后界面如图 2-24 所示。在搜索框中输入想要查询的地点名称，例如"雷峰塔"，应用将显示与"雷峰塔"相关的多个结果，单击"雷峰塔景区"，则可以查看到景区的详细信息。

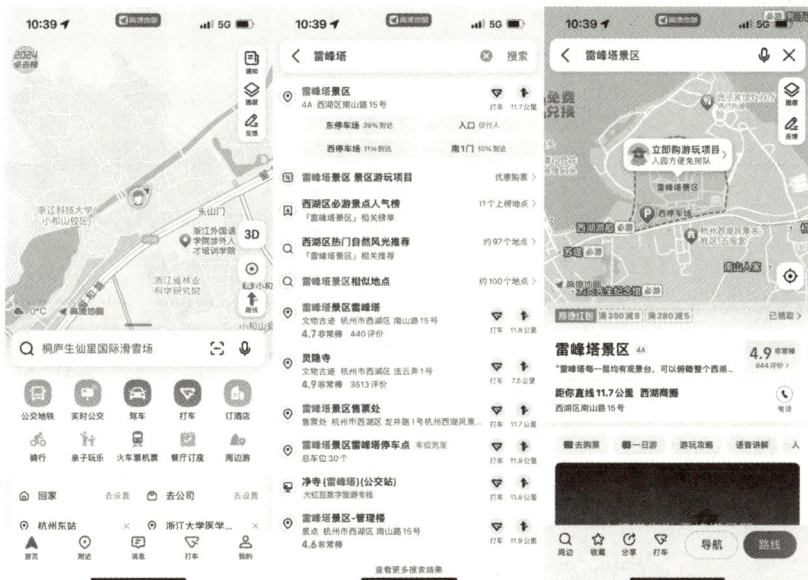

图 2-24　高德地图 App

2. 线路规划

在景区的信息页面中，如果你计划自驾，则可以单击"导航"按钮，此时将展示驾车导航选项。如果你选择其他出行方式，则单击"线路"按钮后，应用会提供"打车""公交地铁""骑行""步行"等多种方式供你选择，以便你选择出最适合你的出行方式，如图 2-25 所示。

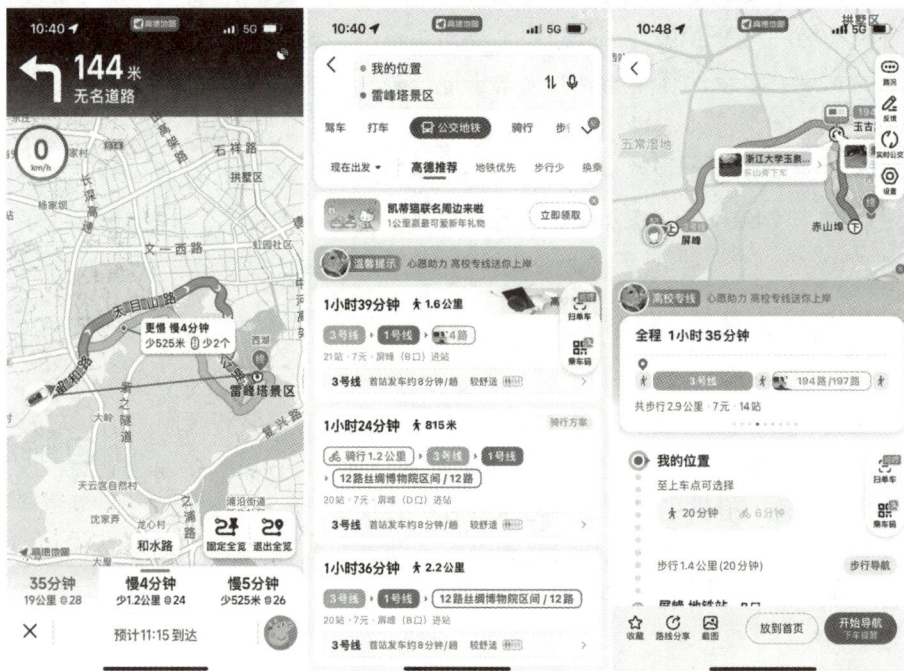

图 2-25　线路规划

动一动：下载某网络地图 App，规划你的当前位置到"杭州奥体中心"的路线，并选择合适的路线出行。

2.3

网 上 工 作

2.3.1　网上求职

网上求职是通过互联网寻找工作的一种方式。它允许求职者在各类在线招聘平台、社交媒体、专业论坛等渠道寻找合适的职位，并提交简历和申请。这种方法的优点包括操作便捷、覆盖范围广和信息丰富，能够帮助求职者迅速匹配适合的工作。

如何网上求职

进行网上求职时，应当小心虚假招聘信息和不良中介，并注意保护个人隐私和安全。尽量使用如智联招聘、前程无忧、中华英才网、BOSS 直聘等专业的求职网站。以智联招

聘为例，进行网上求职的步骤如下：

1. 制作简历

访问智联招聘官方网站 (https://www.zhaopin.com/)，如图 2-26 所示。在首页输入手机号码并获取短信验证码，勾选同意相关协议后单击"登录 / 注册"按钮，对于新用户，会进入"新建简历"页面，如图 2-27 所示。首先填写个人信息 (包括姓名、性别、当前身份等)，单击页面最底端的"下一步"按钮 (由于该页面太长，因此该按钮没有在图 2-27 中显示出来)；接着添加教育经历，如图 2-28 所示，然后单击页面最底端的"下一步"按钮；继续添加工作经历，如图 2-29 所示，再次单击页面最底端的"下一步"按钮；最后填写"求职意向"，如图 2-30 所示，填写完成后单击"完成"按钮。此时，网站会提示进行"简历隐私设置"，确认信息无误后，单击"确定"按钮，则会显示简历创建成功的页面，系统将根据您所填写的个人信息推荐相应的工作岗位，如图 2-31 所示。

图 2-26　智联招聘官网

图 2-27　输入个人信息

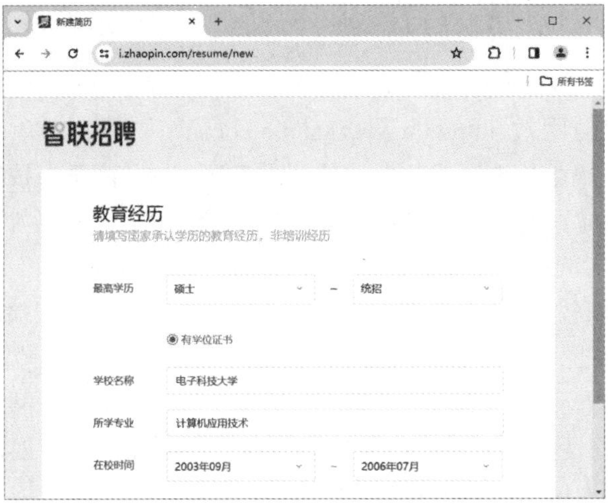

图 2-28　输入教育经历

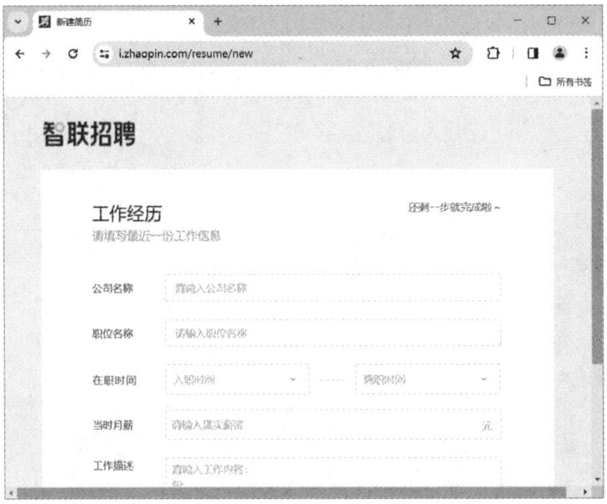

图 2-29　输入工作经历

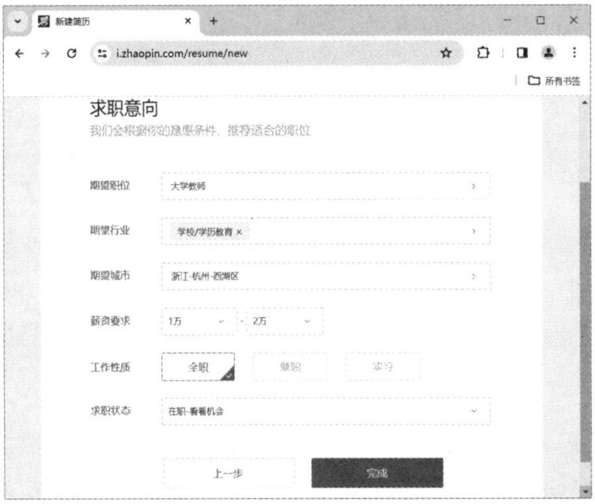

图 2-30　输入求职意向

图 2-31　完成简历制作

单击图 2-31 中的"继续完善简历，提高求职竞争力"后，将跳至"我的简历"页面，如图 2-32 所示。在该页面中，用户可以编辑和更新教育经历、工作经历等信息，并补充项目经验、培训经历、专业技能等内容。此外，还可以下载简历、进行简历优化，并利用网站提供的模板美化简历。

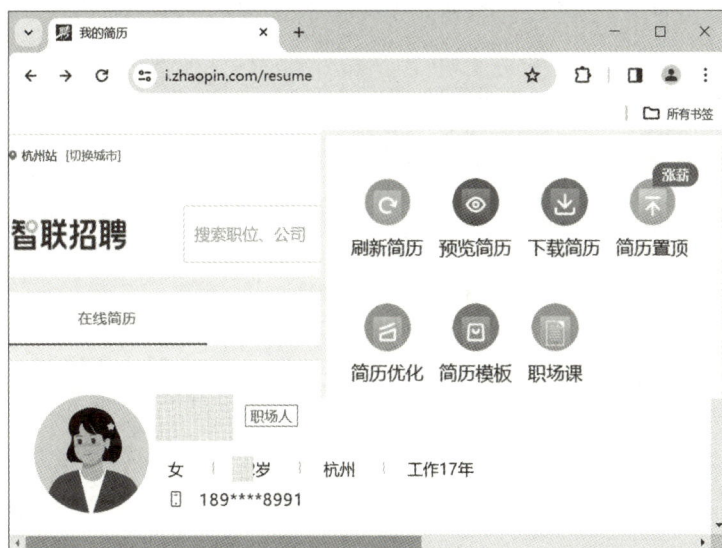

图 2-32　我的简历

2. 申请职位

在智联招聘网站上，输入关键词"java 程序员"并单击"搜索"按钮，以查找符合条件的招聘信息。搜索结果页面提供了地区、薪资范围、学历要求、工作经验、职位类型等多种筛选条件，如图 2-33 所示。可以结合自身的专业能力、兴趣爱好和个人特长筛选信息，从而合理选择用人单位并精准匹配招聘信息。对于感兴趣且符合条件的职位，单击"申请职位"按钮即可提交职位申请，定位到网页右上角的姓名处并单击，在弹出的菜单中选择"求职反馈"，可以查看简历投递情况，如图 2-34 所示。

图 2-33　搜索职位

图 2-34　求职反馈

动一动：选择某招聘网站，注册成会员，在线编辑个人简历。查看专业相关岗位，关注岗位要求。

2.3.2　在线调查问卷

制作在线调查问卷

在线调查问卷是一种利用互联网进行文件发布和回收的调查形式。这种方式使研究者能够将传统的纸质问卷转化成在线形式，在网络上进行发布、管理和数据收集。只要有网络连接，参与者在任何地方，都能填写问卷。同时，研究人员能够实时地查看和分析数据。在线调查问卷具备多种优势，例如快速、方便、省时、成本低、样本大等。此外它提供了自动筛选和分类、数据导出和分享、实时分析、数据可视化等功能。

当前一些常用的在线调查问卷平台有问卷星 (https://www.wjx.cn/)、问卷网 (https://www.wenjuan.com/)、SurveyMonkey(https://zh.surveymonkey.com/)、腾讯问卷 (https://wj.qq.com/) 等。

以问卷星为例，其为专业的在线问卷调查、考试、测评、投票平台，提供强大且用户友好的设计问卷、数据采集、自定义报表、调查结果分析等一系列服务。制作调查问卷的步骤如下：

(1) 访问官方网站 (https://www.wjx.cn/)，使用账号、密码或手机号、验证码方式登录，如图 2-35 所示。登录后，单击"＋创建问卷"，打开"选择创建问卷类型 - 问卷星"页面，在该页面里选择问卷类型，选项包括调查、考试、投票、表单流程、360 度评估、测评、接龙、民主评议等，如图 2-36 所示。

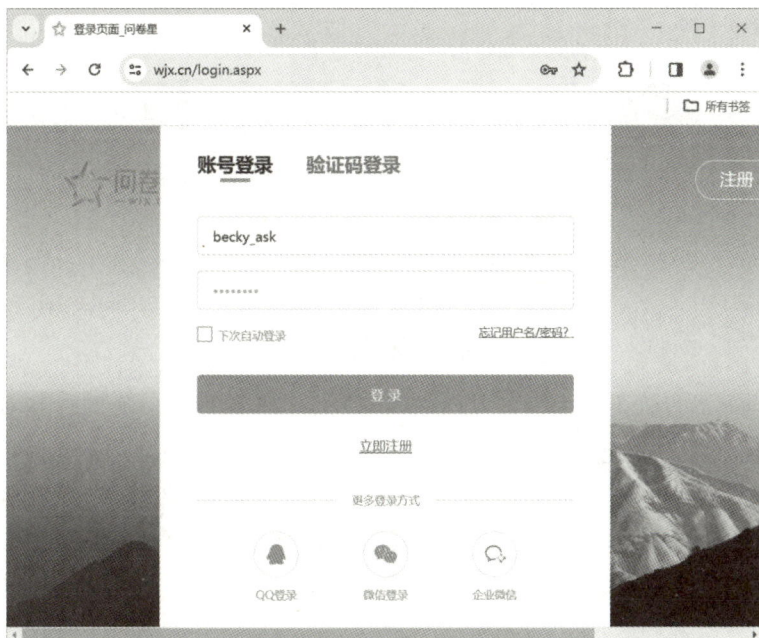

图 2-35　问卷星登录页面

图 2-36　问卷类型

(2) 选择"调查"类别后单击"创建"，可以选择通过空白创建、通过文本导入、利用人工录入服务或复制现有的模板问卷来创建问卷，如图 2-37 所示。问卷星平台提供了超过 2700 万种问卷模板，这些模板涵盖企业调查、市场调查、产品调查、社会调查、满意度调查等不同类型。在标题栏中输入"《互联网应用基础》学情摸底问卷调查"，然后单击"立即创建"按钮，即可进入调查问卷设计页面。

图 2-37　问卷星创建调查问卷的多种方式

(3) 在调查问卷设计页面中，可以添加问卷说明和各种题目，如图 2-38 所示。该平台提供多种题型，包括选择题、填空题、分页说明、矩阵题、评分题、高级题型、调研题型、个人信息等。单击调查问卷设计页面左侧的"个人信息"，可以添加诸如"姓名"等字段；单击"选择题 (单选)"，可以输入问题并编辑选项，如图 2-39 所示，编辑完毕后，单击页面右上角的"完成编辑"，即可完成整个问卷的设计。

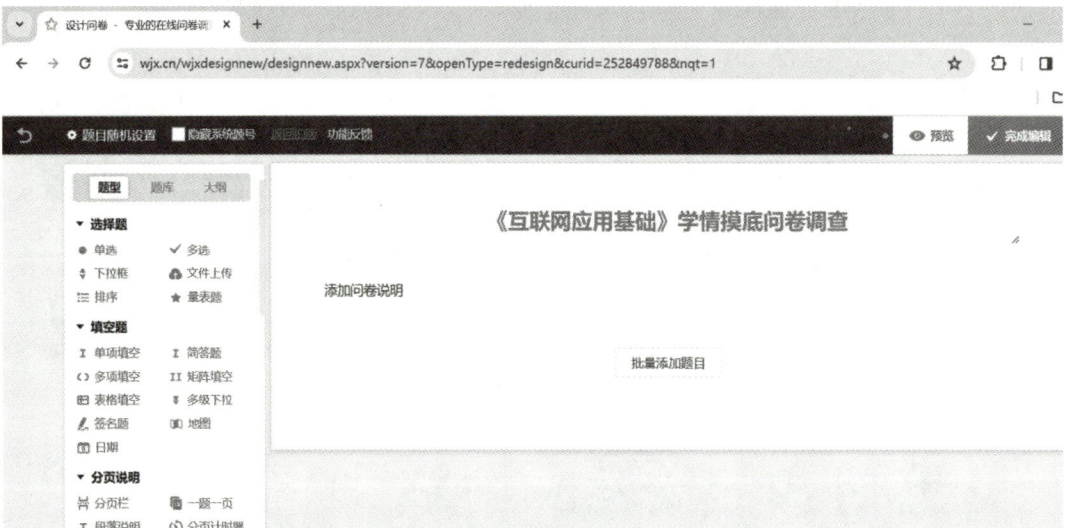

图 2-38　调查问卷设计

图 2-39　添加题目

(4) 完成问卷设计后，可以进行"问卷设置"或选择"发布此问卷"，如图 2-40 所示。在问卷设置中，有选项启动时间控制功能，以设定问卷的开始与结束时间；还可以设置作答次数限制，比如每个设备仅能作答一次或通过微信限制"最多参与一次"。选择"发布此问卷"后，可以通过多种方式分享问卷，包括"问卷链接""二维码"或自制的"海报"。这些可以通过微信、短信、QQ、邮件等多种途径发送给目标填写者，如图 2-41 所示。

图 2-40　完成设计向导

图 2-41　发布问卷

(5) 分析统计问卷信息。在调查完成之后,可以单击"分析 & 下载"→"统计 & 分析",如图 2-42 所示,即可进入分析和下载页面。在这个页面中,可以通过柱状图、条形图等多种图表查看统计结果,用卡片式浏览答卷的详细信息,并分析答卷的时间段、地理分布等,通过"数据大屏"功能,可以查看每个问题的统计数据,如图 2-43 所示。还可以下载答卷数据,以便进行更深入的分析。

图 2-42　分析 & 统计结果

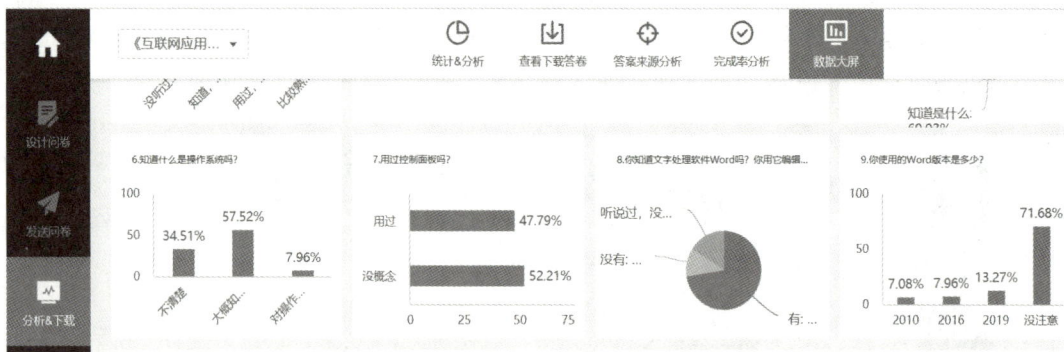

图 2-43　数据大屏

动一动：选择一个在线调查问卷平台,设计并发布一份线上调查问卷,了解当前大学生上网的目的、上网的时间等。

习　题　二

1. 下面关于信息检索的作用,说法错误的是 (　　)。

A. 掌握信息检索的方法和技能,就可无师自通,不断扩展知识面,不断调整学习知识的方向,以尽快找到一条吸取和利用大量新知识的捷径

B. 信息检索的结果可直接作为科研人员的工作成果,这样可以大大节省科技工作者宝贵的时间和资金

C. 开发并利用信息资源,可以提高经济效益

D. 利用信息检索可有效地获取新知识,了解新信息,占有新资源,研究新问题

2. 对在线学习的描述错误的是 (   )。

A. 在线学习是通过网络进行学习的一种全新的学习方式

B. 在线学习离不开网络学习环境

C. 在线学习改变了传统的学习方式

D. 教师不应干预学生进行在线学习

3. 在线学习是基于 (   ) 的探索性学习。

A. 学习者 　　　　　　　　　B. 教学目标

C. 评价 　　　　　　　　　　D. 教学内容

4. 企业 (包括商家) 对企业的电子商务, 即企业与企业之间通过互联网这种电子工具来进行产品、服务及信息的交易属于哪一种电子商务模式? (   )

A. B2B 　　　　　　　　　　B. B2C

C. C2C 　　　　　　　　　　D. C2B

5. 虚拟市场带来的改变中不包括 (   )。

A. 更加丰富的信息

B. 对买方而言更低的信息搜索成本

C. 增大了买卖双方信息的不对称

D. 位于不同地点的买方和卖方的能力大大提高

6. 以下不属于淘宝网购物流程的是 (   )。

A. 选购商品, 确认购买 　　　B. 需要有支付宝账号

C. 付款卖家账户 　　　　　　D. 直接联系银行

7. 在火车内泡面, 用餐后, 该如何处置剩余的餐食垃圾? (   )

A. 打开窗子扔出去 　　　　　B. 放到公共垃圾桶内

C. 随手扔在地上 　　　　　　D. 放到餐车桌子上

8. (   ) 不属于在线旅游中间商中的交易平台。

A. 携程网 　　　　　　　　　B. 途牛网

C. 同程网 　　　　　　　　　D. 到到网

9. 与一般的电子地图相比较, 网络地图有哪些不同特点 (   )。

① 可以实现动画

② 适时动态更新

③ 可以实现图上的长度、角度、面积等的自动化测量

④ 用虚拟现实技术将地图立体化、动态化, 令用户有身临其境之感

A. ①②④ 　　　　　　　　　B. ①③④

C. ②③④ 　　　　　　　　　D. ①②③④

10. 目前常用的网络地图包括 (   )。

A. 百度地图 　　　　　　　　B. 高德地图

C. 腾讯地图 　　　　　　　　D. 以上都是

11. 网上求职的注意事项是 (   )。

A. 注意站点的合法性   B. 及时更新简历

C. 不要盲目发送简历   D. 以上都是

12. 网络求职应该 (   )。

A. 到正规网站求职   B. 通过搜索软件找职位

C. 到不正规网站求职   D. 无所谓网站正规与否

13. 下列对于网上求职说法不正确的是 (   )。

A. 网上求职不需要制作简历

B. 网上求职可以与招聘企业进行在线交流

C. 网上求职需要填写个人信息

D. 不是会员就不能进行网上求职

14. 以下不属于调查问卷的基本结构的是 (   )。

A. 标题   B. 问卷说明

C. 调查内容   D. 注释

15. 在制作在线调查问卷之前，以下哪个是不需要考虑的 (   )。

A. 调查目的   B. 受众群体

C. 经济成本   D. 问卷形式

习题二参考答案

第3章　互联网新技术

○ **能力目标**

- 了解 5G 技术；
- 了解物联网技术；
- 了解大数据技术；
- 了解云计算技术；
- 掌握人工智能软件的使用。

○ **素质目标**

- 坚定文化自信，提升个人修养和能力水平。

○ **实践任务**

- 使用 AI 应用。

我国在推进高水平科技自立自强方面取得了扎实的进展，前沿领域发展迅速，科技实力持续增强，多项突破性成果和标志性进展激励人心。例如：“拉索”项目成果记录了“宇宙烟花”爆发的全程；中国天眼探测到了“时空的涟漪”；介入式脑机接口试验取得成功，预示着科幻情节可能变为现实；“九章三号”再次打破世界纪录；……云计算、大数据、人工智能、物联网等新一代信息技术已经成为中国科技发展的关键推动力，数字化和智能化正成为社会未来发展的主要趋势。

5G 技术介绍

3.1

5G技术

2019 年 6 月，工业和信息化部向中国电信、中国移动、中国联通和中国广电这 4 家企业发放了 5G 商用牌照，标志着中国正式进入 5G 商用的元年。5G(5th Generation Mobile Communication Technology) 是第五代移动通信技术，它具备高速率、大连接、低功耗、低延迟等特性。对普通消费者来说，5G 带来的最直观的体验是移动网络的传输速率的提升和在线视频及移动游戏无延迟的流畅体验，然而 5G 的影响不止于智能终端，它将彻底革新相关的生态圈，5G 将深刻地影响工业互联网、医疗、交通等多个产业的发展，全方位促进各个产业的变革，并提升它们的运行效率与质量。

1. 移动通信发展进程

在 5G 网络出现之前，移动通信网络的发展经历了 1G、2G、3G、4G 4 个时代。1G是距离我们最远的一代移动通信技术，出现在 20 世纪 80 年代，使用模拟信号传输，其主要功能是实现语音通信，其代表产品就是被称为"大哥大"的手机，如图 3-1 所示；2G技术采用数字信号传输，诞生于 20 世纪 90 年代，它不仅能实现语音通信和短信服务，还让用户体验到了彩信、手机报、壁纸、铃声下载等服务；3G 技术始于 2000 年，相比之前的技术，它使用了更高的频段并提升了数据传输速率，从而显著提高了通信质量与速度，推动了移动互联网的快速发展；4G 时代则让用户的体验得到了质的飞跃，其网络的理论下载速率可达到上百兆位每秒，流量资费也大幅度降低，从而促进了各种移动应用的长足发展，并在一定程度上超越了 PC 端的发展速度。移动通信发展进程简表如表 3-1 所示。

表 3-1　移动通信发展进程简表

网络	发布时间	代表技术	代表硬件	国内规模
1G	1983—1987 年	频分多址、模拟调制	大哥大	660 万
2G	1991 年	时分、频分数字调制	GSM 手机、小灵通	2.8 亿
3G	2000 年	码分多址，频分、时分双工技术	智能机	2 亿
4G	2012 年	OFDM/MIMO/ 扁平网络架构	全面屏手机	12.96 亿
5G	2020 年	大规模天线、灵活双工、服务化架构	智能手机（云手机）	7.54 亿

　　注：OFDM 即正交频分复用技术 (Orthogonal Frequency Division Multiplexing)，MIMO 即多输入多输出技术 (Multiple-Input Multiple-Output)。

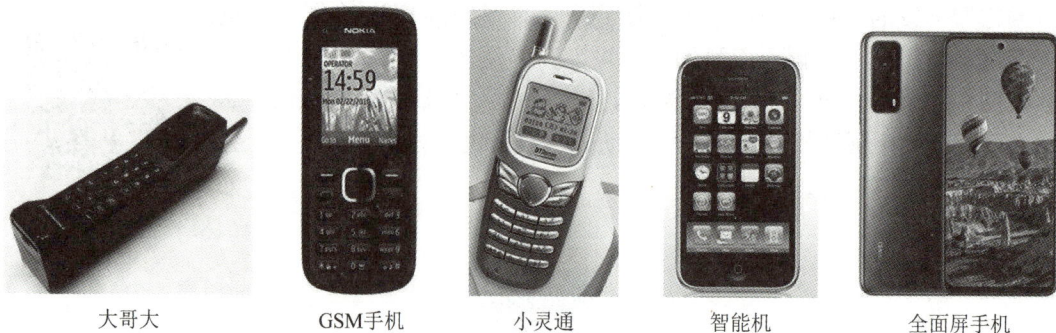

大哥大　　　　GSM手机　　　　小灵通　　　　智能机　　　　全面屏手机

图 3-1　不同通信时代硬件产品代表

2. 5G 的应用场景

2015 年，国际电联联盟无线电通信部门 (ITU-R) 正式规定了 5G 的官方名称为"IMT-

2020"，并在随后明确了 5G 的三大应用场景：

(1) 增强移动宽带业务 eMBB(enhanced Mobile Broadband)：该场景旨在整体提升网络用户体验，实现更广泛的网络覆盖、更快的数据传输速率和更大的用户容量。

(2) 海量机器类通信业务 mMTC(massive Machine Type Communication)：该场景是物联网领域的应用，关注人与设备的信息互动，主要靠 5G 技术的大容量支撑海量终端接入，以此推动智慧城市、智慧工厂、智能家居等的实现。

(3) 低时延高可靠通信业务 uRLLC(ultra Reliable Low Latency Communication)：该场景也是物联网领域的应用，侧重于设备间的通信需求，主要依赖 5G 技术的低延迟、高可靠性和高可用性来实现车联网、自动驾驶、远程医疗等。

随着 5G 技术的不断推广和普及，各行各业正积极探索 5G 的应用场景，目的是在数字化转型中获得先机。下面列举一些 5G 在不同领域的应用案例。

1) 5G＋工业互联网

5G 技术为工业互联网带来了高效、稳定、安全的通信网络支持，使得工业互联网平台能够更顺畅地连接各类设备和传感器，实现更全面的数据采集和传输。此外，5G 技术也增强了工业互联网平台的计算和存储能力，从而能够更有效地处理和分析工业数据，提升平台的智能化和服务性能。利用 5G 技术，可以实施设备远程监控、故障诊断、预测性维护等应用来提升生产效率和设备可靠性，实现智能物流、智能仓储等应用以提高物流和仓储管理效率，并开展智能安全监控、智能安防等应用来增强安全监控和防范水平。图 3-2 为智能工厂示意图。

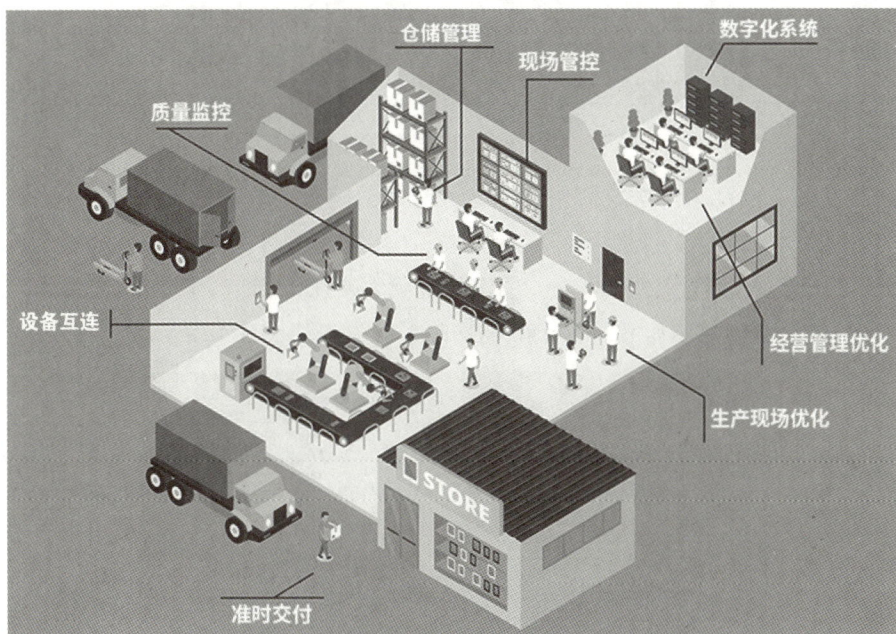

图 3-2 智能工厂示意图

在 2023 世界 5G 大会上，"5G 十大应用案例"被发布，其中包括山东电力的 5G 规模化应用工程、"数"说纺织——福建金源纺织的 5G 智慧工厂项目、5G 全连接工厂助力中国制造高质量发展、基于 5G 风筝型专网的全链零碳智慧工厂等案例。福建金源纺织的 5G 专网是由中国联通与华为共同打造的最新型 5G 双域专网＋跨域专网，它实现了各厂区 5G 的全域覆盖，该网络支持 5G＋粗细联智能生产、5G＋单锭智能检测、5G＋成品智能仓储、5G＋全景数字孪生等技术的应用，这些技术涵盖了金源纺织生产的七大核心工序。据内部评测，这些 5G 应用能够提升 22% 的机台利用率，减少 13% 的异常停机时间，降低 30% 的生产质量问题，并使得产品质量工艺的可追溯率达 100%。

2) 5G＋智慧医疗

5G 技术将医疗与信息技术相结合，实现了医疗服务的智能化和高效化。在 5G＋智慧医疗应用场景中，可以打破地理限制，实现远程医疗、移动医疗等应用，提高医疗服务的覆盖面和可及性；可以实现医疗数据的共享和交换，提高医疗数据的安全性和隐私保护能力；可以实现智能诊断、智能手术等应用，提升诊断和手术的准确性与可靠性；同时，还能实现医疗设备的远程监控和故障诊断，从而提高医疗设备的运行效率和可靠性。图 3-3 为远程医疗系统。

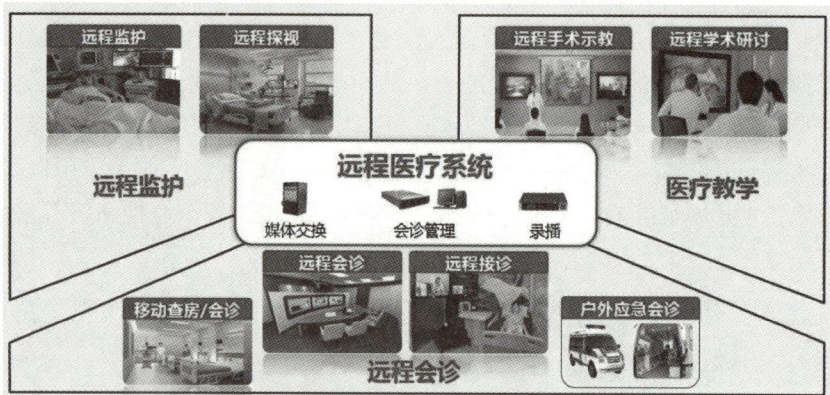

图 3-3　远程医疗系统

2023 年 2 月，浙江大学医学院附属邵逸夫医院蔡院长团队在中国电信 5G 定制网络和我国国产原研手术机器人的支持下，成功完成了中国首例 5G 超远程国产机器人胆囊切除术，在杭州的机器人远程手术中心内，主刀医生梁教授在不到半小时的时间内为距离杭州 5000 km 之外的新疆阿拉尔患者杨女士顺利切除了胆囊，如图 3-4 所示。

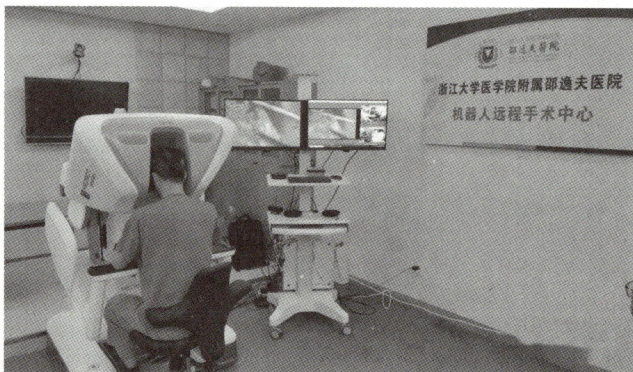

图 3-4　邵逸夫医院机器人远程手术中心

3) 5G + 智慧交通

在信息产业与交通产业交叉融合的大背景下，5G 与智慧交通正在共同发展。当车辆排队达到一定长度时，交通信号灯可以自动切换，以减少路口空放和延迟，有效缓解路口拥堵；潮汐车道可以在转向和直行之间自主切换；车辆可以实时计算并播报预计通过路口的时间等。

5G 在推动智慧交通发展上主要有以下几个方面的作用。

(1) 智能交通管理：利用 5G 技术，可以实时采集和传输交通信息，从而提高交通管理的效率和精确度，减少城市交通拥堵和交通事故的发生概率。

(2) 智能车辆调度：通过 5G 技术，可以实现车辆与车辆、车辆与路侧设备的协同通信，提高出行效率和安全性，降低交通拥堵和环境污染。

(3) 智能车辆安全：5G 技术提供更精准的车辆安全预警和自动驾驶功能，降低交通事故风险，提高道路使用效率和行车安全。

(4) 智能交通服务：借助 5G 技术，可以提供更加个性化、智能化的交通服务，如实时路况查询、停车服务、出行规划等，从而提升用户体验和社会效益。

在浙江德清，全国首个全域城市级自动驾驶与智慧出行示范区已投入使用；在浙江舟山码头，5G 智慧引航、智能靠泊有效解决了最后 500 m 精准引航的难题，保证了引航安全；在浙江绍兴，通过停车诱导系统智能探测技术引导司机实现便捷停车，解决了市区停车的难题；在山东潍坊，中国电信依托 5G 技术实现了潍坊港区内集装箱堆场的"5G + 自动驾驶 + 远程驾驶""5G + 车路协同 + 高精度定位"等自动驾驶智能信息化，为港区的高效、安全、稳定注入智慧；在湖北武汉，国内首条全线实现 5G 专网覆盖的智慧城轨线路——武汉市轨道交通 19 号线顺利通过了初期运营前的安全评估，具备了开通条件。

4) 5G + 智慧教育

"5G + 智慧教育"正在推动教育模式变革、教育体系、重构，助力教育数字化战略行动的实施，为教育的高质量发展提供了有力支撑。在智慧教育领域，5G 技术将极大地提升教学体验，实现高清、高效的远程教学，并推动虚拟实验室、在线实时互动等新型教学方式的发展。此外，5G 技术还将促进学校之间以及学校与企业之间的信息共享与合作，构建更紧密的产学研合作网络。

"5G + 智慧教育"的推动主要采取以下几种方式。

(1) 5G 赋能融合学习空间：学习空间是学生进行学习活动的主要场所。5G 技术为学习空间的融合提供了基础支撑，有助于解决学习空间融合过程中存在的障碍。基于智联网等智能技术重塑师生、技术、环境等关系，5G 智慧教育打通了空间、时间、知识之间的壁垒，为学生的正式和非正式学习的融合提供了条件。

(2) 5G 推动智慧平安校园建设：在 5G 时代，教育智能技术加持下的智慧平安校园，利用万物互联的特点，将智慧安防与教学相结合，围绕学生的学习生活轨迹，为学生的安全提供高清视频安防及预警服务，对学生的学习活动、校内外生活进行智能分析，从而提供全方位、全过程的安全保障服务，以打造安全的学习环境。

(3) 5G 促进网络同步课堂：同步网络课堂是一种利用网络视频会议系统等工具，在网络中开展远程教育授课的教学形态。利用 5G 等教育智能技术构建的高清同步网络课堂，能够打破视音频高延时的限制，优化教学内容的呈现方式，增强视频交互的体验，创造学生喜欢且乐于参与的学习环境，模拟或超越传统课堂的教学效果。

(4) 5G 建设实训教学情境：在 5G 与扩展现实等智能技术的助力下，虚拟仿真的教学平台或实验实训等方式深度应用于工艺程序、工程技术、医学等领域，有效地激发学习者的学习动力，提升了操作能力，提高了学习效果，使学习者在实训过程中真实地体验到可能突发的事件，快速实现工作"零适应期"的目标。

浙江省教育考试院利用 5G、人脸识别、智能测量等技术，打造了一个 5G + 智慧化的体育考试管理系统。该系统实现了多种终端 (如摄像头) 支持下的无感知体育项目测试，为 2023 年杭州师范大学考点高考体育术科类考试提供保障，在 3 天内完成了对 2781 名考生的 100 m、800 m、立定跳远及铅球 4 项科目的测试。重庆邮电大学则搭建了 5G + 学生智能评价决策平台，整合了学生的学习、体育、劳动、艺术等数据，从学科、体质健康、艺术、品德等多个维度对学生进行综合评价，并定期制作学生画像。此外，重庆邮电大学还探索了学业预警、考研预测、就业推荐等"评价 + 预测 + 推荐"的创新应用。

·思·

我国在经历了"1G 空白、2G 跟随、3G 突破、4G 并跑"的不断努力后，已经站在了 5G 时代的引领者位置。"5G 领先"这一地位一方面源于我国顶层设计的宏观布局，另一方面则源自企业层面的创新能力和先发优势。

早在 2013 年 2 月，工信部、国家发改委、科技部就联合成立了 IMT-2020(5G) 推进组，全面启动 5G 技术研发试验。我国政府在《促进第五代移动通信技术产业发展的指导意见》《"5G + 工业互联网"512 工程推进方案》《工业和信息化部关于推动 5G 加快发展的通知》《5G 应用"扬帆"行动计划 (2021—2023 年)》等重要文件中，均积极推进 5G 产业发展。

我国的华为公司在 5G 网络技术领域快速崛起，2016 年 11 月，华为的极化码成为 5G 的最终方案。在全球领先研究机构 LexisNexis® IPlytics 发布的 2023 年 5G 专利拥有量排名中，华为牢牢占据榜首，中兴、OPPO 紧随其后，分别位列第 7、第 8 名。这展示了中国企业对于 5G 技术研发的重视，也对全球 5G 技术的发展作出了许多贡献。

多年来，华为对芯片进行了长期资金投入和技术研发，虽遭西方发达国家不断加码的制裁和打压，也曾遭受重大损失，但华为坚定信心，联合中国产业链众多企业迎难而上，终于打破西方芯片封锁，成功发布最新可与苹果媲美的高端机型，充分显示了文化自信的价值和意义。

3.2

物 联 网

1999 年，美国麻省理工学院首次提出了物联网的基本概念："万物皆可通过网络互联"。2005 年，在突尼斯举行的信息社会世界峰会上，国际电信联盟发布了《ITU 互联网报告 2005：物联网》，正式提出了"物联网"的概念。

物联网技术介绍

物联网 (Internet of Things，IoT) 是指通过信息传感设备如射频识别、红外感应器、全球定位系统、激光扫描器等，将任何物体与互联网相连接并实现信息交换和通信，以实现智能化识别、定位、跟踪、监控和管理的网络。简单来说，物联网就是"物物相连的互联网"。

物联网的关键技术包括以下几个方面：

(1) 射频识别技术 (RFID)。RFID 是一种非接触式的自动识别技术，俗称"电子标签"，可以通过射频信号实现物品的自动识别和信息获取。将电子标签附着在目标物品上可以实现其全球范围内的追踪和识别。例如，装有电子标签的汽车在通过高速公路收费站时能被自动识别，无须停车缴费，从而提高了行车速度和效率。

(2) 传感器技术。传感器是物联网中收集数据的关键部件，可以将各种物理量 (如温度、湿度、光照、声音等) 转换为电信号。常见的传感器有温度传感器、湿度传感器、光照传感器、压力传感器等。例如，通过温度传感器可感知鱼塘水温，通过压力传感器可感知桥梁受力情况。

(3) 嵌入式系统技术。嵌入式系统是物联网设备的核心，负责处理和控制设备的各种功能。它通常包括微处理器、存储器、输入 / 输出接口等部件。在工业领域，嵌入式系统可以自主控制设备和自动化生产，提高生产效率和质量。

(4) 无线通信技术。物联网设备之间的通信主要依赖无线技术，如 WiFi、蓝牙、ZigBee、LoRa 等。这些无线通信技术具有不同的传输距离、速率和功耗特点，可以根据实际应用场景选择合适的通信技术。

物联网的一个典型应用是全屋智能家居。全屋智能家居是将家庭中各种设备和电器集成于一体的智能系统。通过中央控制系统，用户可以实现对家庭设备的远程监控、自动化控制、语音交互等。这种智能家居系统能够为家庭提供安全、舒适、节能、环保的生活环境，提高家庭的生活品质和便捷性。目前家居使用较多的智能设备有智能门锁 (如指纹锁)、智能音箱 (如小爱同学)、智能灯光 (如飞利浦的 Hue)、智能家电 (如小米的智能插座)、智能安全设备 (如智能摄像头) 等。最常用的智能家居场景如图 3-5 所示。

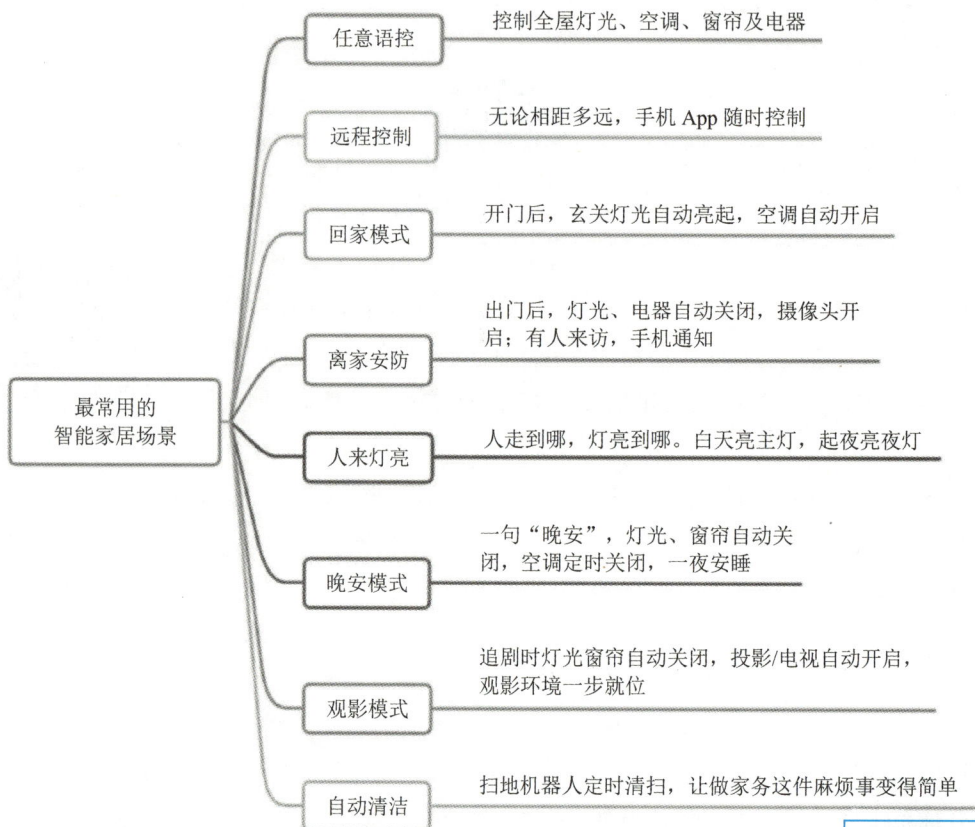

图 3-5　最常用的智能家居场景

3.3

大数据技术介绍

大　数　据

随着云计算、物联网、人工智能等信息技术的快速发展以及传统产业向数字化的转型，数据量正在以几何级的速度增长。2017 年全球大数据储量为 21.6 ZB(注：泽字节，大数据存储单位)，到 2018 年这一数字已经增长到 33 ZB。国际数据公司 (International Data Corporation，IDC) 发布的《数据时代 2025》白皮书中显示，预计到 2025 年，全球大数据储量将达到 175 ZB，如图 3-6 所示，复合增长率为 26%。IDC 高级副总裁 David Reinsel 在视频中表示："如果将 175 ZB 数据存储到蓝光光盘上，那么这些光盘堆起来的高度足够你去月球 23 次。而如果使用目前最大容量的硬盘装载这些数据，那么需要 125 亿个硬盘。"在这些大数据中，包括微信、微博产生的数据，视频直播产生的数据，手机通话产生的数据，商品标签产生的数据，快递包裹和物品流通产生的数据，等等，约 80% 的数据是非结构化或半结构化类型，甚至有一部分是不断变化的流数据。这种爆炸性增长的数据态势及其特点使我们进入了"大数据"时代。图 3-7 展示了 2021 年互联网每分钟产生的各类数据的量。

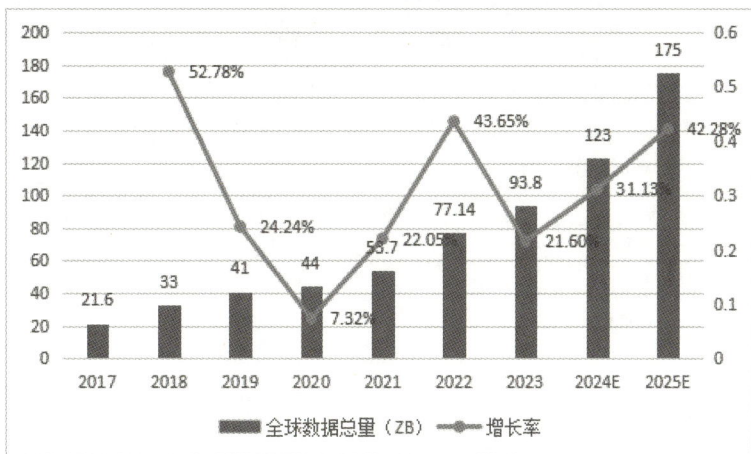

图 3-6 2017—2025 年全球数据产量及预测

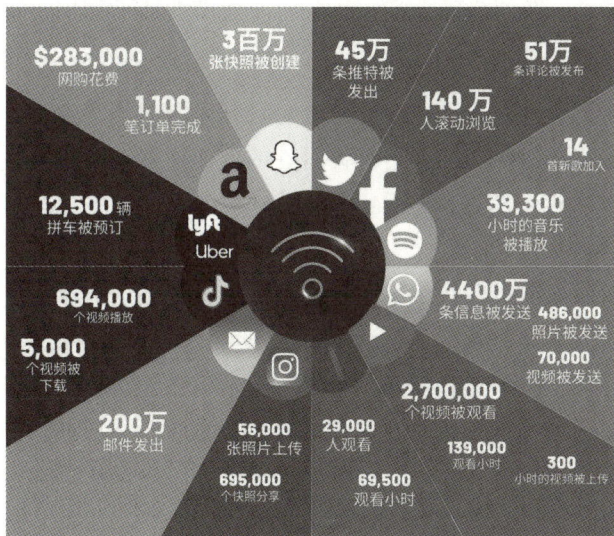

图 3-7 互联网每分钟产生的各类数据的量

大数据 (Big Data) 是指那些无法在一定时间范围内通过常规软件工具进行获取、存储、管理以及处理的数据集合。大数据具有 4 个特征，即数据体量巨大 (Volume)、数据速度快 (Velocity)、数据类型繁多 (Variety) 和数据价值密度低 (Value)。

大数据技术则指的是从各种类型的大量数据中快速提取有价值信息的能力。具体来说，这包括数据采集、数据预处理、数据存储、数据处理与分析、数据展现等多个步骤。其中，数据采集是利用各种工具和方法从海量数据中抽取所需的数据；数据预处理则是对数据进行清洗、去重、分类等操作，以满足后续处理的要求；数据存储负责数据的保存和管理；数据处理与分析涉及整合、转换和挖掘数据，对数据进行统计、机器学习、可视化等一系列操作，使其变为有价值的信息；数据展现是将分析结果以图表或报告等形式展现出来。大数据的相关技术如图 3-8 所示。

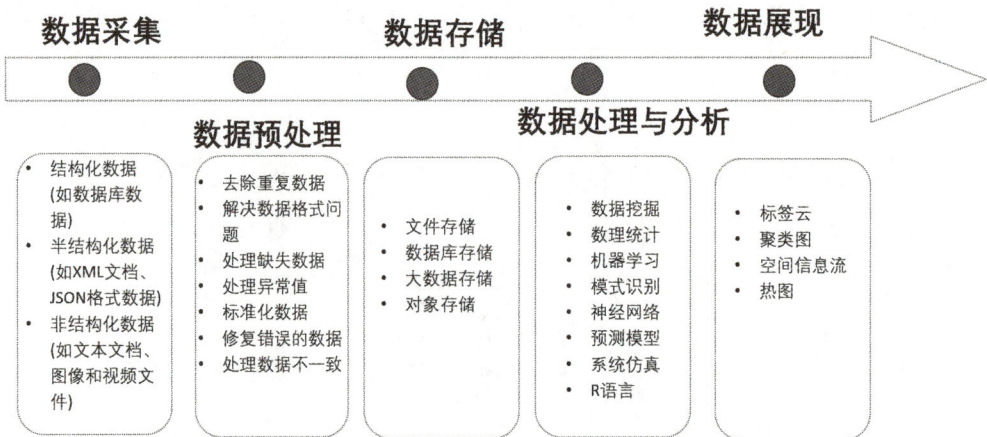

图 3-8　大数据的相关技术

大数据技术的应用场景越来越广泛，涵盖市场营销、产品设计、市场预测、决策支持等各个方面，并从早期的互联网公司扩展到传统企业。大数据技术的应用场景主要有以下几方面。

1. 基于大数据的精准营销

通过定量和定性相结合的方法，企业可以对目标市场的消费者进行细致分析，并根据他们不同的消费心理和行为特征，采用有针对性的现代技术、方法和指向明确的策略，实现对不同消费者群体的有效沟通。例如，"啤酒与尿布"是数据挖掘的经典案例之一。20世纪 90 年代美国超市中，超市管理人员通过分析销售数据，发现了一个有趣的现象：在某些情况下，啤酒和尿布这两件看似不相干的商品经常会出现在同一个购物篮中。通过对数据的深入挖掘和分析，管理人员发现这个现象出现在年轻的父亲身上。在美国，有婴儿的家庭中，一般是母亲在家中照看婴儿，年轻的父亲前去超市购买尿布。在购买尿布的同时，父亲往往会顺便购买啤酒。超市开始尝试将啤酒和尿布摆放在相同的区域，以便让年轻的父亲可以同时找到这两件商品，并更快地完成购物。这个策略非常成功，啤酒和尿布的销量大幅增加，为超市带来了更多的利润。

企业的精准营销步骤为：首先收集数据并建立数据库；然后细分市场和目标客户；接着根据细分结果提供有针对性的产品和服务；之后针对不同的目标群体实施不同的营销方案并为其提供个性化服务；最后根据营销结果不断改进产品和服务以满足用户需求。图 3-9为大数据精准营销模型。

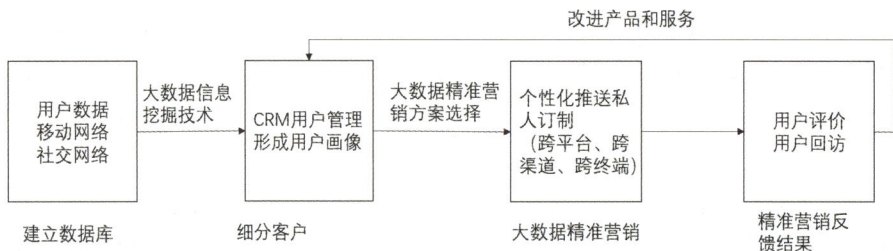

图 3-9　大数据精准营销模型

2. 基于大数据的个性化推荐

随着互联网时代的发展和大数据时代的到来,人们逐渐从信息匮乏时代步入信息过载时代,为了让用户在海量信息中高效地获取所需内容,推荐系统应运而生。推荐系统能够根据用户的历史行为数据和兴趣偏好,向用户推荐相关联的物品或服务。目前,在电子商务、社交网络、在线视频、在线音乐等各类网站和应用中,推荐系统都发挥着重要作用。

大部分推荐引擎的工作原理是基于物品或者用户的相似集进行推荐,可以对推荐机制进行以下分类。

(1) 基于人口统计学的推荐:根据系统用户的基本信息发现用户的相关程度。

(2) 基于内容的推荐:根据推荐物品或内容的元数据,发现物品或者内容的相关性。

(3) 基于协同过滤的推荐:根据用户对物品或信息的偏好,发现物品或内容本身的相关性,或者是发现用户之间的相关性。

淘宝网提供的商品数量众多,通过对用户历史记录、搜索行为、收藏行为等进行分析,为用户提供个性化的商品推荐服务。如图 3-10 所示的淘宝网"猜你喜欢"功能,通常是根据用户近期的历史购买或者查看记录给出一个推荐。豆瓣则以图书、电影、音乐和同城活动为中心,形成了一个多元化的社交网络平台。当用户在豆瓣电影中将一些看过的或感兴趣的电影加入看过和想看的列表里,并为它们做相应的评分后,豆瓣的推荐引擎就已经拿到了用户的一些偏好信息。基于这些信息,豆瓣会给用户展示如图 3-11 所示的电影推荐。每个人的推荐清单都是不同的,每天推荐的内容也可能会有变化。收藏和评价越多,豆瓣给用户的推荐就会越准确和丰富。爱奇艺通过分析用户的历史观看记录、评分、评论等数据,建立用户画像,从而实现个性化推荐。例如,对于喜欢科幻片的用户,爱奇艺会向他们推荐更多的科幻片资源,以提高用户的满意度和忠诚度。

图 3-10　淘宝网推荐机制:首页 - 猜你喜欢

图 3-11　豆瓣的推荐机制：基于用户喜好的推荐

3. 基于大数据的预测

　　基于大数据的预测是一种利用大数据技术对未来进行预测的方法。通过对历史数据进行分析，发现数据中的规律和趋势，并利用这些规律和趋势来预测未来的事件或行为。数据预测是大数据最核心的应用之一，它将传统意义预测拓展到"现测"。大数据预测是基于大数据和预测模型去预测未来某件事情的概率，让分析从"面向已经发生的过去"转向"面向即将发生的未来"，这是大数据与传统数据分析最大的不同之处。例如，加州电网系统运营中心管理着加州超过 80% 的电网，向 3500 万用户每年输送 2.89 亿兆瓦电力，电力线长度超过 40 233 km。该中心采用了软件进行智能管理，综合分析来自包括天气、传感器、计量设备等各种数据源的海量数据，预测各地的能源需求变化，进行智能电能调度，平衡全网的电力供应和需求，并对潜在危机作出快速响应。

　　金融行业的预测包括股票市场预测和信用风险评估。股票市场预测通过分析历史交易数据、新闻资讯、市场情绪等来预测股票价格的走势；信用风险评估则利用大数据分析技术评估借款人的信用状况，并预测违约概率。

　　制造业生产预测包括生产需求预测和供应链管理。生产需求预测通过分析销售数据、订单趋势和市场动态来预测未来的生产需求；供应链管理基于生产需求预测，优化供应链以及减少供应链成本并提高响应速度。

　　交通运输流量预测包括交通流量预测和公共交通调度。交通运输流量预测是通过分析历史交通数据、天气情况和节假日安排来预测道路或机场的流量情况；公共交通调度根据流量预测调整公共交通工具的运行频率和路线，以提高运输效率和乘客满意度。

公共事业需求预测包括能源消耗预测和水资源管理。能源消耗预测通过分析历史能源消耗数据、天气变化和社会经济活动来预测电力、燃气等能源的需求；水资源管理则预测水资源需求，合理分配水资源，并优化水库蓄水和放水计划。

3.4

云　计　算

随着互联网的普及，社会信息处理需求急剧增加。传统上由用户购买、建设和维护计算基础设施的方式日益显得低效且成本高昂。人们期望计算资源能够像水、电、煤等公共产品一样，通过网络交付，并由用户主导、按需服务、即用即付，这些想法最终促成了云计算的产生。

云计算技术介绍

云计算是一种商业计算模型，是分布式计算的一种形式，它指的是通过网络"云"将大量的数据计算处理程序分解为无数个小程序，然后通过多台服务器组成的系统来处理和分析这些小程序，进而得到结果并返回给用户。现阶段，我们所说的云计算已经不仅仅是一种分布式计算，而是分布式计算、效用计算、负载均衡、并行计算、网络存储、热备份、虚拟化等计算机技术的混合演进与升级。

2011 年，美国国家标准与技术研究所 (NIST) 将云计算定义为："一种允许无处不在的、方便的、按需网络访问的可配置计算资源 (包括网络、服务器、存储、应用程序和服务) 共享池模式，这些共享资源可以通过最少的管理工作、极少的与服务供应商的交互来快速配置和发布。"例如，2011 年苹果公司推出了 iCloud，这是一种基于网络的内容选择服务，包括音乐、视频、电影、个人信息等云计算服务。

云计算的最终目标是将计算、服务和应用作为一种公共服务提供给公众，使得人们可以像使用水、电、燃气和电话那样方便地利用计算机资源。云计算技术主要基于以下 3 种服务模式提供服务：

(1) 基础设施即服务 (IaaS)：IaaS 提供包括服务器、网络、存储、负载均衡等在内的基础设施，允许终端用户根据需求租用软硬件资源，并提供动态扩容能力。

(2) 平台即服务 (PaaS)：PaaS 是一种服务类别，其供应商为开发人员提供了通过全球互联网构建应用程序和服务的平台，包括运行时环境、数据库、Web 服务、开发工具、操作系统等，用户无须手动搭建系统运行平台或分配资源。

(3) 软件即服务 (SaaS)：SaaS 则是一种通过 Internet 提供软件的模式，云服务供应商负责安装、管理和运营各种软件，用户通过云来登入并直接使用软件，无须搭建任何环境来管理企业经营活动。

云计算的服务模式如图 3-12 所示。

图 3-12 云计算的服务模式

云计算主要有公有云、私有云、社区云和混合云 4 种部署模式，每种部署模式都具备独特的功能，以满足用户不同的要求。

(1) 公有云：由云服务供应商提供基础设施、平台、应用程序、存储等资源和服务，并通过互联网向用户提供访问和使用。通常情况下，用户按需求和使用量付费。例如，在阿里云上，既有利用云计算检修铁路的西安铁路局的普通工人，也有迅速走红的移动应用小咖秀，还有 12306、中石化这样的央企。

(2) 私有云：为单个企业专门定制的云服务，无须与其他组织共享资源。私有云可以在公司内部管理，也可以由第三方云服务提供商进行托管。私有云的使用方式意味着数据中心的维护者和使用者为同一家公司。由于构建私有云的投入成本巨大，因此一般只有超大规模的企业才会选择构建私有云。

(3) 社区云：特定组织或行业共享使用的云计算服务方案，这些组织共享一套基础设施，并分担产生的成本，从而在一定程度上节约成本。例如，医疗行业可以通过组建社区云来共享病例和研究数据，实现档案的统一管理。

(4) 混合云：将两种或更多云计算模式混合使用的部署模式，比如同时使用公有云和私有云，公司可以将敏感数据存储在私有云中，同时使用公有云来运行应用程序。

目前，国内云计算主要厂商包括阿里云、腾讯云、京东云、华为云、百度智能云等。例如，阿里云服务了制造、金融、政务、交通、医疗、电信、能源等众多领域的企业，包括中国联通、12306、中石化、中石油、飞利浦、华大基因等大型企业客户，以及微博、知乎等明星互联网公司，它们提供的产品类别如图 3-13 所示。这些云计算机服务在不同领域有着广泛的应用。例如：某省政府利用云服务平台提供的容器服务、弹性云服务器和关系型数据库等产品，实现了政府数据的统一采集、存储、管理和分析，支持了智慧城市、智慧交通、智慧医疗等业务；某电商平台利用云服务平台提供的弹性云服务器、对象存储和内容分发网络等产品，实现了电商平台的快速搭建、运营和优化，支持了全球化布局和业务增长；某视频平台则利用云服务平台提供的对象存储、视频点播、人工智能等产品，实现了视频平台的高效存储、转码和分发，并支持了个性化内容推荐和用户增长。

图 3-13　阿里云产品类别

3.5

人　工　智　能

2016 年 3 月，谷歌旗下 DeepMind 公司开发的一款围棋人工智能程序阿尔法狗 (AlphaGo) 与韩国围棋九段选手、世界冠军李世石进行了一场著名的围棋比赛。阿尔法狗最终以 4：1 的总比分战胜了李世石，引发了社会各界对于智能机器人以及人工智能的广泛讨论。

人工智能技术介绍

2022 年年底，随着人工智能聊天机器人 ChatGPT 的横空出世，在短短数月间掀起了"全民人工智能"热潮。2023 年，人工智能发展风起云涌，步入快车道，通用人工智能强势突围，在全球掀起大语言模型飓风。

人工智能 (Artificial Intelligence，AI) 是一个以计算机科学为基础，由计算机、心理学、哲学等多学科交叉融合的新兴学科，它研究、开发用于模拟、延伸和扩展人的智能的理论、方法、技术及应用系统。其终极目标是通过模拟人脑的功能和思考过程，生产出一种新的能以与人类智能相似的方式作出反应的智能机器。根据应用范围的不同，人工智能可以分为专用人工智能、通用人工智能和超级人工智能 3 类。

通用人工智能 (Artificial General Intelligence，AGI) 是一种旨在模拟人类智能并在多种不同的领域执行智能任务的先进人工智能系统，即具有一般人类智慧，可以执行人类能够执行的任何智力任务的机器智能。

目前是从专用人工智能向通用人工智能发展，大语言模型是实现通用人工智能最主要的技术路线。在机器学习和 AI 等领域，"模型"通常是指一种数学模型或计算模型，它可以从海量数据中学习出一些隐藏其中的模式或规律，进而对未来的数据进行预测或生成新数据。现在常说的大语言模型的"大"，一般指内置的参数量数量级之大，比如 GPT-3.5 的模型尺寸是 1750 亿，数据量达到 45 TB。目前比较热门的各种各样的类 GPT 产品属于大语言模型 (Large Language Models，LLM)。

大语言模型是指基于海量文本数据训练的深度学习模型，能够生成自然语言文本或理解其含义。它可以处理多种自然语言任务，如文本分类、问答、对话等。目前常见的大语言模型如表 3-2 所示。

表 3-2　常见的部分 AI 大语言模型

海外厂商名称	大语言模型名称	国内厂商名称	大语言模型名称
OpenAI	GPT	百度	文心一言 (https://yiyan.baidu.com/)
Microsoft	Visual ChatGPT	清华大学 KEG 实验室和智谱 AI 公司	智谱清言 ChatGLM(https://chatglm.cn)
Meta	Llama、OPT-IML、BlenderBot-3	腾讯	混元 (https://hunyuan.tencent.com/)
Google	LaMDA、PaLM、Mt5	科大讯飞	讯飞星火 (https://passport.xfyun.cn/login)
Deepmind	Gopher、ChinChilla、Sparrow	阿里巴巴	通义千问 (https://tongyi.aliyun.com/)
Anthropic	Claude	华为	华为盘古 (https://pangu.huaweicloud.com/)
NVIDIA	MT-NLG	抖音	云雀 (https://www.doubao.com/)

大语言模型的主要功能包括文学创作、知识问答、逻辑推理、语义理解、数学能力、商业文案创作、代码能力、实时翻译、多模态能力等。例如：百度文心一言支持多种语言任务，如文本生成、文本分类和机器翻译；阿里通义千问具备自然语言生成、理解和推理能力，支持多轮对话和连续对话；腾讯混元大语言模型适用于游戏、金融、教育等多个行业场景；华为盘古大语言模型适用于图像、文本、语音等多种类型的数据处理任务。智谱

清言的使用方式如图 3-14 所示；文心一言 App 的使用方式如图 3-15 所示。

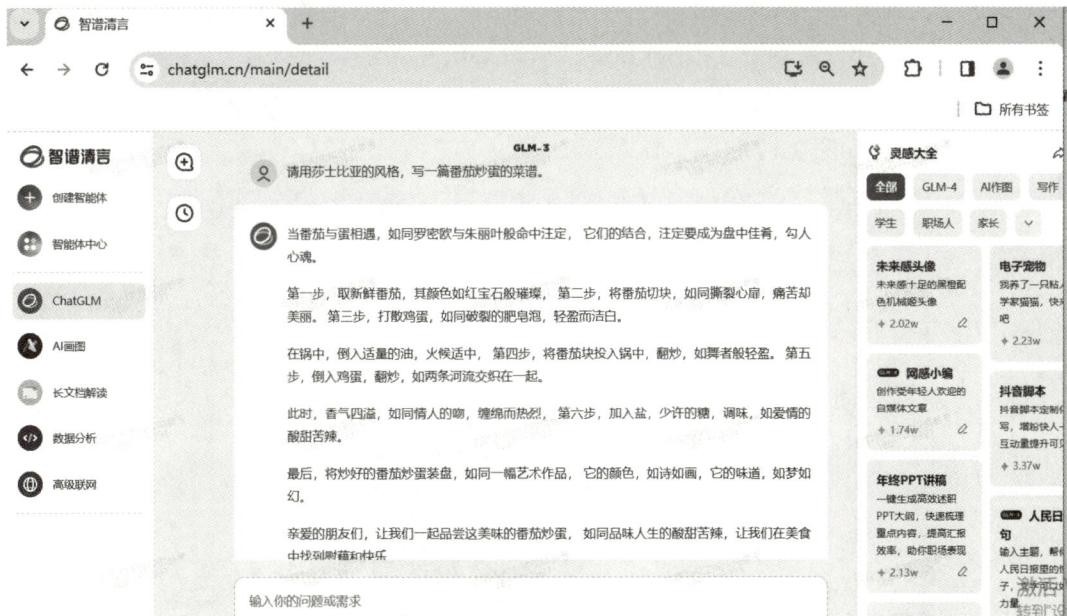

图 3-14　智谱清言的使用方式

图 3-15　文心一言 App 的使用方式

　　人工智能已经从处理信息过渡到创造内容，能够完成邮件撰写、翻译甚至代码编写等任务。除了文字能力，其绘画能力也显著提高，通过简单的效果预设，就能生成一幅叹为观止的绘画作品。

　　AI 绘画是指利用人工智能技术来创作图画的过程。通过训练大量的数据，人工智能模型可以学习到人类绘画的技巧和特点，然后根据用户的指令或输入的信息自动生成图画。文心一言、智谱清言等都有 AI 绘画功能，如图 3-16 所示。一些专业的 AI 绘画软件包括 Midjourney AI 绘画、Dream by WOMBO AI 绘图、NightCafe、Deep Dream、无界 AI 等。使用无界 AI 绘图如图 3-17 和图 3-18 所示。

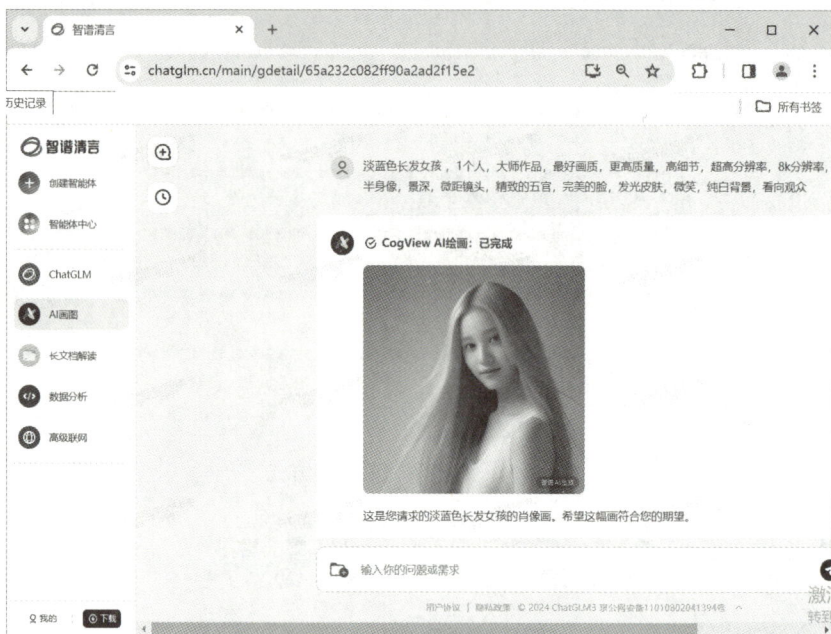

图 3-16　智谱清言 AI 画图

图 3-17　无界 AI 创作

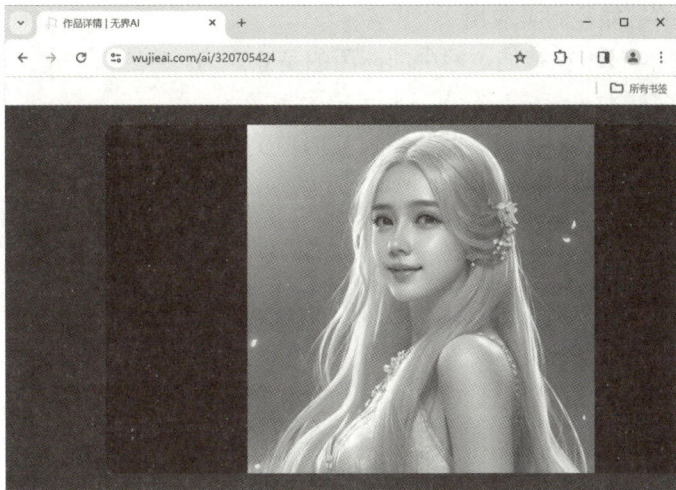

图 3-18　无界 AI 作品

动一动：有人喜欢 AI，认为它是第 4 次工业革命的关键，他们乐于看到 AI 解放劳动力；有人忧虑 AI 会抢占人类的工作，从而引发更大的贫富差距；还有人担心 AI 会发展出自我意识，甚至可能毁灭世界，认为人类正在自掘坟墓。选择一款 AI 软件，并撰写一份关于人工智能发展的利与弊的调研报告。

习　题　三

1. 4G 网络无法支持，需要使用 5G 才能实现的业务是（　　）。

A. 爱奇艺　　　　　　　　　　　B. 抖音

C. 远程医疗　　　　　　　　　　D. 微信视频

2. ITU 对 5G 提出的愿景中，不包含的大场景是（　　）。

A. eMTC　　　　　　　　　　　　B. mMTC

C. uRLLC　　　　　　　　　　　　D. eMBB

3.（　　）不是 5G 智慧医疗目前面临的挑战。

A. 端到端业务质量目前还无法保障

B. 相关法律尚不完善

C. 传统方式已经能够满足医疗需求

D. 5G 部署初期覆盖质量还需提高

4. 物联网的核心技术是（　　）。

A. 射频识别　　　　　　　　　　B. 集成电路

C. 无线电　　　　　　　　　　　D. 操作系统

5.（　　）不是物联网的应用模式。

A. 政府客户的数据采集和动态监测类应用

B. 行业或企业客户的数据采集和动态监测类应用

C. 行业或企业客户的购买数据分析类应用

D. 个人用户的智能控制类应用

6. 不属于物联网技术在智能电网中的应用的是 (　　)。

A. 利用物联网技术实现按需发电，避免电力浪费

B. 利用物联网技术对电力设备状态进行实时监测

C. 利用物联网技术保证输电安全

D. 利用物联网技术解决电力短缺问题

7. 大数据产业是指 (　　)。

A. 一切与支撑大数据组织管理和价值发现相关的企业经济活动的集合

B. 提供智能交通、智慧医疗、智能物流、智能电网等行业应用的企业

C. 提供数据分享平台、数据分析平台、数据租售平台等服务的企业

D. 提供分布式计算、数据挖掘、统计分析等服务的各类企业

8. 不是信息科技为大数据时代提供的技术支撑的是 (　　)。

A. 存储设备容量不断增加　　　　B. 网络带宽不断增加

C. CPU 处理能力大幅提升　　　　D. 数据量不断增大

9. 下列不属于典型大数据常用单位的是 (　　)。

A. MB　　　　　　　　　　　　B. ZB

C. PB　　　　　　　　　　　　D. EB

10. 云计算是对 (　　) 技术的发展与运用。

A. 并行计算　　　　　　　　　B. 网格计算

C. 分布式计算　　　　　　　　D. 三个选项都是

11. 将平台作为服务的云计算服务类型是 (　　)。

A. IaaS　　　　　　　　　　　B. PaaS

C. SaaS　　　　　　　　　　　D. 三个选项都是

12. 云计算带来的好处不包括 (　　)。

A. 节省成本

B. 数据可以随时随地访问

C. 提高适应能力，灵活扩展 IT 需求

D. 增强了对用户隐私的保护

习题三参考答案

13. 被誉为人工智能之父的是 (　　)。

A. 明斯基　　　　　　　　　　B. 冯·诺依曼

C. 麦卡锡　　　　　　　　　　D. 比尔·盖茨

14. 人工智能的目的是让机器能够 (　　)，以实现某些脑力劳动的机械化。

A. 具有完全的智能　　　　　　B. 和人脑一样考虑问题

C. 完全代替人　　　　　　　　D. 模拟、延伸和扩展人的智能

15. 下列关于人工智能的叙述不正确的有 (　　)。

A. 人工智能技术与其他科学技术相结合极大地提高了应用技术的智能化水平

B. 人工智能是科学技术发展的趋势

C. 因为人工智能的系统研究是从 20 世纪 50 年代开始的，非常新，所以十分重要

D. 人工智能有力地促进了社会的发展

第2篇
办公自动化

第4章 Windows 10 基本操作

能力目标

- 了解操作系统的功能；
- 熟练掌握 Windows 10 的基本操作；
- 掌握文件和文件夹管理技巧；
- 掌握软件的安装与卸载方法。

素质目标

- 学习中国企业自主创新、攻坚克难的创新精神；
- 学习中国科技人员孜孜以求、执着奋斗的工匠精神。

实践任务

- 设置个性化的工作环境；
- 管理个人文件；
- 安装和卸载应用程序；
- 添加计算机用户账户。

4.1

Windows 10 系统简介

电脑购买后处于裸机状态，需要先进行硬盘分区和格式化，然后安装操作系统、驱动程序，最后安装各种应用程序才能开始使用。操作系统通常包含进程管理、文件管理、设备管理、作业管理、存储管理等功能模块，它们相互配合，完成操作系统的全部职能。

(1) 进程管理：负责调度、分配资源和控制系统中运行的进程，以协调多个并发运行的进程，实现高效的系统资源利用和良好的系统性能。

(2) 文件管理：管理信息资源，文件系统支持文件的存取、检索、修改操作以及文件的保护功能。

(3) 设备管理：管理外围设备，包括设备分配、启动和故障处理。用户需提出请求，并在操作系统统一分配后方可使用外部设备。

(4) 作业管理：处理用户提交的任何要求，包括作业的组织、控制、调度等，以高效利用系统资源。

(5) 存储管理：管理内存储器，包括分配内存空间，确保作业存储空间不冲突，并使各作业在各自存储区中互不干扰。

目前主流的计算机操作系统包括：

(1) Windows 操作系统：微软公司开发的图形化工作界面操作系统，包括 Windows XP、Windows 7、Windows 8、Windows 10 等版本。

(2) UNIX 操作系统：多用户、多任务的分时操作系统，由贝尔实验室于 1969 年发布，具有开放源代码、可移植性、强大网络功能、多硬件平台支持等特点，是许多企业和机构首选的操作系统之一。

(3) Linux 操作系统：基于 UNIX 发展而来的系统软件，其功能强大、稳定可靠、开源自由，由 Linus Torvalds 于 1991 年发布。

(4) Mac 操作系统：苹果公司的操作系统，采用基于 UNIX 的 Darwin 内核，干净简洁，适用于苹果电脑。

·思·

长期以来，美国公司主导着全球计算机操作系统市场，其中微软的 Windows 占据着市场份额的绝大多数，超过 80%。这种垄断地位也引发了担忧，包括数据隐私问题、网络安全风险以及对外部技术供应的过度依赖。

近年来，我国也在积极推动国产操作系统的研发和推广，以实现自主创新和科技自立自强。

华为公司研发的鸿蒙操作系统 (Harmony OS) 是一个基于鲲鹏芯片及其硬件设备平台下的全场景分布式操作系统，可应用于车载系统、智能屏幕、可穿戴设备、智能手机、平板电脑等领域。其发展经历了种种困难，是一个关于创新、坚持与普惠的故事。华为面对美方的禁令和对华为的制裁，面对这前所未有的挑战，做出了积极的应对。凭借华为人的坚韧、智慧和坚持，目前鸿蒙系统的安全性、稳定性和高效性得到了业内广泛认可，截至 2024 年 1 月，鸿蒙生态设备数量已增长至 8 亿台。

Windows 10 是微软公司研发的一款跨平台操作系统，适用于计算机、平板电脑等设备。与之前的版本相比，Windows 10 在易用性和安全性方面有了显著的提升，它不仅融合了云服务、智能移动设备、自然人机交互等新技术，还进行了对固态硬盘、生物识别、高分辨率屏幕等硬件的优化和支持。Windows 10 系统的桌面如图 4-1 所示。

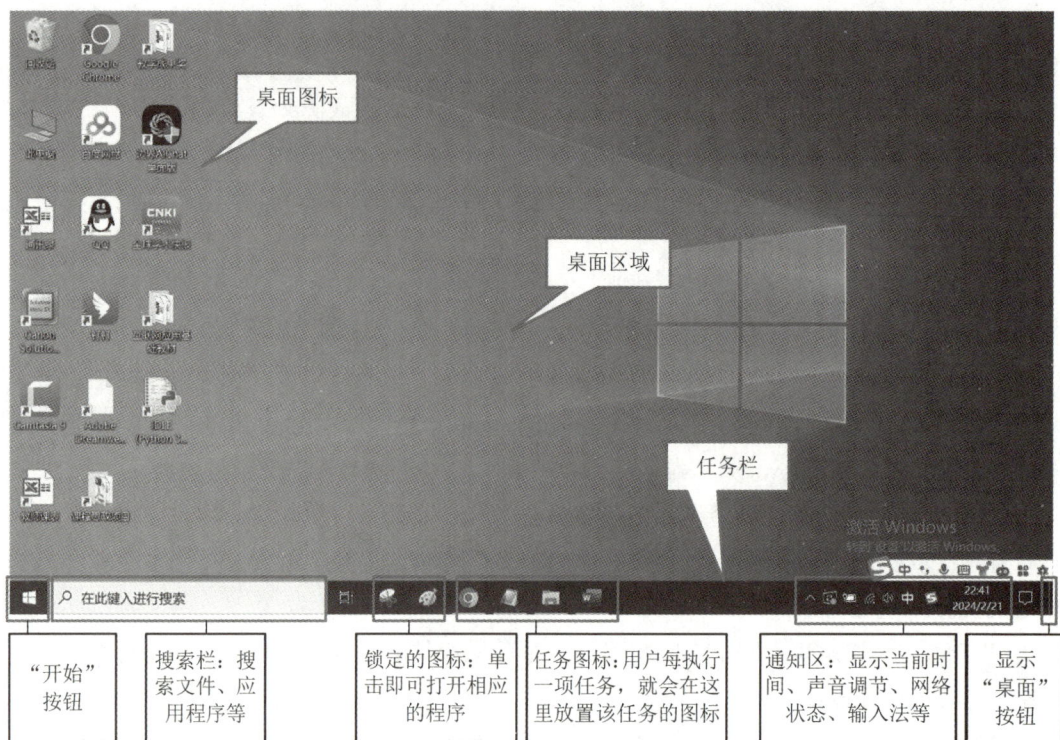

图 4-1 Windows 10 系统的桌面

4.2

任务 1 设置个性化工作环境

桌面介绍

任务要求

本任务的任务要求如下：

(1) 在桌面上添加图标"网络"。

(2) 在桌面上添加"Word"程序的快捷方式。

(3) 设置个性化的桌面主题：选择一组图片为桌面背景，并每隔 30 分钟更换一次，可以自由选择窗口颜色、锁屏界面和主题程序。

(4) 调整桌面图标和文字的大小为 125%。

(5) 设置屏幕分辨率为 1280×1024。

(6) 个性化任务栏设置：将画图程序、截图工具、桌面图标分别固定到任务栏上。

知识要点

本任务的知识要点如下：

(1) 系统桌面：指计算机开机后，操作系统运行到正常状态下显示的画面，如图 4-1 所示。一般来说，系统桌面包括桌面墙纸、桌面图标、任务栏等。

(2) 屏幕分辨率：屏幕上显示的像素数量，例如 1280 × 1024 表示水平方向像素有 1280 个像素，垂直方向有 1024 个像素。分辨率越高，图像显示越清晰。

(3) 桌面主题：包括计算机的桌面背景、窗口颜色、声音、屏幕保护程序等元素。

(4) 快捷方式：是应用程序、文件夹和文件的快速链接，其特点是每个图标的左下角都有一个非常小的箭头。

操作步骤

操作步骤

本任务的操作步骤如下：

(1) 在桌面上添加图标"网络"，操作步骤如下：

① 右击桌面，在弹出的菜单中选择"个性化"命令。

② 在"个性化"窗口中选择"主题"选项，如图 4-2 所示。

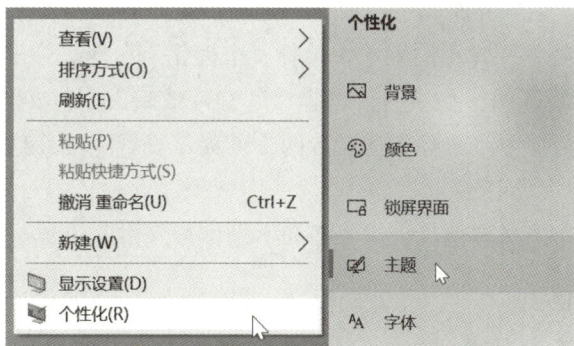

图 4-2　在桌面添加"网络"图标过程 1

③ 在"相关的设置"菜单下选择"桌面图标设置"选项。

④ 在弹出的对话框中勾选"网络"复选框，如图 4-3 所示。

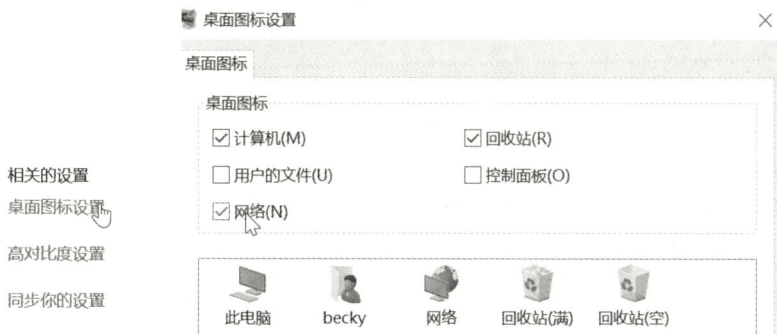

图 4-3　在桌面添加"网络"图标过程 2

(2) 在桌面上添加"Word"程序的快捷方式，操作步骤如下：

① 单击屏幕左下角的"开始"按钮，打开"开始"菜单。

② 找到"W"中的"Word"选项，拖动图标到桌面创建快捷方式，如图 4-4 所示。

图 4-4　创建桌面快捷方式

(3) 设置个性化的桌面主题：选择一组图片为桌面背景，并每隔 30 分钟更换一次，可以自由选择窗口颜色、锁屏界面和主题程序，操作步骤如下：

① 右击桌面空白处，在弹出的菜单中选择"个性化"命令，弹出如图 4-5 所示窗口。

② 单击"背景"栏下的下拉按钮，选择"幻灯片放映"，单击"浏览"按钮，在弹出的"选择文件夹"对话框中，选择包含图片的文件夹，设置"图片切换频率"为 30 分钟，如图 4-6 所示。

③ 在图 4-5 中依次选择颜色、锁屏界面和主题，分别进行设置。

图 4-5　桌面设置窗口

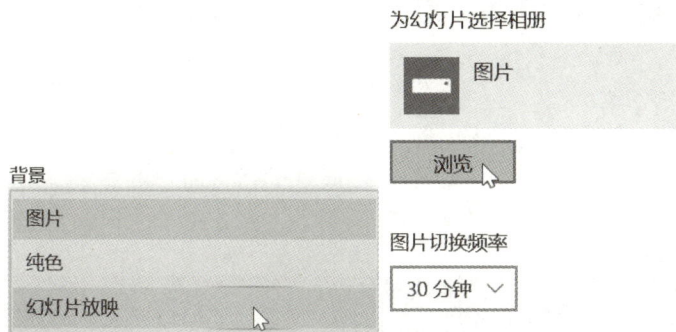

图 4-6　选择图片文件夹并设置图片切换频率

(4) 调整桌面图标和文字的大小为 125%，操作步骤如下：

① 右击桌面空白处，在弹出的菜单中选择"显示设置"命令。

② 在弹出窗口的"缩放与布局"栏下，将"更改文本、应用等项目的大小"设置为 125%，如图 4-7 所示。

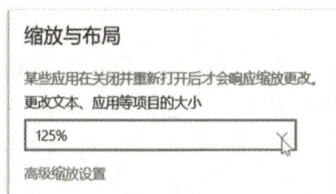

图 4-7　设置屏幕图标和文字的大小

(5) 设置屏幕分辨率为 1280×1024，操作步骤如下：

① 右击桌面空白处，在弹出的菜单中选择"显示设置"命令。

② 单击"显示器分辨率"选项右边的下拉按钮，在下拉列表中选择"1280×1024"，如图 4-8 所示。

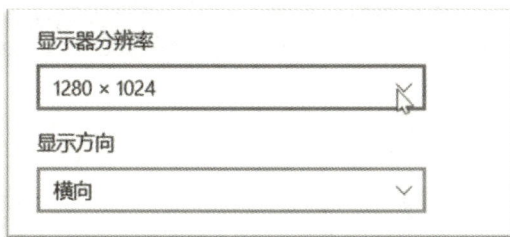

图 4-8　设置屏幕分辨率

③ 在弹出的提示框中单击"保留更改"按钮，如图 4-9 所示，完成设置。

图 4-9　保留显示器设置

(6) 个性化任务栏设置：将画图程序、截图工具、桌面图标分别固定到任务栏上，操作步骤如下：

① 打开"开始"菜单。

② 找到"W"下"Windows 附件"中的截图工具，右击"截图工具"，在弹出的菜单中选择"更多"→"固定到任务栏"命令，如图 4-10 所示。用同样的方法对"画图"操作一遍。

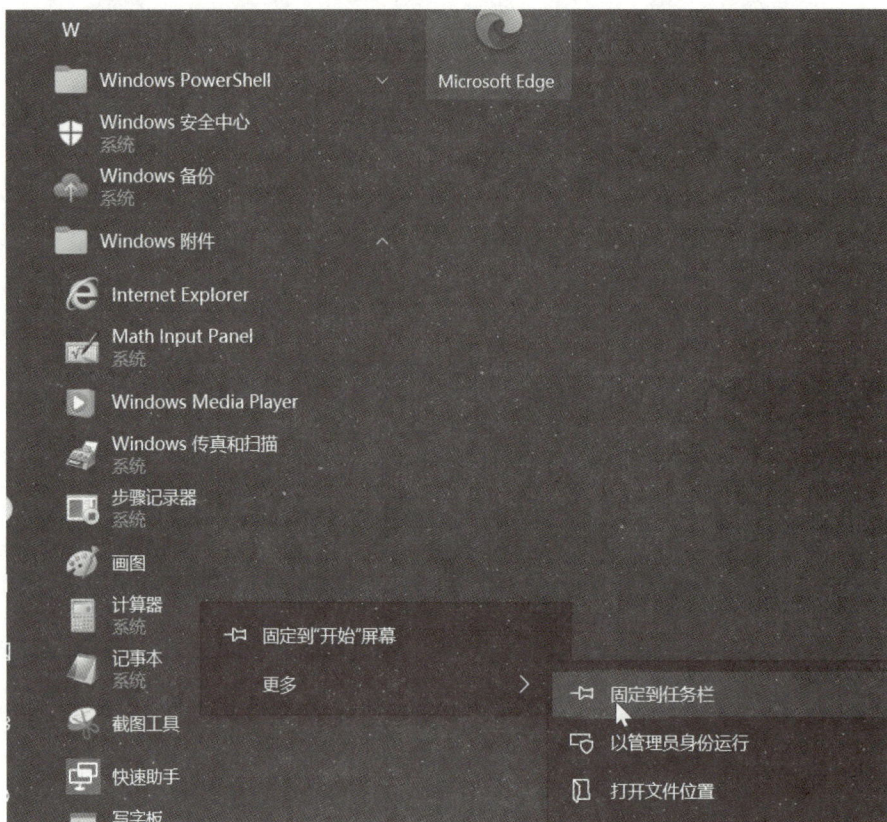

图 4-10　截图工具固定到任务栏

③ 在任务栏空白处右击，在弹出的菜单中选择"工具栏"→"桌面"（该选项前面出现一个√），如图 4-11 所示，此时任务栏右边出现一个"桌面"图标。

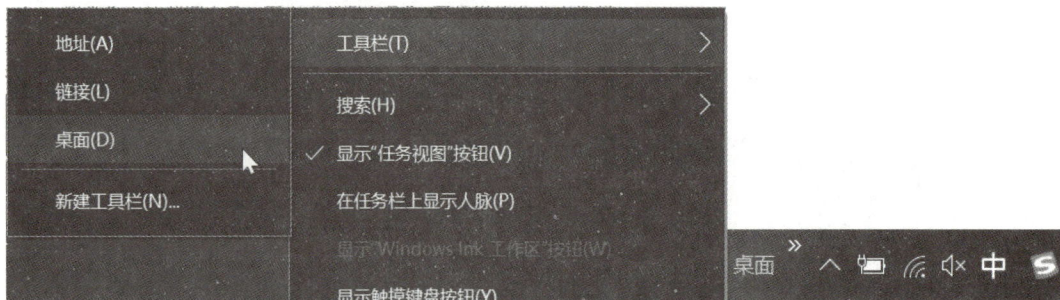

图 4-11　在任务栏添加"桌面"图标

4.3

任务 2　个人文件管理

任务要求

本任务的任务要求如下：

(1) 使用资源管理器浏览 C 盘上的资源。在 C 盘上创建文件夹 A1、B1、C1 以及一个名为"空文件夹"的文件夹，在 A1、B1、C1 三个文件夹下，分别新建一个 Word 文档、Excel 工作表、PowerPoint 演示文稿。

(2) 将文件夹 B1 复制到文件夹 A1 中。

(3) 在文件夹 A1 下新建文件夹 A11，将名为"空文件夹"的文件夹剪切到 A11 文件夹中，并将其重命名为"中国你好"。

(4) 删除文件夹 C1。

(5) 将文件夹 A11 设置为隐藏文件夹。

知识要点

1. 文件与文件夹

文件是计算机中数据的存储形式，可以包含文字、图片、声音、视频等内容。每个文件由文件图标和文件名称组成，文件名称由主文件名和扩展名构成，两者之间用"."隔开，例如"互联网应用基础 .docx""电子表格 .xlsx"等。主文件名最多可由 255 个英文字符或 127 个汉字及 1 个英文字符组成，可以混合使用字符、汉字、数字和空格，但不能包含星号 (*)、竖线 (|)、反斜杠 (\ )、冒号 (:)、双引号 (")、小于号 (<)、大于号 (>)、问号 (?)、正斜杠 (/) 这 9 个字符；扩展名决定了文件的类型，也决定了可以使用什么程序来打开文件。

文件夹用来组织、保存和管理文件。文件夹既可以包含文件，也可以包含文件夹。

2. 回收站

回收站用于临时存放被删除的文件、文件夹、快捷方式等，这些项目会一直保存在回收站中，直到清空回收站。误删除的文件可以从回收站中找回。

3. 资源管理器

在 Windows 10 中，通常通过资源管理器进行文件和文件夹的操作，如图 4-12 所示。资源管理器以文件夹浏览窗口形式展示计算机资源，用户可以管理磁盘、文件夹和文件，启动应用程序，调整资源设置，查阅网络内容。

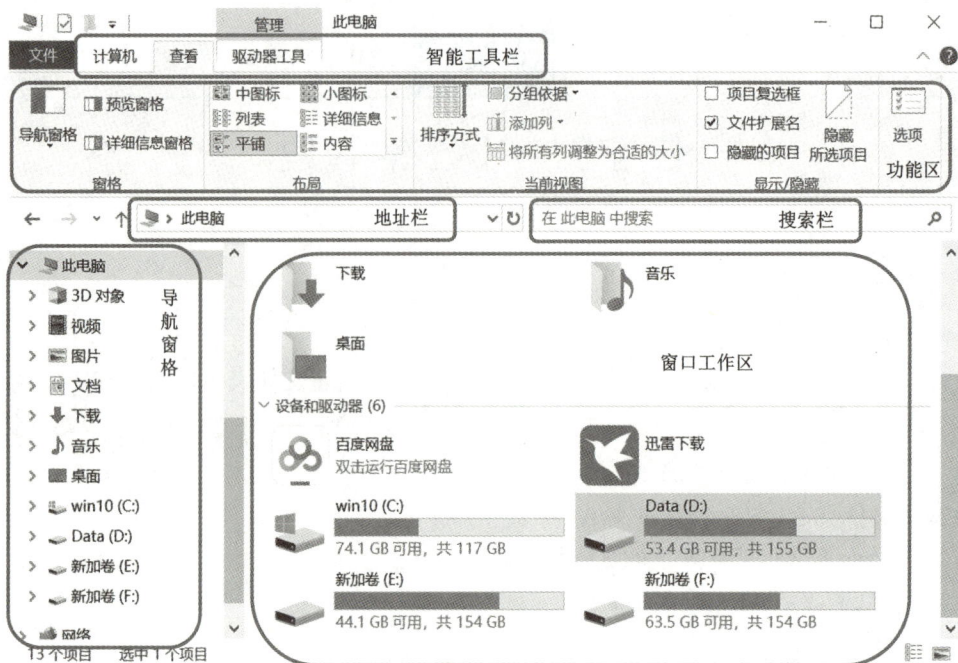

图 4-12　Windows 10 资源管理器

4. 库

在打开 Windows 10 资源管理器时，可以在导航窗格中看到库文件夹，如图 4-13 所示，如"视频""图片""文档""音乐"等。实际上，库并不存储实际文件，而是将用户需要的文件和文件夹集中在一起，类似书签，通过单击库中的链接，可以快速打开、查看库中的文件夹。

图 4-13　库文件夹

操作步骤

本任务的操作步骤如下：

(1) 使用资源管理器浏览 C 盘上的资源。在 C 盘上创建文件夹 A1、B1、C1 以及一个名为"空文件夹"的文件夹，在 A1、B1、C1 三个文件夹下，分别新建一个 Word 文档、Excel 工作表、PowerPoint 演示文稿。操作步骤如下：

① 单击桌面图标"此电脑"，打开资源管理器，单击"导航窗格"中的"C:"，打开 C

盘。右击窗口工作区空白处，在弹出的菜单中选择"新建"→"文件夹"，如图 4-14 所示，将文件夹名改为"A1"。用同样的步骤完成"B1""C1""空文件夹"的创建。

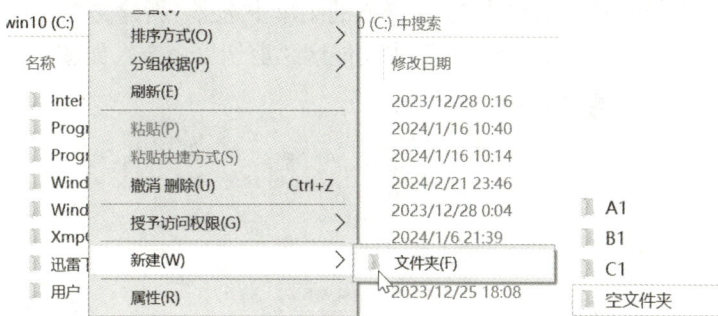

图 4-14　新建文件夹

② 双击打开 A1 文件夹，右击空白处，在弹出的菜单中选择"新建"→"Microsoft Word 文档"，如图 4-15 所示。用同样的步骤完成在 B1 下新建一个 Excel 工作表，在 C1 下新建一个 PowerPoint 演示文稿。

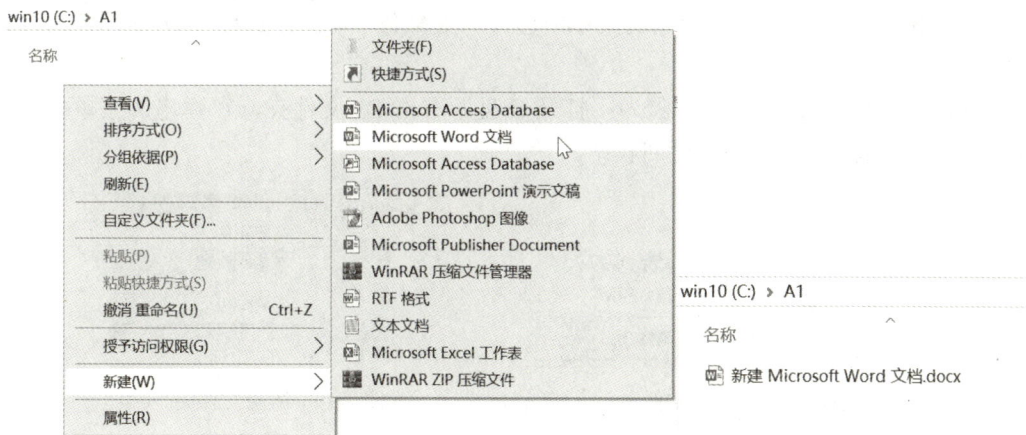

图 4-15　新建 Word 文档

(2) 将文件夹 B1 复制到文件夹 A1 中，操作步骤如下：

① 打开 C 盘，右击 B1 文件夹，在弹出的菜单中选择"复制"命令。

② 双击打开 A1 文件夹，在空白处右击，在弹出的菜单中选择"粘贴"命令，如图 4-16 所示。

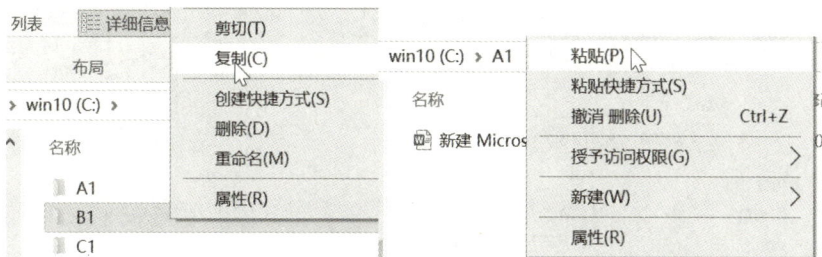

图 4-16　复制文件夹

(3) 在文件夹 A1 下新建 A11 文件夹，并将名为"空文件"的文件夹剪切到 A11 文件夹中，重命名为"中国你好"，操作步骤如下：

① 打开 A1 文件夹，在空白处右击，在弹出的菜单中选择"新建文件夹"，命名为"A11"。

② 打开 C 盘，选中"空文件夹"，单击功能区"剪切"命令，如图 4-17 所示。

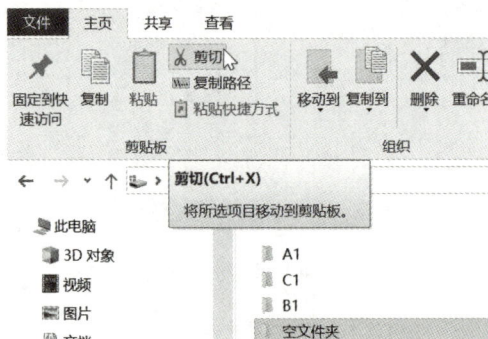

图 4-17　剪切文件夹

③ 打开 A11 文件夹，在空白处右击，在弹出的菜单中选择"粘贴"命令。

④ 右击"空文件夹"，在弹出的菜单中选择"重命名"命令，如图 4-18 所示，将其命名为"中国你好"。

(4) 删除文件夹 C1，操作步骤为：打开 C 盘，右击 C1 文件夹，在弹出的菜单中选择"删除"命令，将 C1 文件夹移至回收站。

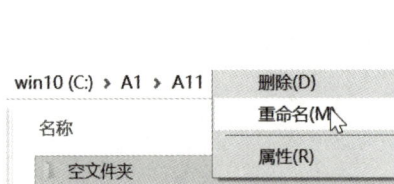

图 4-18　重命名文件夹

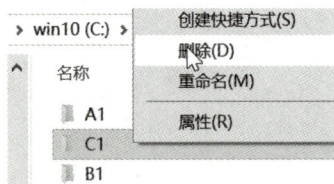

图 4-19　删除文件夹

(5) 将文件夹 A11 设置为隐藏文件夹，操作步骤如下：

① 打开 A1 文件夹，选中 A11 文件夹，在功能区单击"属性"→"属性"命令，如图 4-20 所示，或者右击 A11，在弹出的菜单中选择"属性"命令，打开属性对话框。

② 在对话框中勾选"隐藏"复选框，在弹出的窗口中选择"将更改应用于此文件夹、子文件夹和文件"，单击"确定"按钮，如图 4-21 所示，将 A11 设置为隐藏文件夹。

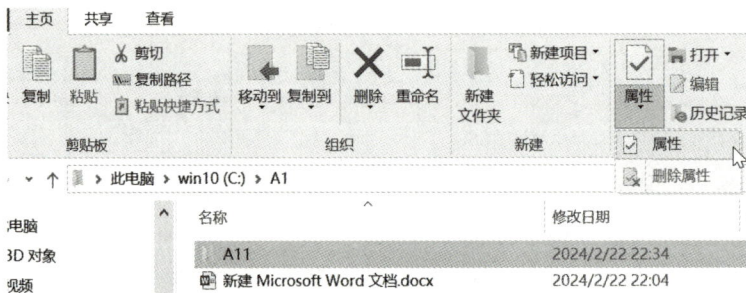

图 4-20　文件夹属性命令

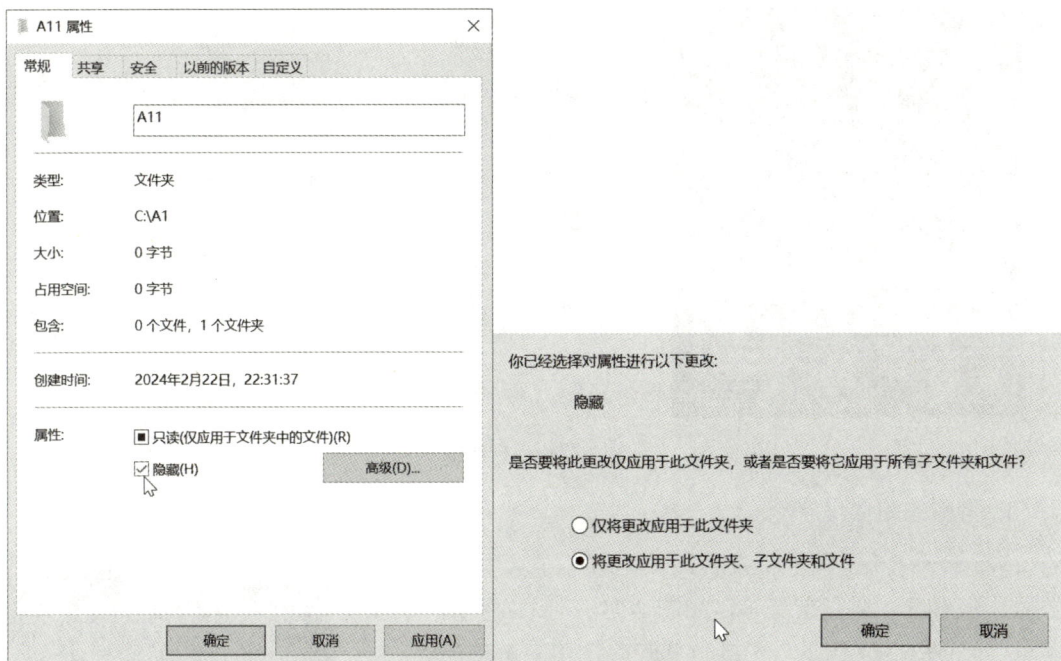

图 4-21 文件夹属性对话框中设置隐藏

4.4

任务 3 高级管理

任务要求

本任务的任务要求如下：

(1) 安装应用程序"爱奇艺"。

(2) 卸载应用程序"爱奇艺"。

(3) 添加计算机用户账户"长征"，登录密码为"happy"。

知识要点

1. 控制面板

控制面板是 Windows 系统图形用户界面的一部分，可通过开始菜单访问。它允许用户查看并更改基本的系统设置，例如添加或删除软件、控制用户账户、进行网络设置、更改辅助功能选项等。单击桌面的"开始"按钮，在"Windows 系统"下找到"控制面板"，然后单击打开，如图 4-22 所示。可以看到，设置工具被分门别类地放置在"控制面板"窗口中。

图 4-22　控制面板

2. 常用的附件程序

Windows 10 提供了一些实用的附件程序，如画图、计算器、记事本、截图工具等，如图 4-23 所示。通过"开始"菜单中"Windows 附件"启动这些程序，用户可使用它们完成相应的工作。

(1) 画图：系统自带的画图程序，主要用来绘制简单的图形，对计算机中的图像进行编辑，以及方便转换图像格式。用户可以使用文本、刷子、形状等工具为图片加入简单的文字、笔迹或形状。

(2) 计算器：提供了基本的数学计算功能。它是一个方便、易于使用的工具，可以满足用户日常生活和工作中的基本计算需求。它包括标准模式、科学模式、程序员模式和统计模式，其中程序员模式支持二进制、八进制、十进制、十六进制等进制转换。

图 4-23　Windows 10 附件

(3) 记事本：记事本程序常用来查看或编辑无格式的文本文件 (*.txt)，用户可输入文本，并通过"编辑""格式""查看"菜单对其进行各项设置。

(4) 截图工具：具有截取屏幕画面和涂鸦的功能，用户可以以长方形、窗口、全屏幕或任意形状的方式截取屏幕画面，它还提供了笔和荧光笔的功能，用于标记重点并写字。截下来的画面可以直接粘贴，或保存成 PNG、GIF、JPEG 等格式的文件。

操作步骤

本任务的操作步骤如下：

(1) 安装应用程序"爱奇艺"，操作步骤如下：

① 应用程序必须先安装才能使用。在网络上下载"爱奇艺"的安装程序，打开浏览器，

操作步骤

访问"百度"网页，搜索"爱奇艺"，如图 4-24 所示。打开"爱奇艺"官方网站，在首页上单击"客户端"下载安装包，如图 4-25、图 4-26 所示。

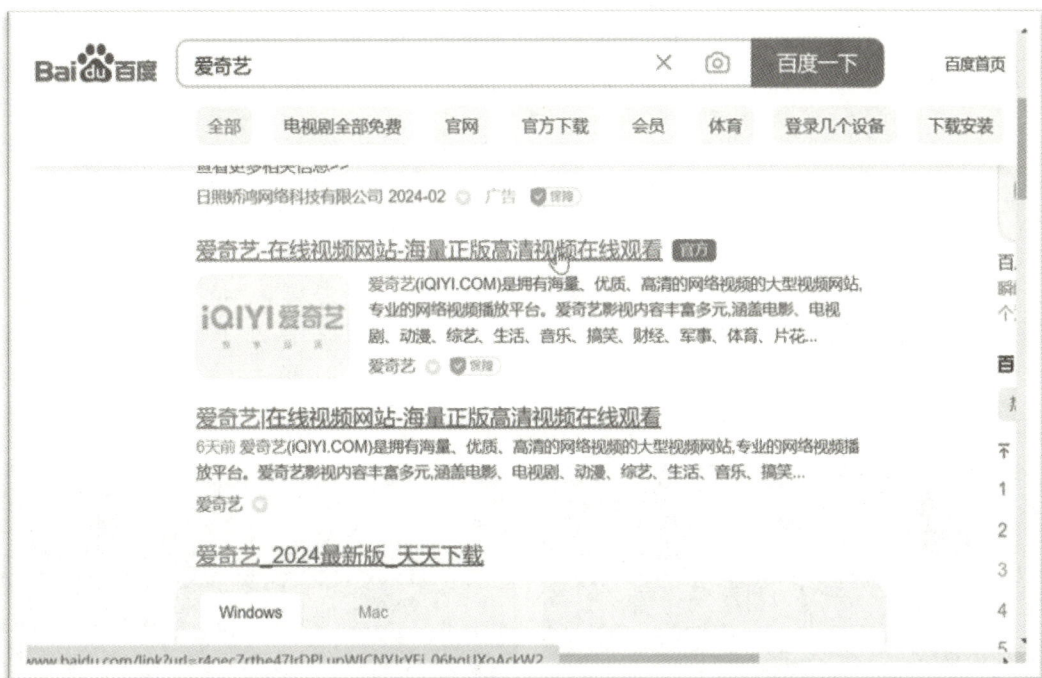

图 4-24 搜索爱奇艺

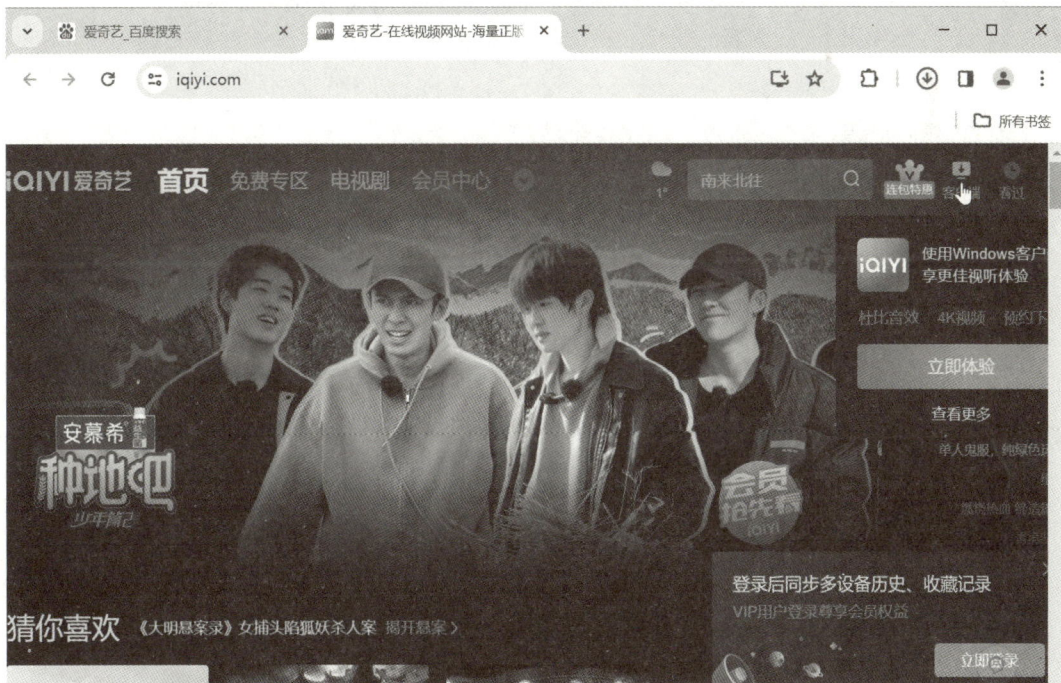

图 4-25 爱奇艺官方网站下载"客户端"

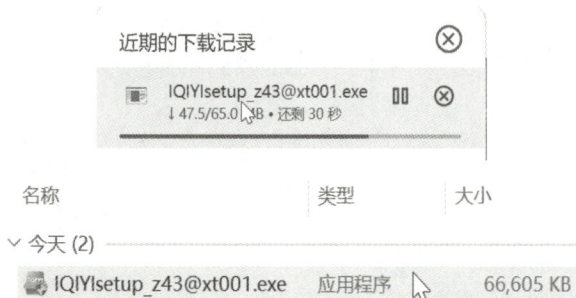

图 4-26 "爱奇艺" 安装程序

② 左键双击安装包文件 "IQIYIsetup_z43@xt001.exe"，弹出安装对话框，如图 4-27 所示，默认安装路径为 "C:\Program Files\IQIYI Video"，勾选 "阅读并同意用户服务协议及隐私政策"，单击 "立即安装"，安装完成后如图 4-28 所示，单击 "立即进入" 打开爱奇艺程序。

图 4-27 安装 "爱奇艺"

图 4-28 安装完成

(2) 卸载应用程序 "爱奇艺"，操作步骤如下：

① 在任务栏的搜索框中输入 "控制面板"，找到并打开 "控制面板"，单击 "控制面板" 类别 "程序" 下的 "卸载程序"（如图 4-29 所示），打开 "程序和功能" 窗口。

图 4-29 搜索方式找到控制面板

② 在 "卸载或更改程序" 中找到 "爱奇艺"，右击弹出 "卸载"，单击 "卸载"，如图 4-30

所示。卸载过程如图 4-31 所示。

图 4-30　卸载"爱奇艺"

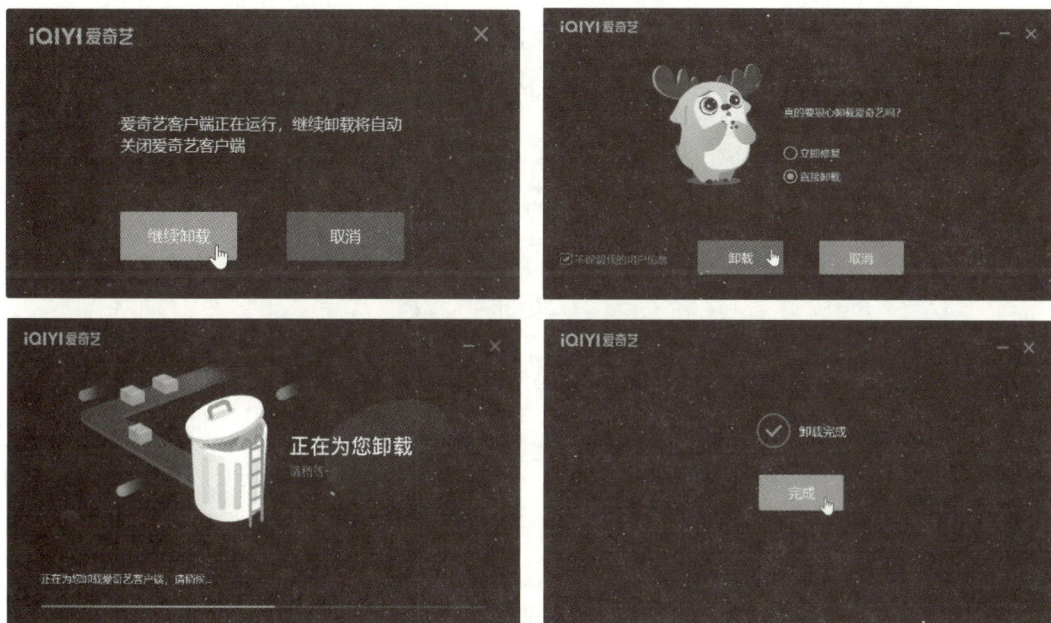

图 4-31　"爱奇艺"卸载过程

(3) 添加计算机用户账户"长征"，登录密码为"happy"。Windows 10 提供了多用户操作环境。当多人使用同一台计算机时，可分别为每个人创建一个用户账户。每个人都可用自己的账号和密码登录系统，拥有独立的桌面等，相互不影响。添加账户的操作步骤如下：

① 单击桌面"开始"按钮，在"Windows 系统"下找到"控制面板"，单击打开，如图 4-22 所示。在"用户账户"类别下选择"更改账号类型"，如图 4-32 所示，弹出"管理账户"窗口，如图 4-33 所示。单击"在电脑设置中添加新用户"，弹出"设置"窗口，单击"将其他人添加到这台电脑"，如图 4-34 所示。

图 4-32　控制面板中更改账户类型

图 4-33　管理账户窗口 - 选择"在电脑设置中
添加新用户"

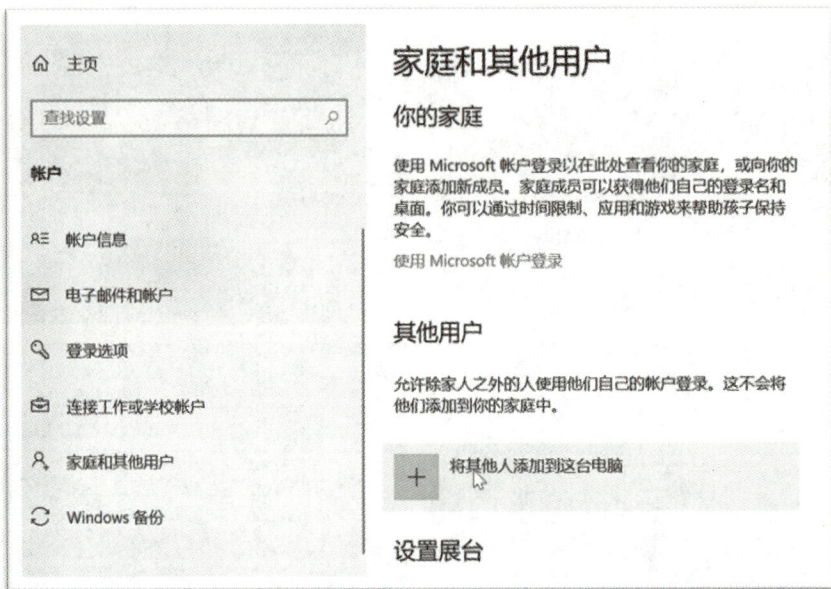

图 4-34　选择"将其他人添加到这台电脑"

② 打开"此人将如何登录"窗口，单击"我没有这个人的登录信息"选项，如图 4-35 所示，接着打开"个人数据导出许可"窗口，单击"同意并继续"，再进入"创建账户"窗口，选择"添加一个没有 Microsoft 账户的用户"，如图 4-36 所示。

图 4-35　此人将如何登录窗口　　　　　　　　图 4-36　创建账户窗口

③ 进入"为这台电脑创建用户"窗口，输入新用户的账户名、密码、确认密码、密码安全提示问题、答案等信息，如图 4-37 所示。随后单击"下一步"按钮，完成带密码的新账号的创建，如图 4-38 所示。

图 4-37　输入新账户名、密码和提示

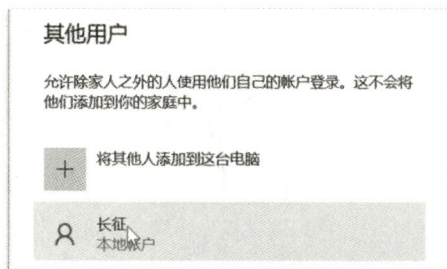

图 4-38　查看创建的用户账户

若需切换登录账号，则单击桌面上的"开始"按钮，选择并单击用户图标，在弹出的账户列表中选择另一个用户账户（如图 4-39 所示），即可跳转到登录界面，如图 4-40 所示。

图 4-39　切换账户

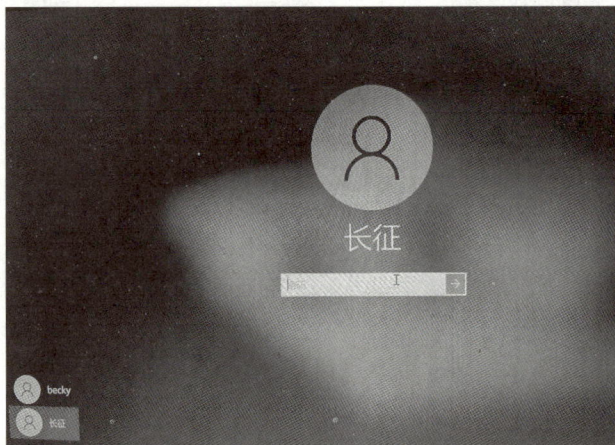

图 4-40　登录新账户账号

习　题　四

1. 查看你当前所用计算机的信息：

(1) 查看操作系统的版本、CPU 型号、内存大小和计算机名称。

(2) 查看 IP 地址。

2. 按要求搜索文件：

(1) 搜索你计算机上的"计算器"程序，并在桌面上创建快捷方式。

(2) 搜索 C: 盘目录下扩展名为".exe"的文件。

3. 使用桌面上的"开始"按钮打开"计算器"程序，将十进制的数字 50 转换成二进制数、八进制数、十六进制数。

习题 1 操作步骤

习题 2 操作步骤

习题 3 操作步骤

第 5 章　Word 文档编辑

○ **能力目标**

- 了解 Office 2019；
- 会编排图文混排文档；
- 会编排表格文档；
- 掌握邮件合并功能的应用。

○ **素质目标**

- 加强实践练习，注重知行合一，培育勇于探索的创新精神；
- 增强效率意识，践行马上就办。

○ **实践任务**

- 制作一份活动通知文档；
- 制作一份面试登记表；
- 批量生成工资条。

5.1

了解 Office 2019

　　Office 2019 是 Microsoft 公司出品的一款办公软件套装，包含的应用组件很多，主要有 Word 2019、Excel 2019、PowerPoint 2019、Access 2019、Outlook 2019、OneNote 2019、Publisher 2019 等，而 Word、Excel 和 PowerPoint 是其中最常用的组件。

Office 2019 介绍

Word 是一款非常强大的文本编辑工具，它提供了各种格式化和布局选项，使用户能够轻松创建和编辑各种文档，并提供了丰富的审阅、批注和比较功能。Word 可以制作个人求职简历、读书小报、合同协议、会议纪要、工作总结汇报、各种证明、申请书等。

Excel 是一种电子表格处理软件，主要用于对数据的处理、统计、分析及计算，并能方便地输出各种复杂的图表和数据透视表。Excel 可以制作课程表、学习工作计划表、项目进度表、人事档案员工信息管理表、产品进销存管理表等。

PowerPoint 是功能强大的演示文稿制作软件，使用它可以快速创建、编辑、查看、展示或分享包含文本、图表、剪贴画和其他艺术效果的幻灯片。PowerPoint 可以用来做教学、培训、公司会议、发布演讲、产品推荐等演示文稿。

5.1.1 功能区和选项卡

标题栏位于 Office 2019 组件工作界面的最上方正中位置，它显示了所打开的文档的名称，在其最右侧有窗口最小化按钮、最大化（还原）按钮和关闭按钮。功能区位于标题栏的下方，集合了各种重要功能，是 Office 2019 组件的控制中心。功能区默认显示"文件""开始""插入""绘图"等常用选项卡，在功能区中单击选项卡的名称，可在不同的选项卡之间进行切换。在每个选项卡里，各种命令又被划分到不同的组中，例如 Word 2019 "开始"选项卡包含剪贴板、字体、段落、样式、编辑等组别，这种设计方式使用户在操作时更加方便快捷。

在选项卡的某些组中，能看到右下角有一个向右下方的小箭头图标▨，该箭头称为"对话框启动器"，它为该组提供了更多的命令选项，单击它通常会弹出该组中相应的对话框，例如在 Word 2019 功能区里单击"开始"选项卡中"字体"组中右下角的对话框启动器（见图 5-1），就会弹出用于设置字体格式的"字体"对话框。

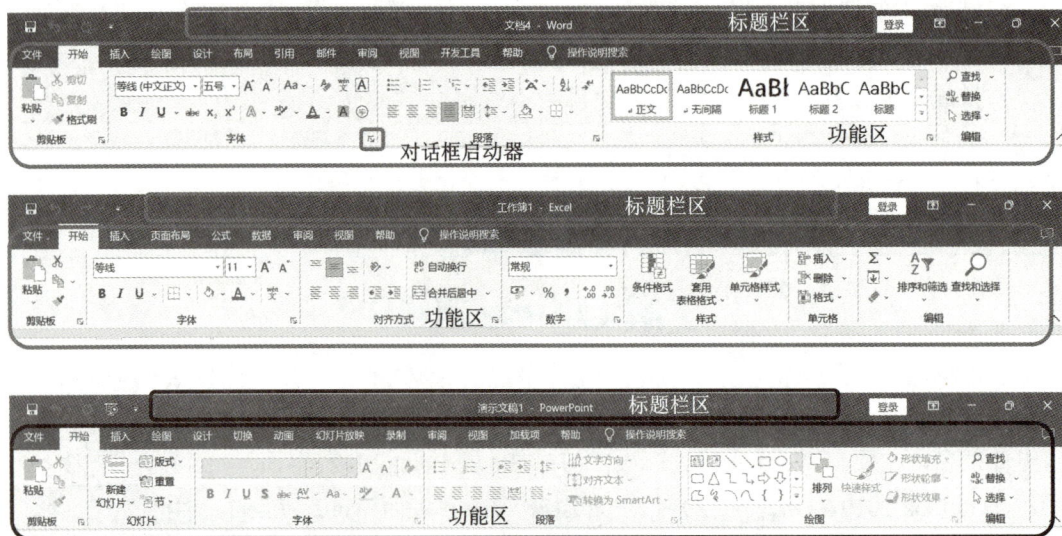

图 5-1　Word 2019、Excel 2019、PowerPoint 2019 的"开始"选项卡

5.1.2　"文件"选项卡

在 Office 2019 中，各组件均有"文件"选项卡，位于程序左上角 (图 5-2 是 Word 2019 的"文件"选项卡)，由开始、新建、打开、信息、保存、另存为、历史记录、打印、共享、导出、关闭、账户、反馈、选项等组成，完成对文件及其相关数据的管理或者个人信息及选项的设置。"文件"选项卡又称为 Backstage 视图，各组件打开该视图后如图 5-3 所示。

图 5-2　Word 2019 的"文件"选项卡

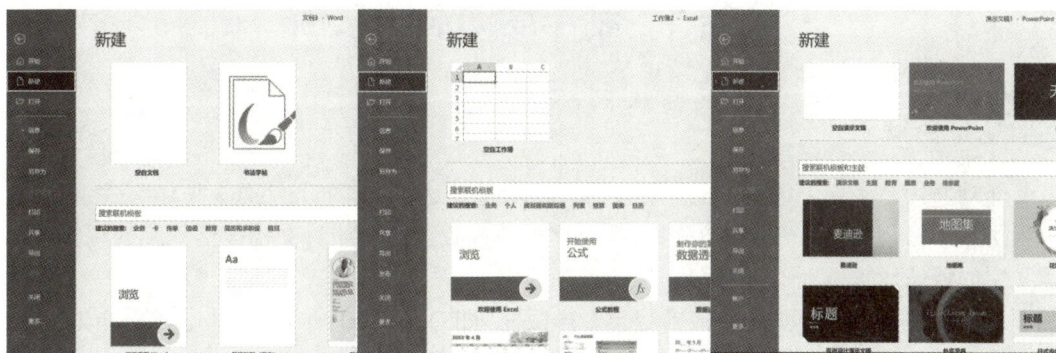

图 5-3　Word 2019、Excel 2019、PowerPoint 2019 的 Backstage 视图

5.1.3　快速访问工具栏

打开 Office 2019 应用程序，功能区左上角显示出快速访问工具栏。快速访问工具栏是一个可自定义的工具栏，它默认显示在功能区的上方，也可以将其调整在功能区的下方，它默认的功能按钮有保存、撤销、重做、自定义快速访问工具栏。可以在自定义快速访问工具栏弹出的下拉列表中选择添加或者减少需要的命令选项，如图 5-4 所示。

图 5-4　Word 2019 的快速访问工具栏

5.1.4　状态栏和视图栏

在 Office 2019 应用程序的界面中，除了功能区和编辑区，还有状态栏和视图栏。状态栏位于程序窗口的底部，主要用于显示与当前工作状态有关的信息，例如第几页、共几页、多少个字等；视图栏则位于状态栏的右侧，它可以切换文件的视图方式及设置窗口显示的比例。如图 5-5 所示从上到下分别是 Word、Excel、PowerPoint 的状态栏和视图栏。

(a) Word 状态栏和视图栏

(b) Excel 状态栏和视图栏

(c) PowerPoint 状态栏和视图栏

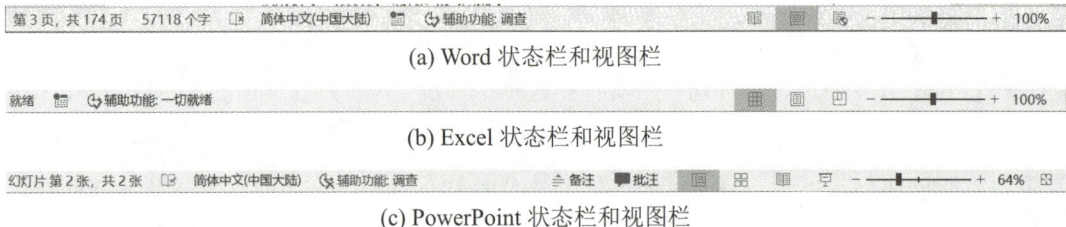

图 5-5　Word、Excel、PowerPoint 的状态栏和视图栏

5.2

任务 1　制作活动通知文档

任务要求

活动通知是生活中很常见的一种文体，一般是下达指示、布置工作、传达有关事项等。这种类型的常规文档，在文字编辑后都应重视其排版工作，如对文档段落间距的调整、标题文字的特殊设置、项目符号和编号的添加等。

如图 5-6 所示的活动通知文档是一张排版完善的文档，在所给的素材基础上按照要求完成该文档的制作。

图 5-6　活动通知文档效果图

活动通知文档的具体格式要求如下：

(1) 标题是字体"黑体"，字号"小一号"，字体颜色"红色"，字形"加粗"；段落格式为对齐方式"居中"，间距段前"1 行"，段后"2 行"，单倍行距。

(2) 其他称呼、正文、落款等字体"仿宋_GB2312"，字号"四号"；段落格式为默认格式。根据效果图设置部分段落为特殊格式"首行缩进 2 字符"(如段落"为使我校学生……""主办单位……""承办单位……"等);称呼左对齐,字形"加粗";落款右对齐。

(3) "一、组织单位"至"九、其他"使用编号格式"一、二、三、",字体颜色"深红",字形"加粗";"(一) 初赛安排"至"(三) 比赛规则"字形"加粗",使用编号格式"(一)(二)(三)"。

(4) "(三) 比赛规则"中多条比赛规则使用项目符号●,"七、比赛奖励"中奖项添加项目符号➢。

(5) 报名二维码图片对齐方式为"居中对齐"。

知识要点

1. 文字、段落的选择

文字、段落的选择如下:

(1) 鼠标左键拖动选择部分文字:光标移动到需要选择文字的前端或者后端,然后按住鼠标左键不松拖动鼠标到对应位置,可以从前往后选择,也可以从后往前选择。

(2) 鼠标快速选择一行:光标移动到文档左侧空白处,出现斜向右上方的箭头,如图 5-7 所示,在对应行的前端单击可以快速选择一行。

图 5-7　鼠标快速选择一行

(3) 鼠标快速选择多行:光标移动到文档左侧空白处,出现斜向右上方的箭头,在任意一行的前端,鼠标左键拖动可选择多行,跨段的多行或者跨页的多行也可以。

(4) 鼠标快速选择一段:光标移动到文档左侧空白处,出现斜向右上方的箭头,在要选择的一段内的任意一行前端,鼠标左键快速双击,可以选择一段。

(5) 鼠标快速全选:光标移动到文档左侧空白处,出现斜向右上方的箭头,在任意一行的前端,鼠标左键快速三击,可以选择所有内容。

(6) 菜单全选:单击"开始"选项卡→"编辑"组→"选择"→"全选"或者使用快捷键"Ctrl + A"进行全选,如图 5-8 所示。

图 5-8　全选文档内容

(7) 用"Ctrl"键选择不连续的内容：先用鼠标左键拖动选择一部分内容，再按住键盘上的"Ctrl"键不松开，然后用鼠标左键再拖动选择其他的内容，可以选择不连续的内容。

2. 文本字体的设置

"字体"组位于 Word 界面的"开始"选项卡中，包括的功能有字体、字号、字形、字体颜色、效果、填充等。字体有宋体、黑体、隶书、楷体等，字号有初号、小初、一号、10、11 等，字形有常规、加粗、倾斜、加粗倾斜，效果有删除线、上标、下标等。

选中需要设置字体的文字或者段落后，在"字体"组中选择相应的功能进行设置，如图 5-9 所示；或者单击字体对话框启动器 🔲，在弹出的"字体"对话框中设置，如图 5-10 所示；或者右键单击"字体"(如图 5-11 所示)，在弹出的"字体"对话框中设置。

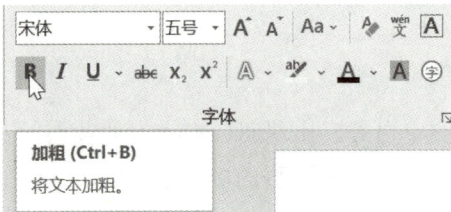

图 5-9　"字体"组中"B"加粗

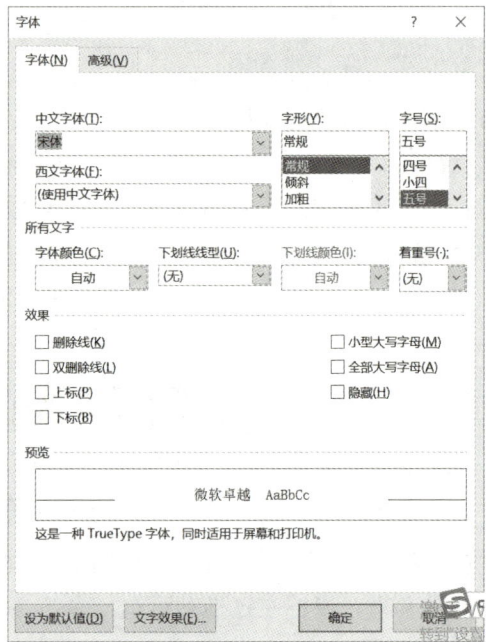

图 5-10　"字体"对话框

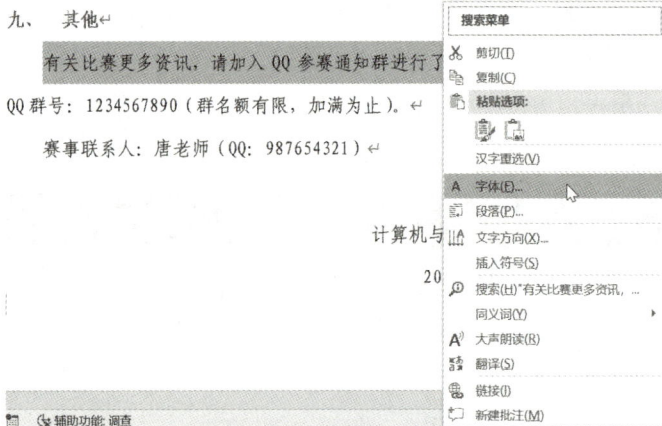

图 5-11　右键单击"字体"

3. 文档段落编排

对文档进行排版时，通常都以段落为基础单位。段落格式是指控制段落外观的格式设置。段落的格式设置主要包括段落的对齐方式、缩进、间距、行距等，如图 5-12 所示。合理设置这些格式可使文档的结构清晰、层次分明。

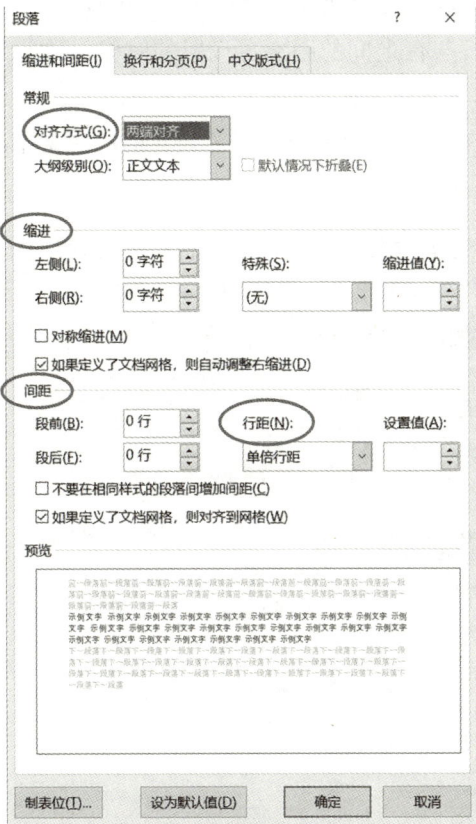

图 5-12　段落格式对话框

(1) 段落对齐方式：主要包括左对齐、居中、右对齐、两端对齐和分散对齐 5 种。

① 左对齐：段落以页面左侧为基准对齐排列。

② 居中：段落以页面中间为基准对齐排列。

③ 右对齐：段落以页面右侧为基准对齐排列。

④ 两端对齐：段落的每行在页面中首尾对齐。当各行之间的字体大小不同时，Word会自动调整字符间距。

⑤ 分散对齐：分散对齐与两端对齐相似，将段落在页面中分散对齐排列，并根据需要自动调整字符间距。分散对齐与两端对齐相比较，最大的区别在于对段落最后一行的处理方式，当段落最后一行包含大量空白时，分散对齐会在最后一行文本之间调整字符间距，从而自动填满整行。

(2) 段落缩进：段落的缩进方式有左缩进、右缩进、首行缩进和悬挂缩进 4 种。

① 左缩进：指整个段落左边界距离页面左侧的缩进量。

② 右缩进：指整个段落右边界距离页面右侧的缩进量。

③ 首行缩进：指段落首行第 1 个字符的起始位置距离页面左侧的缩进量。

④ 悬挂缩进：指段落中除首行以外的其他行距离页面左侧的缩进量。

(3) 段落间距：是指段落与其他段落之间的距离，通常分为段前和段后两种，设置的时候用"行"或者"磅"为单位，如段前 2 行、段后 20 磅。

(4) 行距：指段落中行与行之间的距离。设置的时候以"行"或"磅"为单位，如单倍行距、固定值 30 磅。

设置各种段落格式之前，也必须先选中需要设置的段落文字。

4. 添加图片及图文混排

图文混排就是将文字与图片混合排列。把光标定位在确定图片要插入的位置，通过单击"插入"选项卡→"图片"→"此设备"，弹出"插入图片"对话框，从计算机中选择图片，然后单击"插入"按钮，如图 5-13 所示。

图 5-13　将电脑中的图片插入文档内

图片插入文档后，选中图片，功能区会出现"图片格式"选项卡，可以对图片进行调整、样式设置、调整大小等，如图 5-14 所示。图片和文字的布局类型分成 3 种，分别是嵌入型、文字环绕型和浮动型。单击"图片格式"选项卡→"排列"组→"环绕文字"进行选择设置。

图 5-14　图片工具 - 修改图片格式

(1) 嵌入型：即图片被当成文字，可以直接嵌入到一行文字中。当对图片进行上下左右拖动时，不会影响已有文本的排列顺序。

(2) 文字环绕型：即文字围绕着图片环绕，又分为四周型环绕、紧密型环绕、穿越型环绕和上下型环绕 4 种方式。

(3) 浮动型：文字和图片分为两层上下叠放，分为衬于文字下方和浮于文字上方两种形式。

> ·思·
>
> 　　陈康肃公善射，当世无双，公亦以此自矜。尝射于家圃，有卖油翁释担而立，睨之久而不去。见其发矢十中八九，但微颔之。
>
> 　　康肃问曰："汝亦知射乎？吾射不亦精乎？"翁曰："无他，但手熟尔。"康肃忿然曰："尔安敢轻吾射！"翁曰："以我酌油知之。"乃取一葫芦置于地，以钱覆其口，徐以杓酌油沥之，自钱孔入，而钱不湿。因曰："我亦无他，惟手熟尔。"康肃笑而遣之。
>
> 　　这个故事说明了"实践出真知，熟能生巧"。无论做什么事，只要下苦功夫，多思勤练，就一定能够取得成绩。同学们一定要操作，加强实践练习。通过不断地重复和实践，我们可以掌握更多的知识和技能，提升自己的能力，并将所学的知识应用于实际问题的解决中，以实现知行合一。在操作过程中同学们要勇于探索，不断创新，提高综合能力。

操作步骤

本任务的操作步骤如下：

(1) 新建并保存文档：打开 Word 2019 应用程序，新建"空白文档"，单击"文件"→"保存"→"浏览"，弹出"另存为"对话框，选择"桌面"，输入文件名"学号姓名 -Word 案例 1"，单击"保存"按钮保存文档，如图 5-15 所示。

操作步骤

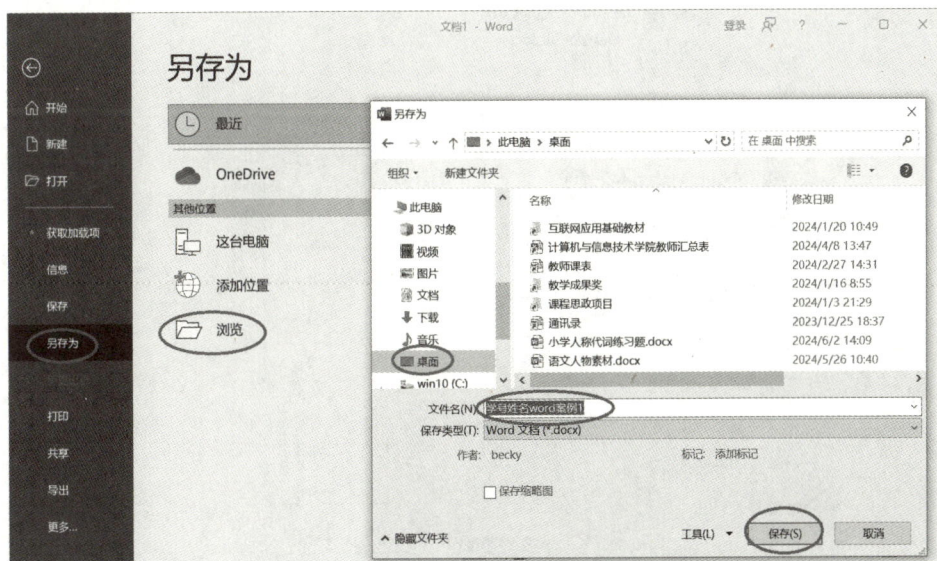

图 5-15　保存文档

(2) 输入或复制粘贴文本：按照"案例一完成稿 .pdf"将文字输入到文档中，或者打开"案例一文本素材 .txt"文件，单击"编辑 (E)"→"全选"，"编辑 (E)"→"复制"，如图 5-16 所示。回到"学号姓名 -Word 案例 1"文档，单击"开始"→"剪贴板"组→"粘贴"，将文字内容准备好。单击左上角快速访问工具栏中的 ■按钮保存文档。

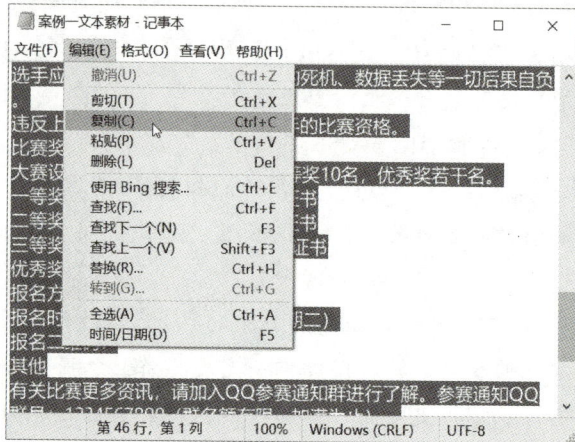

图 5-16　全选后复制文本

(3) 设置字体格式：全选整篇文档后将字体设置为"仿宋 _GB2312"，字号设置为"四号"；选中第一行标题后将字体设置为"黑体"，字号改为"小一号"，字体颜色选择"红色"，单击字形"B"加粗；选中称呼后单击字形"B"加粗。

(4) 设置段落格式：选中第一行标题后弹出"段落"对话框，设置对齐方式"居中"，间距段前"1 行"，段后"2 行"，单倍行距，如图 5-17 所示。

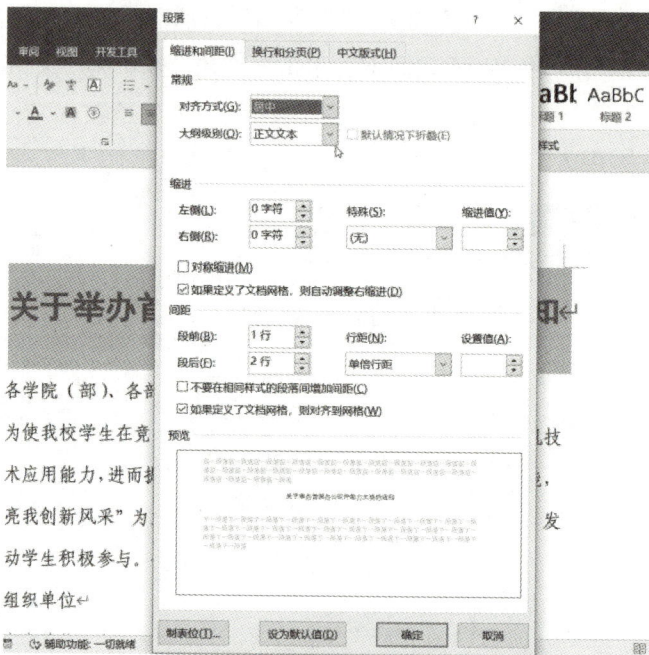

图 5-17　设置标题段落格式

连续选择段落"为使我校学生在竞技中深入……"到段落"赛事联系人：唐老师 (QQ：987654321)"，设置缩进为特殊中的"首行缩进"，缩进值为 2 字符。

选中"组织单位"，单击"开始"→"字体"组→字体颜色"深红"，再单击"开始"→"字体"组→"B"。单击右键选择"段落"，弹出"段落"对话框，设置缩进为特殊中的"无"。单击"开始"→"段落"组→"编号一、二、三、"设置自动编号"一、"，如图 5-18 所示。

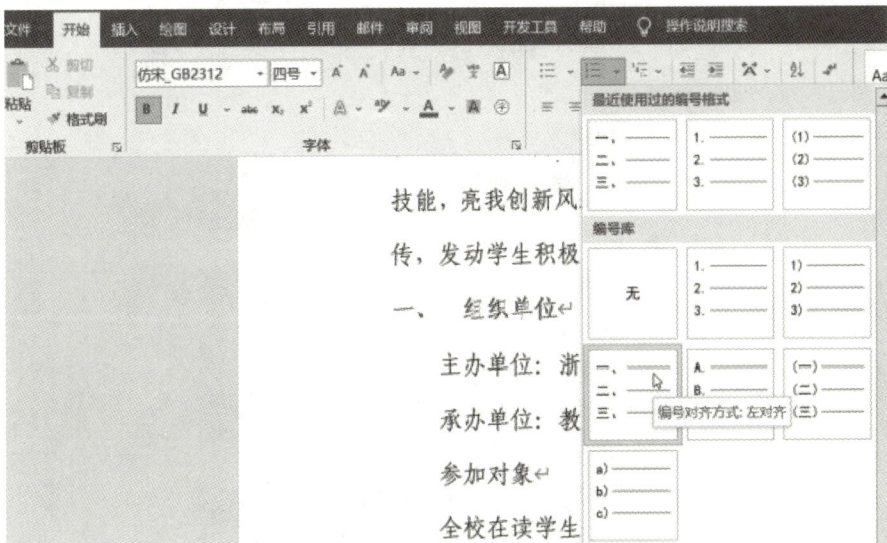

图 5-18　添加自动编号

将"组织单位"的格式复制到"参加对象""比赛内容"等：选中"组织单位"，鼠标左键双击"开始"→"剪贴板"组→"格式刷"，如图 5-19 所示，光标变成一个刷子，进入"连续格式刷模式"，在文档左侧空白处依次单击选中"参加对象""比赛内容"等段落，完成相同格式的复制。再单击"开始"→"剪贴板"组→"格式刷"取消格式刷的使用。

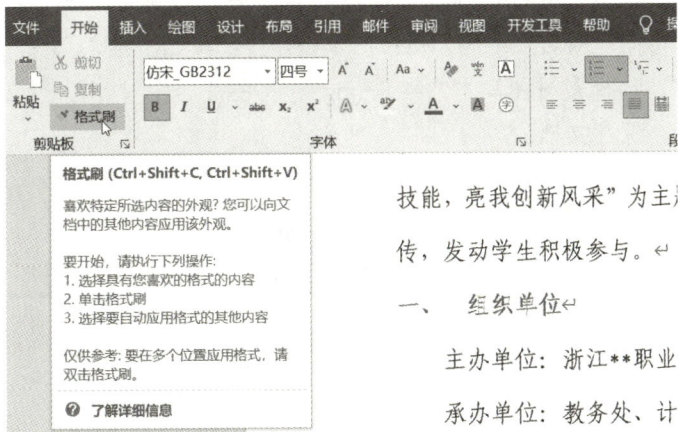

图 5-19　双击"格式刷"

用同样的方法设置"初赛安排"至"比赛规则"使用编号格式"（一）（二）（三）"，字体加粗。

设置项目符号，选中"(三)比赛规则"下面的七条规则，单击"开始"→"段落"组→"项目符号" ≣ ▾ 下的圆形项目符号●，如图 5-20 所示；选中"(七)比赛奖励"下面的"一等奖、二等奖、三等奖、优秀奖"，单击"开始"→"段落"组→"项目符号" ≣ ▾ 下的项目符号➤。

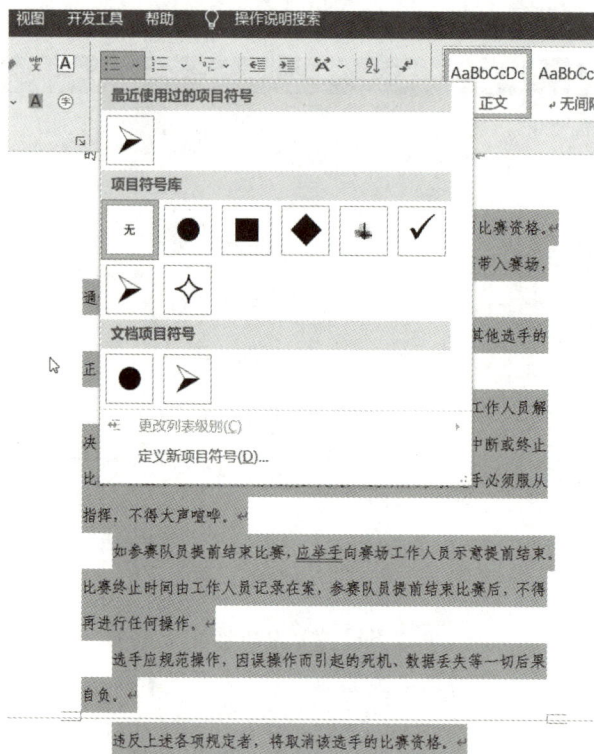

图 5-20　设置项目符号

落款设置为右对齐：选中落款后，单击"开始"→"段落"组→" ≣ "右对齐。

(5) 插入图片：在"报名二维码"后按回车键换行，单击"插入"→"插图"组→"图片"→"此设备"，选择素材图片"二维码 .jpg"，将图片居中对齐。

(6) 编辑完毕，保存文档。

5.3

任务 2　制作面试登记表

任务要求

面试是通过当面交谈、问答、场景考查等方法对应试者进行考核的一种方式。在面试前往往要填写公司的面试登记表，人力资源和面试官通过面试登记表查看字迹、填写信息的完整度、工作经历、与提交的简历信息是否匹配等。面试登记表是文本加表格的综合排版效果，这种类型的文档也是日常办公中经常要用到的文档，如图 5-21 所示。

全速集团

面试登记表

填写日期：　年　月　日

姓 名		性 别		民 族		年 龄	
专 业		求职岗位				手机号码	
现地址						在校任职	
紧急联系人		关 系				联系电话	
教育经历（从最高学历开始）	起止时间	毕业院校				学 历	专 业
	至						
	至						
实习/实践经历（从最近时间开始）	起止时间	工作单位				职 务	证明人及电话
	至						
	至						
证书/竞赛/培训							
技术能力							
兴趣爱好及特长							

图 5-21　面试登记表效果图

本任务的具体格式要求如下：

(1) 页边距：上下各 0.5 厘米，左右各 1.5 厘米。

(2) 页眉：内容为一张 Logo 图片加文字“全速集团”，段落格式“左对齐”，Logo 图片大小为“0.75 × 0.75 cm”，“全速集团”字体是“华文楷体”，字号是“小五”，设置页眉顶端距离 0.5 厘米，页脚底端距离 0.1 厘米。

(3) 标题“面试登记表”：字体“微软雅黑”，字号“三号”，字形“加粗”，字符间距“加宽 2 磅”，对齐方式“居中对齐”。

(4) 其他文字字体“微软雅黑”，字号“小五”。

(5)“填写日期：年月日”段落格式“间距段后 0.5 行”，对齐方式“右对齐”。

(6) 表格共 13 行，最多 8 列。

知识要点

常用的表格一般是由行和列组成，横向称为行，纵向称为列，由行和列组成的方格称之为单元格。

1. 插入表格

插入表格有以下 3 种方法：

方法 1："插入"→"表格"组→"表格"，选择需要的小方格"5×4 表格"，如图 5-22 所示。

图 5-22　插入表格

方法 2："插入"→"表格"组→"表格"→"插入表格"，弹出"插入表格"对话框，按需输入列数和行数，如图 5-23 所示。"自动调整"操作中"根据内容调整表格"可让表格自动适用于文字内容，即表格宽度会随着文字的多少而自行调整；"根据窗口调整表格"，即可让表格根据窗口自动调整大小。

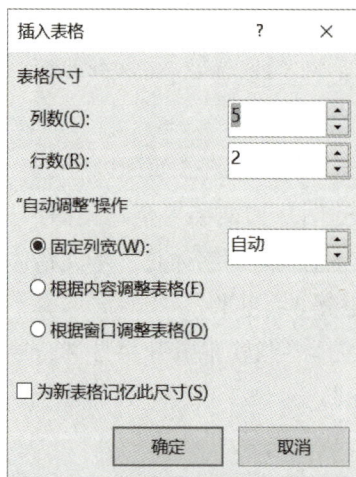

图 5-23　"插入表格"对话框

方法 3："文本转换为表格"，先选中需要转换成表格的文本，单击"插入"→"表格"组→"表格"→"文本转换成表格"，弹出"将文字转换成表格"，输入列数，选择"自动调整"操作和文字分隔位置，单击"确定"按钮，如图 5-24 所示。

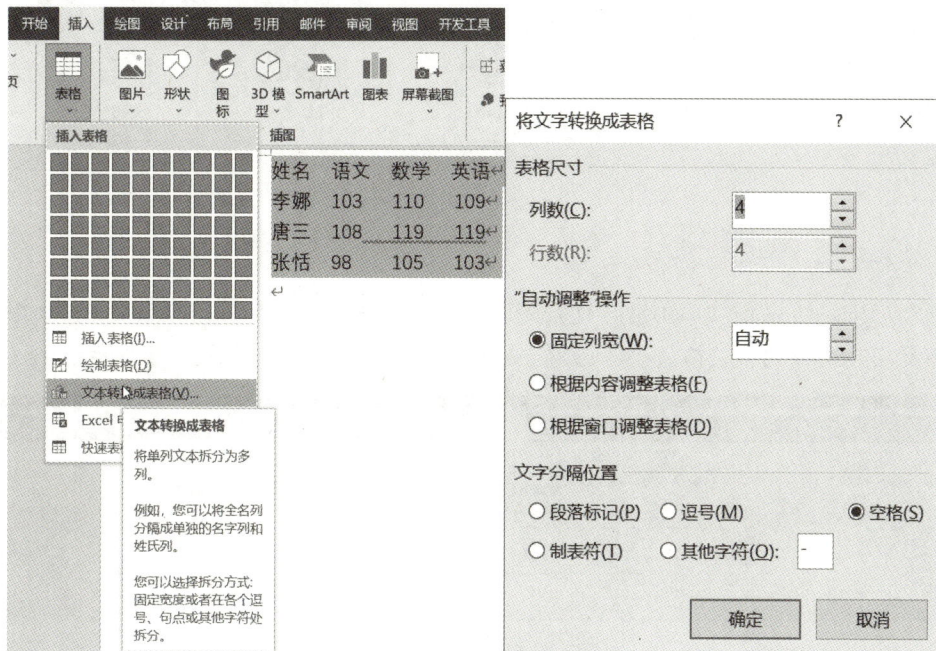

图 5-24　文本转换为表格

2. 表格选择

单击表格左上角的 ⊞，选中整个表格；光标移动到表格行左侧空白处，出现斜向右上方的箭头 ⇗，单击选中整行；光标移动到表格列上侧空白处，出现向下的黑色箭头 ↓，单击选中整列，如图 5-25 所示。

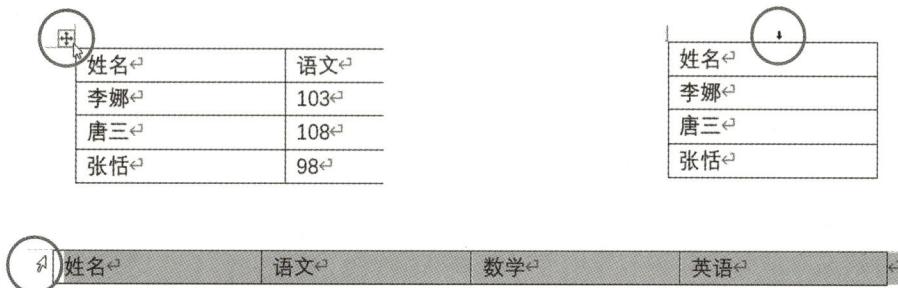

图 5-25　表格选择

3. 表格工具"表设计"

光标选中表格或者在表格中时，功能区会出现"表格工具"，如图 5-26 所示，在表设计中，可以设置表格样式，设置单元格、行、列或者表格的底纹颜色，设置表格的边框样式等。

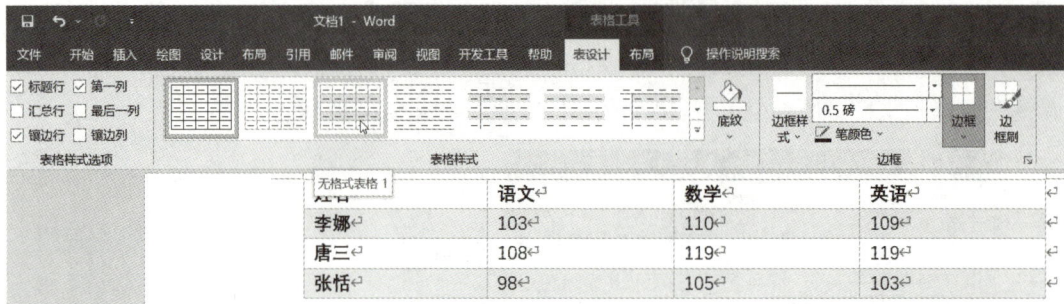

图 5-26　表设计

4. 表格工具"布局"

在布局中，可以删除单元格、行、列或表格，可以插入行和列，可以合并单元格或者拆分单元格，可以调整表格大小，设置表格内文字对齐方式等，如图 5-27 所示。

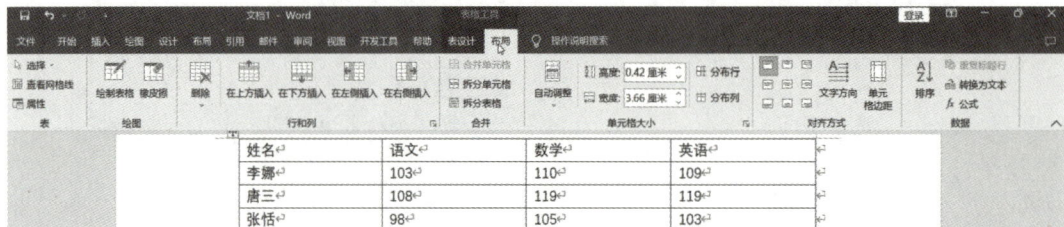

图 5-27　表布局

操作步骤

本任务的操作步骤如下：

(1) 新建并保存文档：打开 Word 2019 应用程序，新建"空白文档"，单击"文件"→"保存"→"浏览"，弹出"另存为"对话框，选择"桌面"，输入文件名"学号姓名 -Word 案例 2"，单击"保存"按钮，保存文档。

(2) 设置页边距：单击"布局"→"页面设置"组→页面设置对话框启动器，弹出"页面设置"对话框，如图 5-28 所示，上、下页边距各输入 0.5 厘米，左、右页边距各输入 1.5 厘米，单击"确定"按钮。

(3) 设置页眉：单击"插入"→"页面和页脚"组→"页眉"→"空白页眉"，进入页眉编辑区域，单击"插入"→"插图"组→"图片"→此设备，

操作步骤

图 5-28　页边距设置

弹出"插入图片"对话框，选择素材"Logo 图片 .jpg"，在"图片格式"→"大小"组中将图片大小修改为 0.75×0.75 厘米；在图片后面输入文字"全速集团"，字体设置为"华文楷体"，字号设置为"小五"，将图片和文字设置为"左对齐"；在"页眉和页脚"→"位置"组，修改页眉顶端距离为 0.5 厘米，页脚底端距离为 0.1 厘米，如图 5-29 所示。

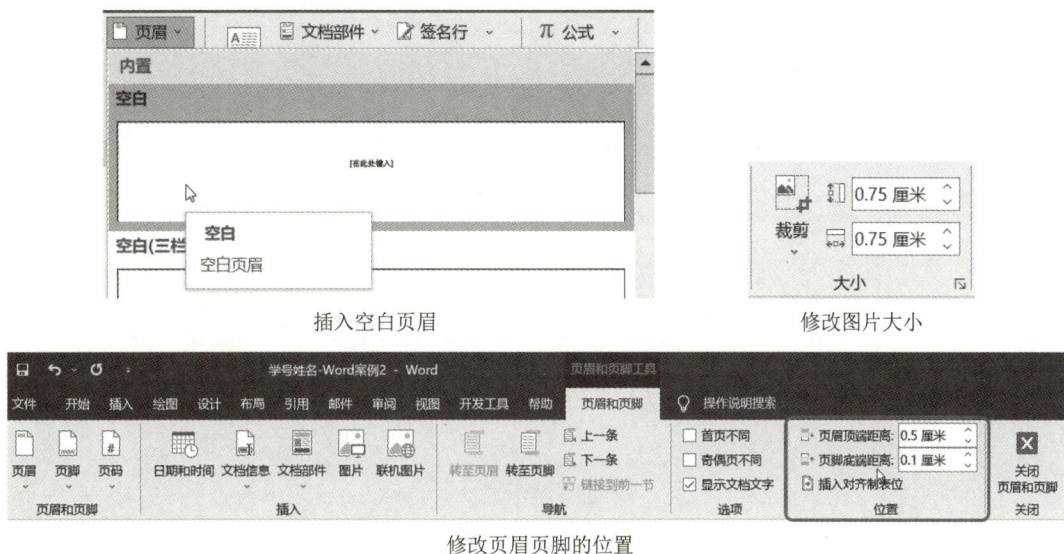

插入空白页眉　　　　　　　　　　　　　　修改图片大小

修改页眉页脚的位置

图 5-29　登记表页眉设置

(4) 输入文字"面试登记表""填写日期：年月日"，插入表格 13 行 8 列，按照素材效果图输入各文字，完成后的效果如图 5-30 所示。

图 5-30　插入表格、输入文字后的效果

(5)"面试登记表"的字体设置为"微软雅黑",字号设置为"三号",字形"加粗";在字体对话框中选择高级选项卡,字符间距选择"加宽",磅值是"2磅",如图5-31所示;对齐方式设置为"居中"对齐。

图5-31　设置字符间距

(6)"填写日期:　年　月　日"字体是"微软雅黑",字号为"小五",段落格式"间距段后0.5行",对齐方式设置为"右对齐"。

(7)表格文字:设置字体是"微软雅黑",字号为"小五"。

(8)合并单元格:同时选中第2行第4、5、6个单元格,单击表格工具"布局"→"合并单元格"(如图5-32所示)进行合并。需要合并的单元格用矩形表示,如图5-33所示,将其逐一合并。

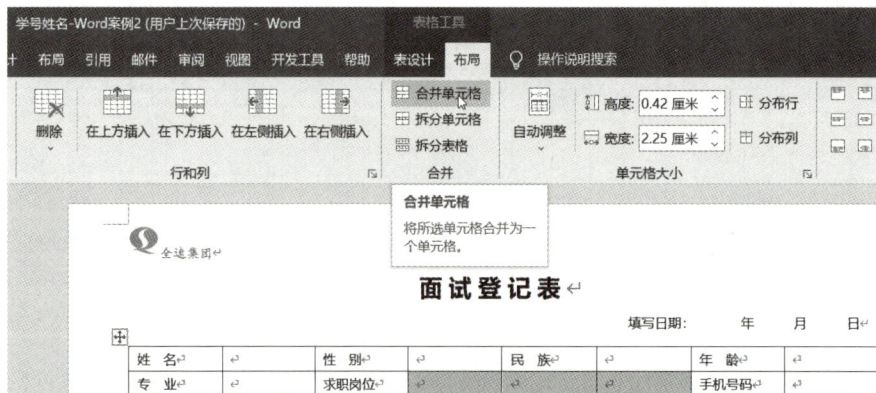

图5-32　合并单元格

面试登记表

填写日期：　　年　　月　　日

姓　名		性　别		民　族		年　龄	
专　业		求职岗位				手机号码	
现地址						在校任职	
紧急联系人		关　系				联系电话	
教育经历（从最高学历开始）	起止时间	毕业院校				学　历	专　业
	至						
	至						
实习/实践经历（从最近时间开始）	起止时间	工作单位				职　务	证明人及电话
	至						
	至						
证书/竞赛/培训							
技术能力							
兴趣爱好及特长							

图 5-33　需要合并的各单元格示意

(9) 设置表格行高、列宽、对齐方式：选中表格，单击表格工具"布局"→"对齐方式"组→水平居中 ⊟；选中第 1 行至第 10 行，在"布局"→"单元格大小"组中设置表格行高高度是"1.3 厘米"，如图 5-34 所示，选中第 11 行至第 13 行，在"布局"→"单元格大小"组中设置表格行高高度是"3.9 厘米"；再通过拖动的方式根据素材效果图适当调整列宽，如"证明人及电话"列，将光标停留在该列边界的左侧，直到它成为 ⊪ 重设大小的光标，然后拖动边界，直到列为所需宽度，如图 5-35 所示。

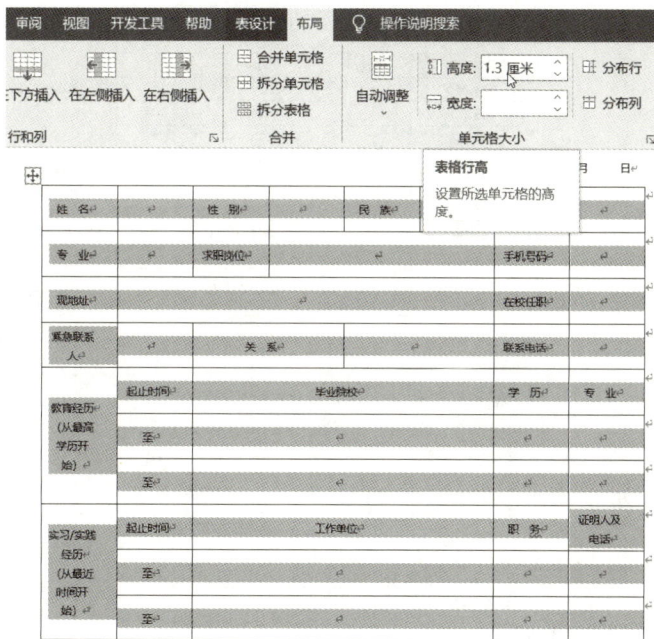

图 5-34　设置表格行高

图 5-35   拖动边界调整列宽

(10) 编辑完毕，保存文档。

5.4

任务 3   批量生成工资条

任务要求

如图 5-36 所示为工资条的文档内容，在制作工资条时，每个人的具体信息不同，而其他部分的内容完全相同，通过邮件合并功能可以实现工资条中的信息自动填写，轻松地达到批量制作的目的。

工资条

蔡丽君：

您好！感谢您对企业做出的贡献和努力！

现向您发送 2023 年 6 月的工资条，公司已代缴社保和住房公积金。您的工资条明细如下，请查收。

工号	KB001
姓名	蔡丽君
邮箱	cailj@sjxy.cn
基本工资	2920
职务津贴	2210
绩效工资	2000
通讯津贴	300
加班工资	0
应发工资	7430
社会保障房	1255.44
公积金	1434
实发工资	4740.56
生日礼金	0
合计	4740.56

祝好！

此工资条仅供员工本人阅览，如有任何问题或疑问请在 3 个工作日内与财务处王如雪联系，如无则默认为当月工资发放无误，谢谢！

**公司

2023 年 6 月 15 日

图 5-36   工资条效果图

本任务的具体格式要求如下：

(1) 标题字体是"黑体"，字形"加粗"，大小"三号"。

(2) 正文是"宋体""四号"，段落格式"首行缩进"。

(3) 表格是 14 行 2 列，表格内文字字号"小四号"，第 1 列文字字形"加粗"，段落格式"居中对齐"，表格各行行高是 0.8 厘米。

(4) 落款段落格式"右对齐"。

知识要点

1. 邮件合并

邮件合并是将 Word 文档与数据库集成应用的一种示例。它可以在 Word 文档中插入数据库的字段，将一份文档变成数百份类似的文档。合并后的文档可以直接从打印机打印出来，也可以使用电子邮件寄出。

1) 主要应用领域

邮件合并主要有以下应用领域：

(1) 批量打印信封：按统一的格式，将电子表格中的邮编、收件人地址和收件人打印出来。

(2) 批量打印信件、请柬：主要是从电子表格中调用收件人，换一下称呼，内容基本固定不变。

(3) 批量打印工资条：从电子表格调用数据。

(4) 批量打印个人简历：从电子表格中调用不同字段数据，每人一页，对应不同信息。

(5) 批量打印学生成绩单：从电子表格成绩中取出个人信息，并设置评语字段，编写不同评语。

(6) 批量打印各类获奖证书：在电子表格中设置姓名、获奖名称等，在 Word 中设置打印格式，可以打印众多证书。

(7) 批量打印准考证、明信片、信封等个人报表。

2) 使用邮件合并

选择"邮件"→"开始邮件合并"组→"开始邮件合并"，如图 5-37 所示，邮件合并的主文档类型包括以下几种：

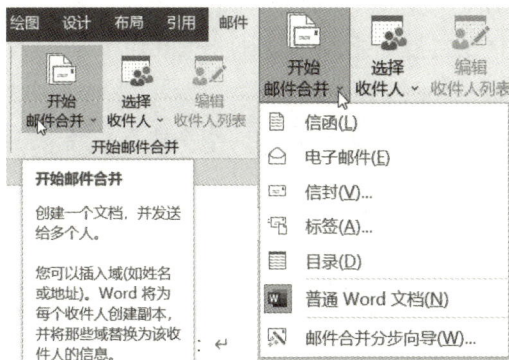

图 5-37　邮件合并

(1) 信函：包含个性化问候语。每封信函均打印在单独的一张纸上。

(2) 电子邮件：其中的每个收件人地址都是"收件人"行中的唯一地址。

(3) 信封或标签：其中的姓名和地址来自数据源。

(4) 目录：列出针对数据源中每一项的一批信息。使用该功能打印联系人列表，或者列出成组的信息，如每个班级中的所有学生。这种类型的文档也称为目录合并。

2. 域

域是引导 Word 在文档中自动插入文字、图形、页码或其他信息的一组特殊代码。它相当于一个触发器，可触发一些特定的操作，即根据设定的条件而产生相应的结果。选择"插入"→"文本"组→"文档部件"→"域"，在"域"对话框中可以看到有全部、编号、等式和公式等多种域的类别，如图 5-38 所示。通过选择这些类别，可以使用域来进行自动更新的相关功能，包括公式计算、变化的时间日期、邮件合并等。例如，日期和时间类别中的 DATE 域可用于插入当前日期。

图 5-38　插入域

Word 里的域是由域标记、域名、域开关和其他条件元素组成的，如图 5-39 所示。如图 5-40 所示的域代码是指在文档中插入当前日期"2023 年 8 月 27 日"。

图 5-39　域的构成 1

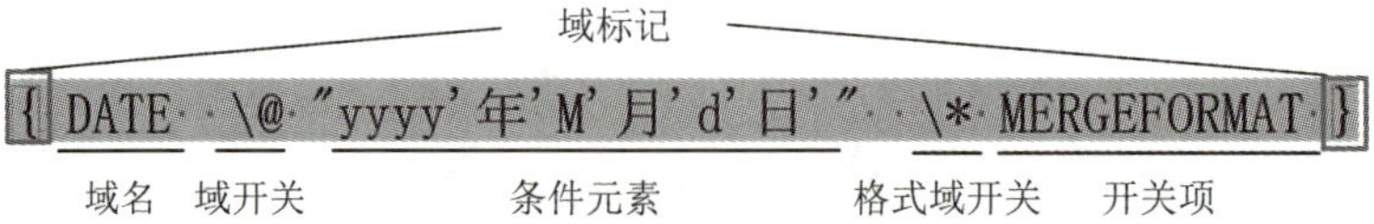

图 5-40　日期 DATE 域代码

1) 域的相关概念

域的相关概念说明如下。

(1) 域名：域的标识名称。例如，PAGE、TIME、DATE 等都是域名。

(2) 域代码：域名及其相关的定义符组成的一串指令。当需要对域进行编辑时，就需要进入显示域代码的状态。

(3) 域开关：在域代码里为完成某些特定的操作而增加的指令，使用不同的域开关与同一个域名组成的域代码，可以得到不同的域结果。一定要注意，域名和域开关之间的空格不能省略。

(4) 域标记：一对花括号"{　}"。任何一串域代码都需要放置到域标记里才能被 Word 识别，未放入域标记里的代码只是一串字符，不能起到任何作用。需要注意的是，如果这对花括号不是通过域命令自动生成的，而是手工输入的，则不能用键盘上的括号直接录入，必须使用"Ctrl + F9"组合键来生成。

(5) 域结果：通常情况下，在文档中显示的是域结果，如图 5-40 所示的域代码的域结果是当天的日期"2023 年 8 月 27 日"，它是域代码运行所得到的，即 Word 执行域指令插入到文档中的文字或图形。

(6) 域底纹：指域代码或域结果下突出的灰色底纹。可以通过命令选项来控制域底纹的显示。其具体的实现方法：单击"文件"→更多→"选项"，在打开的对话框的"高级"选项卡的"域底纹"中选择"选取时显示"，如图 5-41 所示。若选中了"显示域代码而非域值"复选框，则在打开含有域代码的文档时，文档中的域将以域代码的形式出现；若未选中此复选框，则文档中的域将以域结果的形式出现。

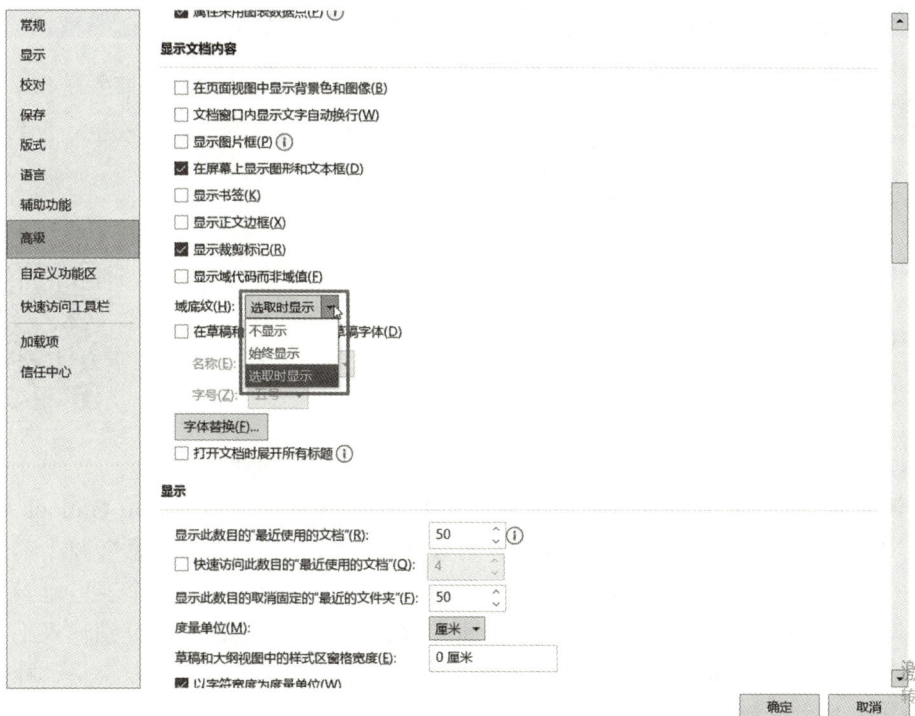

图 5-41　域底纹的设置

2) 域的插入

域的插入包括命令插入、对话框插入和键盘直接录入 3 种方式。

(1) 命令插入域代码：如单击"插入"→"页眉和页脚"组→"页码"命令，可向文档中插入每页的页码。此方法受 Word 命令的制约，能通过命令直接插入的域代码并不多。

(2) 对话框插入域代码：单击菜单"插入"→"文本"组→"文档部件"→"域"，打开"域"对话框，如图 5-38 所示，通过"域"对话框向文档中插入需要的域代码。此方法适合一般用户使用，Word 提供的域都可以使用这种方法插入。对域不是很熟悉的用户，建议采用此方法。不过这种方法不能实现域的嵌套。

(3) 键盘录入域代码：把光标放置到需要插入域的位置，按下"Ctrl + F9"组合键插入域特征字符"{ }"，接着将光标移动到域特征代码中间，按从左向右的顺序输入域类型、域指令、开关等。这种方法灵活多变，但要求用户必须对域较熟悉，且非常细心，否则错一个字母，甚至错一个空格，都会引起域结果的错误。

3) 域的编辑

域的编辑可以通过域对话框进行，也可以通过键盘直接编辑域代码。选定域，按下 Shift + F9 组合键，即可从域结果切换到域代码状态。

4) 域的删除

选定该域，按 Delete 键即可删除域。域在 Word 里被视为一个占位符，与普通字符享受同样的待遇，即可以像对待任何字符一样，进行相应格式的设置。

5) 域的更新

选定域，右键单击并选择"更新域"或按 F9 键进行更新。

·思·

　　运用 Word 的"邮件合并"功能可以大大提高办公效率。同学们要强化效率意识，大力弘扬"马上就办、真抓实干"的作风，始终保持学习的高效率，做到当天的事情当天办，明确的事情立即办，形成高效的行事风格。

操作步骤

本任务的操作步骤如下：

(1) 准备数据源。

数据源是一个文件，是邮件合并的数据来源，它包含了很多个性化的数据 (即变量的值)，例如要在邮件合并中使用的名称和地址列表。

操作步骤

该数据源可以是 Microsoft Word 表格、Microsoft Excel 工作表、Microsoft Outlook 联系人列表或 Microsoft Access 数据库等。本任务的数据源是指工资条上的信息来源。制作工资条所需的员工信息数据，一般情况下可以用 Excel 表的形式给出，在这个表里包含员工及薪资相关的一些基本信息。我们使用 Excel 建立数据源表，在 Sheet1 中分别输入工号、姓名、邮箱、基本工资、职务津贴、绩效工资、通讯津贴、加班工资、应发工资、社会保障费、公积金、实发工资、生日礼金、合计等信息。制作完成后将 Sheet1 重命名为"薪资表"，把该工作簿重命名为"数据源文档.xlsx"，如图 5-42 所示。

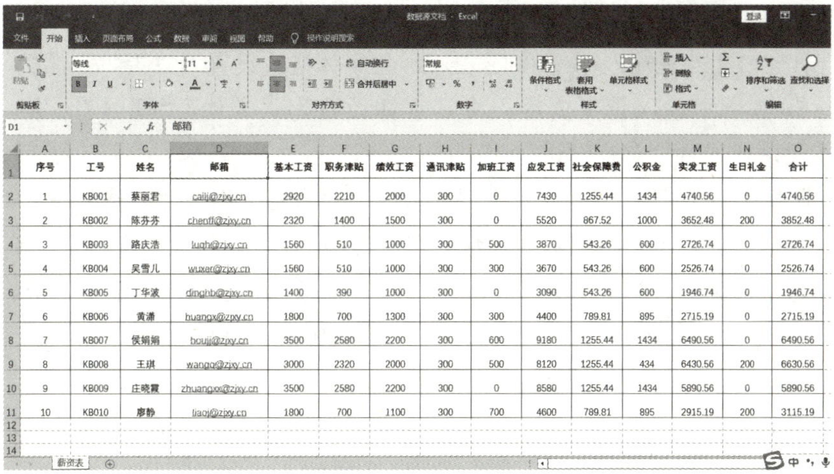

	序号	工号	姓名	邮箱	基本工资	职务津贴	绩效工资	通讯津贴	加班工资	应发工资	社会保障费	公积金	实发工资	生日礼金	合计
2	1	KB001	蔡丽君	cailj@zjxy.cn	2920	2210	2000	300	0	7430	1255.44	1434	4740.56	0	4740.56
3	2	KB002	陈芬芬	chenff@zjxy.cn	2320	1400	1500	300	0	5520	867.52	1000	3652.48	200	3852.48
4	3	KB003	路庆浩	luqh@zjxy.cn	1560	510	1000	300	500	3870	543.26	600	2726.74	0	2726.74
5	4	KB004	吴雪儿	wuxer@zjxy.cn	1560	510	1000	300	300	3670	543.26	600	2526.74	0	2526.74
6	5	KB005	丁华波	dinghb@zjxy.cn	1400	390	1000	300	0	3090	543.26	600	1946.74	0	1946.74
7	6	KB006	黄潇	huangx@zpxy.cn	1800	700	1300	300	300	4400	789.81	895	2715.19	0	2715.19
8	7	KB007	侯娟娟	houjj@zpxy.cn	3500	2580	2200	300	600	9180	1255.44	1434	6490.56	0	6490.56
9	8	KB008	王琪	wangq@zjxy.cn	3000	2320	2000	300	500	8120	1255.44	434	6430.56	200	6630.56
10	9	KB009	庄晓霞	zhuangxx@zjxy.cn	3500	2580	2200	300	0	8580	1255.44	1434	5890.56	0	5890.56
11	10	KB010	廖静	liaoj@zpxy.cn	1800	700	1100	300	700	4600	789.81	895	2915.19	200	3115.19

图 5-42 数据源文档

(2) 设置主文档。

主文档是开始文档，包含每一份合并结果中都相同的文本内容。在主文档中，包含了每个副本中相同的所有信息 (常量)，例如套用信函的正文。它还包含每个副本中不同信息的占位符 (变量)，如在套用信函中，每个副本中的地址块、姓名等。

根据邮件合并向导，创建主文档的步骤如下：

① 新建一 Word 空白文档，保存在桌面上，文件名为“学号姓名 - 主文档 .docx”。

② 单击“邮件”→“开始邮件合并”组→“开始邮件合并”→“信函”，接着在当前的空白文档里制作如图 5-43 所示的工资条。

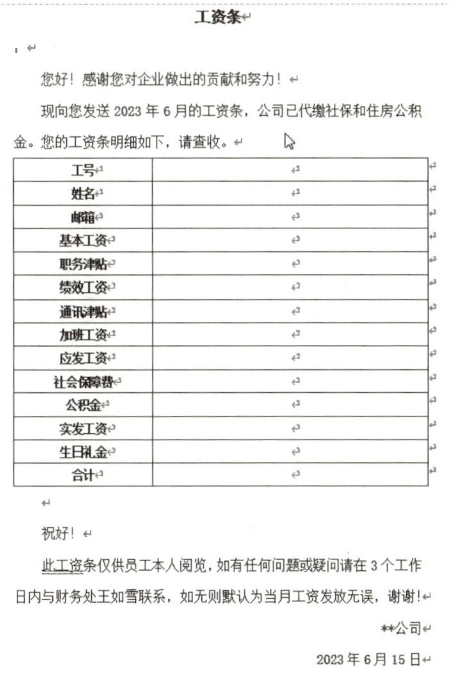

工资条

:

您好！感谢您对企业做出的贡献和努力！

现向您发送 2023 年 6 月的工资条，公司已代缴社保和住房公积金。您的工资条明细如下，请查收。

工号	
姓名	
邮箱	
基本工资	
职务津贴	
绩效工资	
通讯津贴	
加班工资	
应发工资	
社会保障费	
公积金	
实发工资	
生日礼金	
合计	

祝好！

此工资条仅供员工本人阅览，如有任何问题或疑问请在 3 个工作日内与财务处王如雪联系，如无则默认为当月工资发放无误，谢谢！

**公司

2023 年 6 月 15 日

图 5-43 主文档

制作工资条的步骤如下：

· 在当前空白文档里输入标题"工资条"，将字体格式设置为"黑体、加粗、三号"。

· 按图 5-43 所示输入正文内容，将其字体设置为"宋体""四号"；除了称呼和落款外，设置段落格式为"首行缩进"，落款右对齐。

· 在"请查收。"后插入表格，单击"插入"→"表格"组→"表格"→"插入表格"，打开"插入表格"对话框，将列数和行数分别设置为 2、14，其他保持不变，单击"确定"按钮。在插入的表格第一列的单元格中分别输入"工号、姓名、邮箱、基本工资、职务津贴、绩效工资、通讯津贴、加班工资、应发工资、社会保障费、公积金、实发工资、生日礼金、合计"，字体格式为"宋体、小四号、加粗"。

· 选中整个表格，单击"布局"→"对齐方式"组→"水平居中"，使得水平垂直对齐方式都为居中。适当调整列宽，设置行高为 0.8 厘米。

(3) 选择数据源。

设置好表格标题和表格，即主文档后，单击"邮件"→"开始邮件合并"组→"选择收件人"→"使用现有列表"，打开"选取数据源"对话框，找到"数据源文档.xlsx"，再单击"打开"按钮，随即打开"选择表格"对话框，选择表名为"薪资表"的表格文件，单击"确定"按钮，如图 5-44 所示。

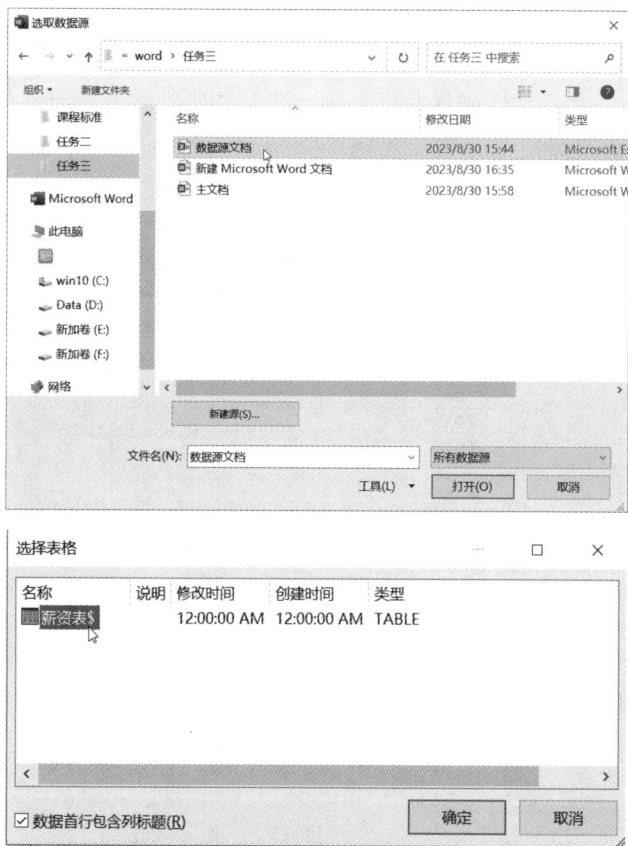

图 5-44　选取数据源

(4) 选取目录、合并邮件。

① 将插入点置于插入合并域的位置，即将当前光标定位到主文档表格的"工号"右边的单元格里，然后单击"邮件"→"编写和插入域"→"插入合并域"→"工号"，如图 5-45 所示。插入"工号"合并域后的效果如图 5-46 所示。用同样的方法插入姓名、邮箱、基本工资等其他合并域，插入后的效果如图 5-47 左图所示。选中表格，按"Shift + F9"组合键，切换到域代码，如图 5-47 右图所示。

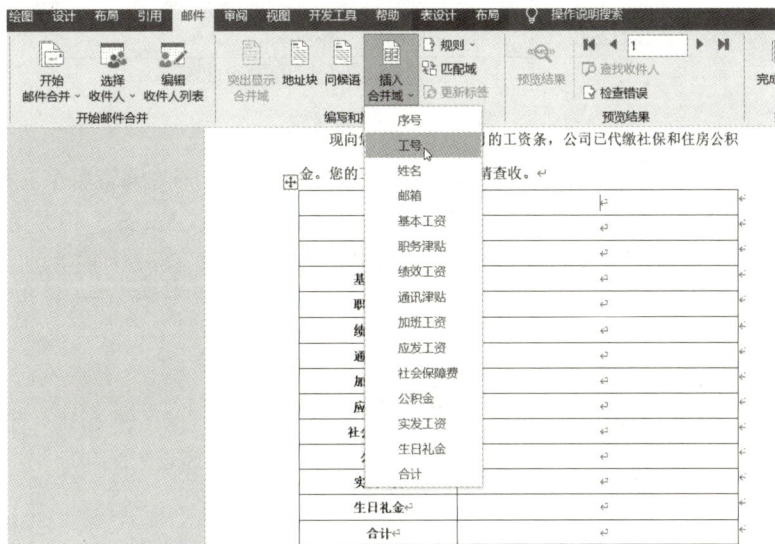

图 5-45　插入合并域

现向您发送 2023 年 6 月的工资条，公司已代缴社保和住房公积金。您的工资条明细如下，请查收。

工号	《工号》
姓名	
邮箱	

图 5-46　插入"工号"合并域后的效果

工号	《工号》		工号	{ MERGEFIELD 工号 }
姓名	《姓名》		姓名	{ MERGEFIELD 姓名 }
邮箱	《邮箱》		邮箱	{ MERGEFIELD 邮箱 }
基本工资	《基本工资》		基本工资	{ MERGEFIELD 基本工资 }
职务津贴	《职务津贴》		职务津贴	{ MERGEFIELD 职务津贴 }
绩效工资	《绩效工资》		绩效工资	{ MERGEFIELD 绩效工资 }
通讯津贴	《通讯津贴》		通讯津贴	{ MERGEFIELD 通讯津贴 }
加班工资	《加班工资》		加班工资	{ MERGEFIELD 加班工资 }
应发工资	《应发工资》		应发工资	{ MERGEFIELD 应发工资 }
社会保障费	《社会保障费》		社会保障费	{ MERGEFIELD 社会保障费 }
公积金	《公积金》		公积金	{ MERGEFIELD 公积金 }
实发工资	《实发工资》		实发工资	{ MERGEFIELD 实发工资 }
生日礼金	《生日礼金》		生日礼金	{ MERGEFIELD 生日礼金 }
合计	《合计》		合计	{ MERGEFIELD 合计 }

图 5-47　域代码表格

② 源数据中"社会保障费""实发工资""合计"3 列是带小数点的数据，为了保证邮件合并后，数字不会出现多位小数，先要修改域代码，添加域格式。在"社会保障费""实发工资""合计"的域代码中插入此符号 (\#″0.00″)。要注意，无论是域名称，还是添加的域符号，都必须使用英文的双引号，如图 5-48 所示。

社会保障费	{ MERGEFIELD 社会保障费 \#″0.00″}
公积金	1434
实发工资	{ MERGEFIELD 实发工资 \#″0.00″}
生日礼金	0
合计	{ MERGEFIELD 合计 \#″0.00″}

图 5-48 修改域代码

③ 完成合并。单击"邮件"→"完成"组→"完成并合并"→"编辑单个文档"，弹出"合并到新文档"对话框，默认选中"全部"，单击"确定"按钮，如图 5-49 所示。合并后会出现一个新文档"信函 1"，如图 5-50 所示，保存文档。

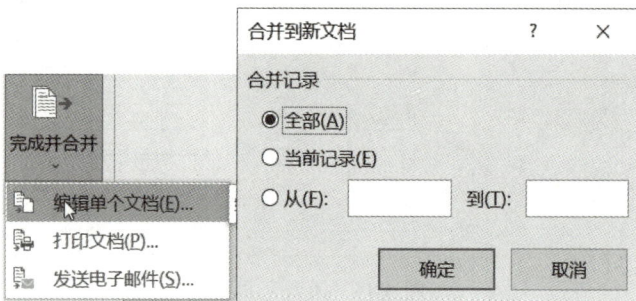

图 5-49 合并到新文档

工资条

蔡丽君：

您好！感谢您对企业做出的贡献和努力！

现向您发送 2023 年 6 月的工资条，公司已代缴社保和住房公积金。您的工资条明细如下，请查收。

工号	KB001
姓名	蔡丽君
邮箱	cailj@zjxy.cn
基本工资	2920
职务津贴	2210
绩效工资	2000
通讯津贴	300
加班工资	0
应发工资	7430
社会保障费	1255.44
公积金	1434
实发工资	4740.56
生日礼金	0
合计	4740.56

祝好！

此工资条仅供员工本人阅览，如有任何问题或疑问请在 3 个工作日内与财务处王如雪联系，如无则默认为当月工资发放无误，谢谢！

**公司

2023 年 6 月 15 日

工资条

陈芬芬：

您好！感谢您对企业做出的贡献和努力！

现向您发送 2023 年 6 月的工资条，公司已代缴社保和住房公积金。您的工资条明细如下，请查收。

工号	KB002
姓名	陈芬芬
邮箱	chenff@zjxy.cn
基本工资	2320
职务津贴	1400
绩效工资	1500
通讯津贴	300
加班工资	0
应发工资	5520
社会保障费	867.52
公积金	1000
实发工资	3652.48
生日礼金	200
合计	3852.48

祝好！

此工资条仅供员工本人阅览，如有任何问题或疑问请在 3 个工作日内与财务处王如雪联系，如无则默认为当月工资发放无误，谢谢！

**公司

2023 年 6 月 15 日

图 5-50 合并后的新文档

习 题 五

1. 直接在文件 (文字处理软件) 中按照下列要求答题：

(1) 将短文标题设为黑体、2 号、粗体字，居中对齐。

(2) 将文中的"文字处理"全部替换为"Word 2019"，要求："Word 2019"设置为楷体、加粗倾斜、3 号的红色字，并带有绿色下画线。

(3) 设置页眉为"计算机应用基础 Word 2019"，并在页脚处插入页码，页码居中。

2. 直接在文件 (大学计算机基础) 中按照下列要求答题：

(1) 标题设为三号、宋体、加粗、居中对齐。正文设为仿宋体、小四号字。

(2) 设置文中第二自然段首字下沉 2 行，距正文 1 厘米。

(3) 将文中第三自然段内容设为 4 号字，字间距设置为 2 镑。

(4) 把文中的"计算机"替换为红色、加粗的四号字"computer"。

(5) 将文档页面设置为 A4 纸张，左、右边距为 2 厘米，上、下边距为 2 厘米。

3. 直接在文件 (计算机病毒) 中按照下列要求答题：

(1) 将标题设置为红色、加粗、三号字，居中对齐，段后间距设置为 15 磅。

(2) 将文档第二自然段分成两栏，并加分隔线。

(3) 将文中所有"计算机"设置为绿色、加粗、斜体、三号字。

(4) 插入页眉和页脚，页眉为"计算机病毒"，页脚为页码，格式任意。

习题 1 文件

习题 2 文件

习题 3 文件

习题 1 操作步骤

习题 2 操作步骤

习题 3 操作步骤

第 6 章　Excel 电子表格

能力目标

- 熟练掌握 Excel 的基本功能；
- 能够使用 Excel 进行数据处理和分析；
- 能够灵活运用 Excel 的各种公式和函数；
- 能够制作图表和进行数据可视化；
- 具备数据排序与筛选的技能。

素质目标

- 注重细节、细心且准确记录和输入数据，并具备分析和解读数据的能力，培养学生"精益求精"的钻研精神；
- 积极与相关团队成员和合作伙伴沟通，确保数据流动和交换过程中的准确性。

实践任务

- 制作办公物品采购申领单；
- 制作员工年度考核成绩表；
- 制作销售业务管理表。

6.1

Excel 的基本功能

　　作为微软 Office 家族的重要组件之一，Excel 以其丰富的功能和强大的应用能力而广受欢迎。它主要用于记录、计算和分析数据。在日常使用中，Excel 可以像简单的计算器一样，帮助人们统计个人的收支情况、贷款或储蓄等财务问题。同时，Excel 也能执行专业级的科学统计运算，它能够通过对大量数据的计算分析，为制订公司的财政政策提供有效的参考信息。

教师、企业办公文秘人员、政府审计部门和统计部门以及其他许多职业工作者都会在不同程度上使用 Excel。大量的实际工作经验表明，熟练地掌握 Excel 的运用可以极大地提升学习和工作效率，尤其是在商业管理领域，其运用可直接促进经济效益的增长。因此，无论对个人还是对组织来说，学会使用 Excel 的技巧都至关重要。

6.2

任务 1　制作办公物品采购申领单

任务要求

使用 Excel 制作出一份规范、清晰的办公物品采购申领单，以确保数据的准确性和清晰度，并使其格式美观，同时能够满足实际需求，方便管理和追踪办公室物品的采购情况。

任务具体要求如下：

(1) 在 Excel 中创建一个新的工作表，为采购申领单提供一个空白的工作区域。

(2) 确定申领单的列标题，如物品名称、数量、规格、单价、金额等。

(3) 逐行列出所需采购的物品信息，包括物品的名称、数量、规格或其他相关参数，并在相应的列中填入数据。

(4) 使用公式计算每个物品的金额，将数量乘以单价，并在相应单元格中输入公式以自动计算金额。

(5) 添加备注，用于记录特殊需求、交货日期或其他说明事项。

(6) 应用格式和样式，例如改变文字颜色、添加边框，使清单更加美观和易于进行审查和核对，并确保所有数据的准确性和一致性。完成清单后，可以将其保存为 Excel 文件，并根据需要定期更新和维护清单信息。

办公物品采购申领单效果图如图 6-1 所示。

本任务的具体格式要求如下：

(1) 新建工作簿，将名称改为"办公物品采购申领单"。

(2) 标题格式：第一行输入标题"办公物品采购申领单"，设置字体为黑体，大小为 24号，颜色为白色并加粗居中，调整单元格行高为 40，并设置底纹为橙色 (个性色 2，深色 50%)。

(3) 设置正文：选择包含正文数据的单元格区域，设置字体为 10 号宋体，居中对齐，并加粗显示正文的部分内容。

办公物品采购申领单						
No:						
申请人			申请时间			
申请部门			经办人			
申购物品						
序号	物品名称	数量	单位	单价	金额	备注
1	抽纸	20	包	¥20.00	¥400.00	
2	卷纸	10	包	¥15.00	¥150.00	
3	胶带	10	个	¥20.00	¥200.00	
4	笔芯	20	盒	¥8.00	¥160.00	
5	本子	40	个	¥5.00	¥200.00	
6	橡皮擦	50	个	¥0.50	¥25.00	
7	计算器	20	个	¥10.00	¥200.00	
8	起钉器	10	个	¥10.00	¥100.00	
9	订书机	5	个	¥20.00	¥100.00	
10	打印纸	10	包	¥20.00	¥200.00	
合计					¥1,735.00	
部门负责人意见		盖章：日期：				
分管领导意见		盖章：日期：				
项目经理意见		盖章：日期：				
特别说明	1.办公室用品由办公室根据各部门需要进行物品采购申请。2.申请人填写此表格。3.各主管部门签字后，方可进行采购，否则不予报销。					

图 6-1　办公物品采购申领单效果图

(4) 合并部分单元格，设置单元格边框和底纹：外边框为 1 磅粗实线，内边框为 0.5 磅细实线；底纹颜色为橙色，个性色 2，淡色 80%。

(5) Excel 数据验证：对"数量"列进行设置，以便其值仅能输入 1～100 的数字。选择"数据"菜单下的"数据验证"选项，设置允许的数值最小值为 1，最大值为 100，并在"输入错误时"的提示信息框中输入相关的错误提示文本。

(6) 根据数量和单价求出金额，并设置单价和金额的数据显示为人民币符号¥，保留两位小数；利用 SUM 函数求出所有物品的合计金额。

知识要点

1. 单元格格式设置

(1) 设置小数位数、百分比、货币符号和文本格式。

首先，选择想要设置格式的数据区域。接着，右键单击选中区域，在弹出的菜单中选择"设置单元格格式"命令。在打开的对话框中单击"数字"标签页，然后根据需要选择"数值""百分比""货币"或"文本"选项。选中适当选项后，调整对应的参数设置，完成后单击"确定"按钮即可，如图 6-2 所示。(注：小数位数可以在"数值"选项中设置，百分比格式在"百分比"选项中调整，货币符号在"货币"选项中选择，而文本格式则在"文本"选项中设定。)

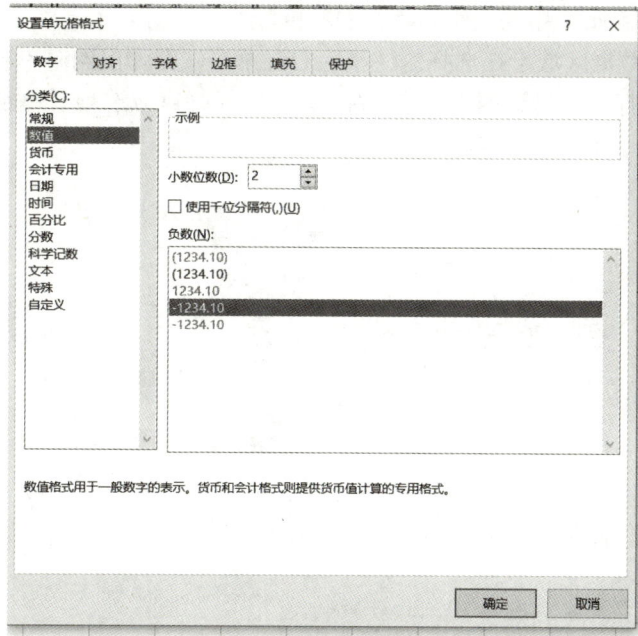

图 6-2　设置单元格格式

(2) 设置水平对齐、垂直对齐和合并单元格。

首先，选择要进行设置的数据区域。然后，在选中区域上右键单击，从弹出的菜单中选择"设置单元格格式"命令。接着，将对话框切换到"对齐"标签页，根据需要选择适当的水平对齐、垂直对齐选项，或者勾选"合并单元格"选项。完成这些设置后，单击"确定"按钮即可应用更改，如图 6-3 所示。

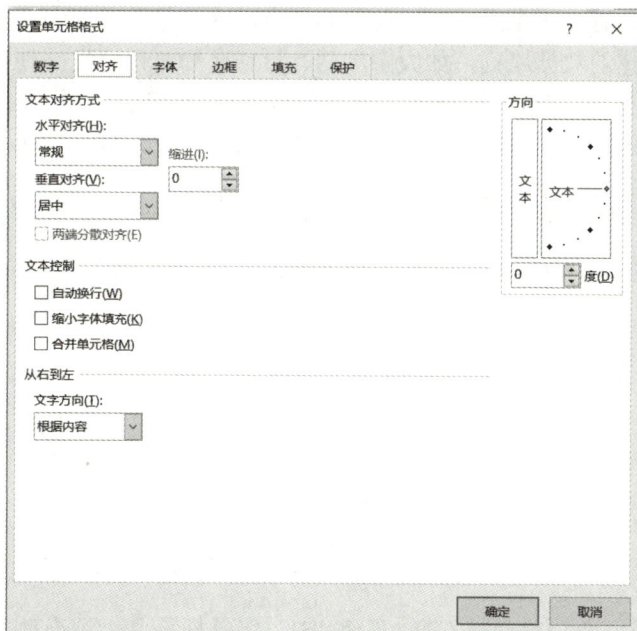

图 6-3　设置单元格对齐

(3) 设置字体、字形、字的大小和字体的颜色。

选择要设置的数据区域，在选择的区域上右键单击，在弹出的菜单中选择"设置单元格格式"命令，在打开的对话框中单击"字体"，选择好对应选项后单击"确定"按钮完成设置，如图 6-4 所示。

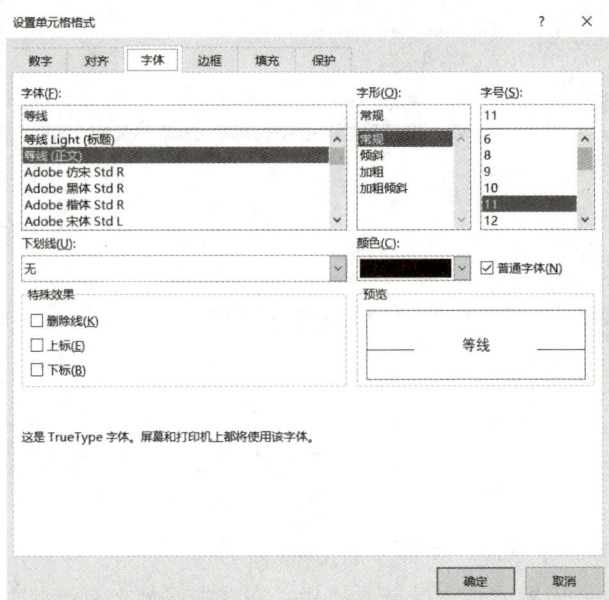

图 6-4　单元格字体设置

2. 填充柄的使用

Excel 中的填充柄是一个非常实用的功能，它可以帮助我们快速填充数据。当选中单元格后，会在右下角看到一个黑色或绿色的实心点，这就是填充柄。通过使用填充柄，可以轻松地填充有规律的数据序列，如数字序列、日期序列、自定义序列等。只需选中起始单元格，并拖动填充柄，Excel 会根据填充柄的规则自动填充相应的数据。填充柄是提高数据输入效率的利器，尤其适用于大量重复的数据输入任务。

例 1：快速填充序号。

假设现在有一个表格，首列是序号，需要填充 20 个序号，那么如何快速完成呢？

(1) 在第 2 行输入数字 1，在第 3 行输入数字 2。这样做的目的是让电脑识别填充规律，如图 6-5 所示。

图 6-5　序号填充

(2) 选中 1 和 2 这两个单元格 (即 A2 和 A3)，将鼠标移到"填充柄"上，观察鼠标变成"+"后，单击鼠标左键，向下拖动填充柄 (务必在填充柄上按住并拖动，确保鼠标变成"+"状态)，如图 6-6 所示。需要注意的细节是，每拖动到一个单元格时，右侧会显示将要填入的内容 (低版本的 Excel 可能没有这个提示，但不影响使用)。

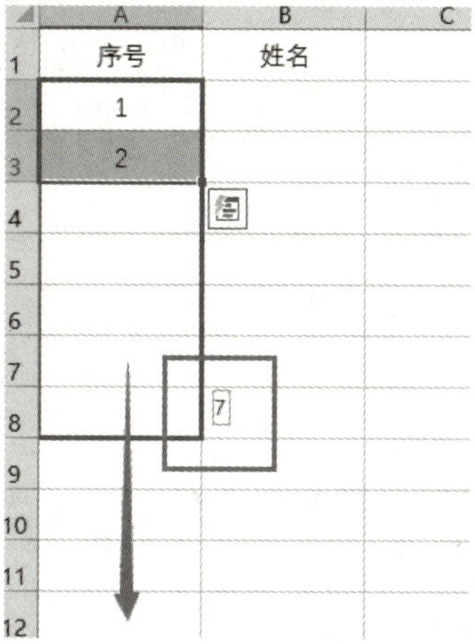

图 6-6　向下拖动填充

(3) 将填充柄拖动至第 21 行 (首行为标题，无数据)，会发现 1～20 会自动填充完成。注：这种方法同样适用于填充有规律的日期、时间等数据，比如在第一个单元格输入 2017-8-1，在第二个单元格输入 2017-8-2，其余操作步骤与上述类似。另外，等差序列也同样适用，例如数据为 1、3、5，填充柄会自动按照等差填充，这里就不再赘述。

例 2：汉字数字混合的自动填充。

新学期开学了，2017 级会计专业共有 10 个班级，如何快速填充呢？

首先，填写好序号和班级名称，并录入数据，如图 6-7 所示。

图 6-7　汉字数字填充

然后选中除了标题以外的数据，向下拖动填充柄，如图 6-8 所示。

图 6-8　汉字数字填充效果

在这个过程中，有两个重点：

(1) 班级名称会自动递增。

(2) 填充柄可以同时填充多列或多行数据。

例 3：快速填充公式。

假设现在有一张学生成绩表，需要计算总分，具体如图 6-9 所示。

学号	姓名	语文	数学	英语	总分
1001	张三	96	88	95	
1002	李四	98	92	97	
1003	王五	94	92	97	
1004	赵六	89	100	100	

图 6-9　填充公式

为了计算总分，需要使用公式，在张三总分下面输入公式，如图 6-10、图 6-11 所示。

	A	B	C	D	E	F
	学号	姓名	语文	数学	英语	总分
	1001	张三	96	88	95	=C2+D2+E2
	1002	李四	98	92	97	
	1003	王五	94	92	97	
	1004	赵六	89	100	100	

图 6-10　计算总分

	A	B	C	D	E	F
	学号	姓名	语文	数学	英语	总分
	1001	张三	96	88	95	279
	1002	李四	98	92	97	
	1003	王五	94	92	97	
	1004	赵大	89	100	100	

图 6-11　下拉填充

如果想快速计算其他学生的成绩，则只需拖动填充柄即可，操作方法参考前面的步骤，你会发现每位学生的成绩都自动计算出来了。

小技巧：大量数据的快速填充

例 1 和例 2 数据量都比较少，拖动起来还算简单，但如果数据量非常庞大，拖动将变得烦琐。这时就要利用填充柄的另一个方便的功能——双击，回到刚才的表格中，如图 6-12 所示。

	A	B	C	D	E	F
	学号	姓名	语文	数学	英语	总分
	1001	张三	96	88	95	279
	1002	李四	98	92	97	
	1003	王五	94	92	97	
	1004	赵六	89	100	100	

图 6-12　双击填充

此时，不要拖动填充柄，而是直接双击它，就会发现所有的单元格都自动填充，这个功能特别适合处理数据量很大，不适合拖动的情况。

3. 数据验证

使用 Excel 的数据验证功能，设置数据字段的最小值和最大值，以确保申请的数据在合理范围内。

如果要求员工年龄为 18～60，并且必须是整数，则可以通过设置数据验证来限制输入的范围，如图 6-13 所示。如果输入的数据超出限制的范围，则会弹出"此值与此单元格定义的数据验证限制不匹配"的提示，如图 6-14 所示。

图 6-13　数据验证

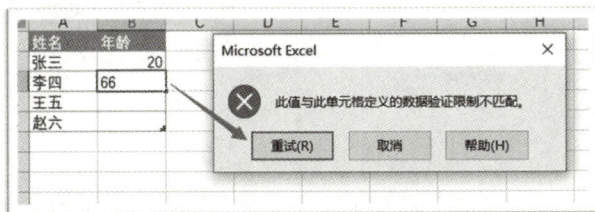

图 6-14　限制输入数据范围

4. SUM 求和函数

SUM 函数用于计算某一单元格范围内所有数值的总和（不包括文本和逻辑值），如 D8=SUM(C2:C6)，如图 6-15 所示。

图 6-15　单区域求和图

操作步骤

本任务的操作步骤如下:

(1) Excel 基本数据录入。

① 打开 Excel 2019,新建空白工作簿,如图 6-16 所示。

操作步骤

图 6-16 新建空白工作簿

② 保存工作簿,名称为"办公物品采购申领单",如图 6-17 所示。

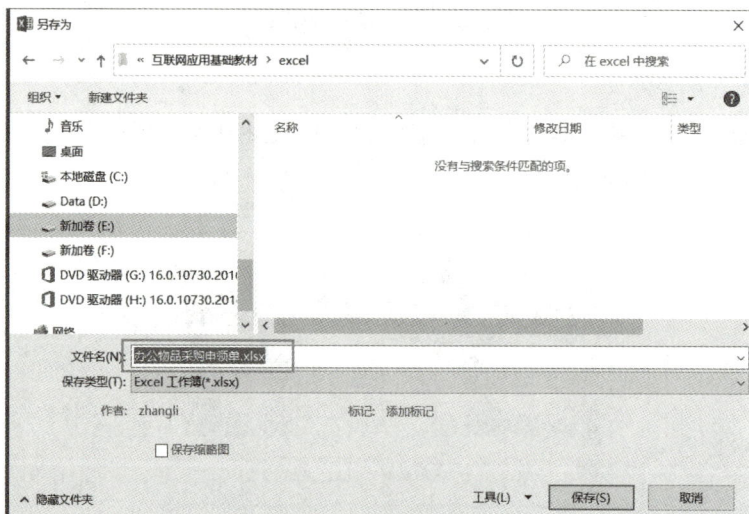

图 6-17 保存工作簿

③ 在第 1～6 行输入申领单中的数据，包括申请人、申请时间、申请部门、经办人、申购物品等数据，效果如图 6-18 所示。

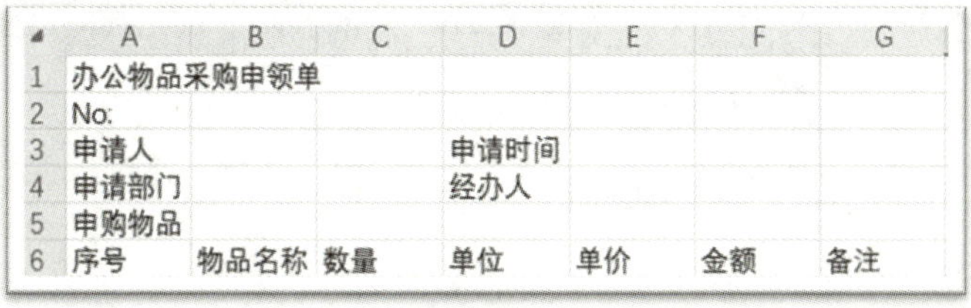

	A	B	C	D	E	F	G
1	办公物品采购申领单						
2	No:						
3	申请人			申请时间			
4	申请部门			经办人			
5	申购物品						
6	序号	物品名称	数量	单位	单价	金额	备注

图 6-18 输入数据

④ 在 A7 单元格中输入“1”，并将光标移回到 A7 单元格，待鼠标指针变为“+”后向下拖动 9 个单元格，完成序列号的填充，如图 6-19 所示。

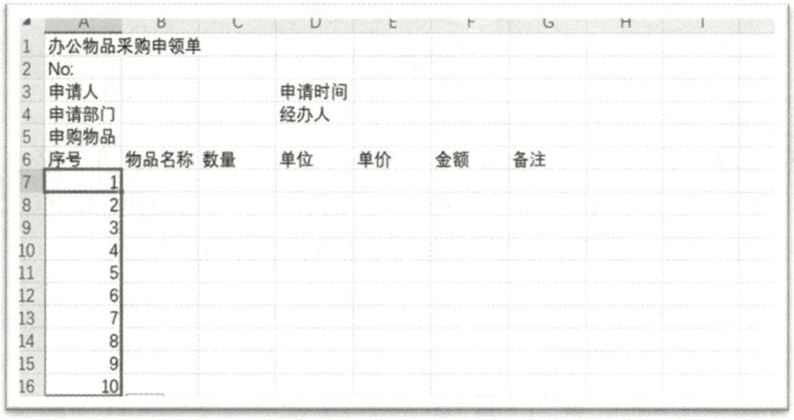

	A	B	C	D	E	F	G	H	I
1	办公物品采购申领单								
2	No:								
3	申请人			申请时间					
4	申请部门			经办人					
5	申购物品								
6	序号	物品名称	数量	单位	单价	金额	备注		
7	1								
8	2								
9	3								
10	4								
11	5								
12	6								
13	7								
14	8								
15	9								
16	10								

图 6-19 完成序列号填充

⑤ 完成物品名称、数量、单位和单价的数据输入工作，如图 6-20 所示。

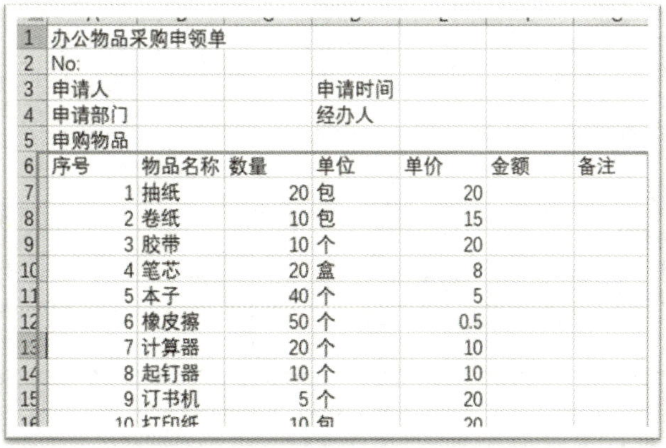

	A	B	C	D	E	F	G
1	办公物品采购申领单						
2	No:						
3	申请人			申请时间			
4	申请部门			经办人			
5	申购物品						
6	序号	物品名称	数量	单位	单价	金额	备注
7	1	抽纸	20	包	20		
8	2	卷纸	10	包	15		
9	3	胶带	10	个	20		
10	4	笔芯	20	盒	8		
11	5	本子	40	个	5		
12	6	橡皮擦	50	个	0.5		
13	7	计算器	20	个	10		
14	8	起钉器	10	个	10		
15	9	订书机	5	个	20		
16	10	打印纸	10	包	20		

图 6-20 数据输入

⑥ 在 A17 单元格中输入“合计”，接着完成申请单下面的数据输入，其中“盖章：日期：”的输入方式为在输入“盖章：”后同时按下“Alt＋Enter”键换行，然后再输入“日期：”。最后，更改当前工作表的名称为“办公物品采购申领单”，完成后的效果如图 6-21 所示。

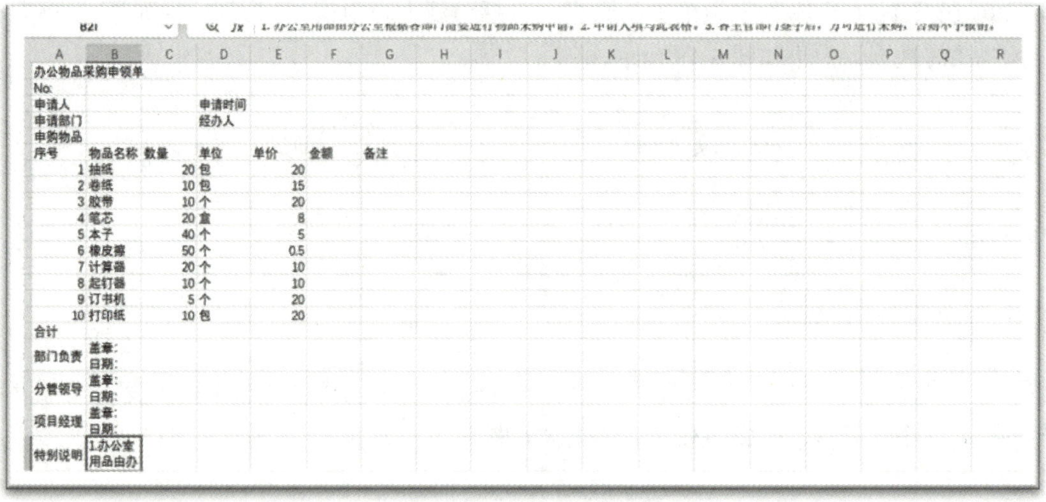

A	B	C	D	E	F	G
办公物品采购申领单						
No:						
申请人			申请时间			
申请部门			经办人			
申购物品						
序号	物品名称	数量	单位	单价	金额	备注
1	抽纸	20	包	20		
2	卷纸	10	包	15		
3	胶带	10	个	20		
4	笔芯	20	盒	8		
5	本子	40	个	5		
6	橡皮擦	50	个	0.5		
7	计算器	20	个	10		
8	起钉器	10	个	10		
9	订书机	5	个	20		
10	打印纸	10	包	20		
合计						
部门负责	盖章: 日期:					
分管领导	盖章: 日期:					
项目经理	盖章: 日期:					
特别说明	1.办公室用品由办					

图 6-21　原始数据录入效果图

(2) 格式设置。

① 合并单元格：将 A1:G1、A2:G2、A5:G5、A17:B17、C17:G17 单元格进行合并，并居中对齐；将 B3:C3、E3:G3、B4:C4、E4：G4、B18:G18、B19:G19、B20:G20、B21:G21 单元格进行合并，并居中对齐。设置效果如图 6-22 所示。

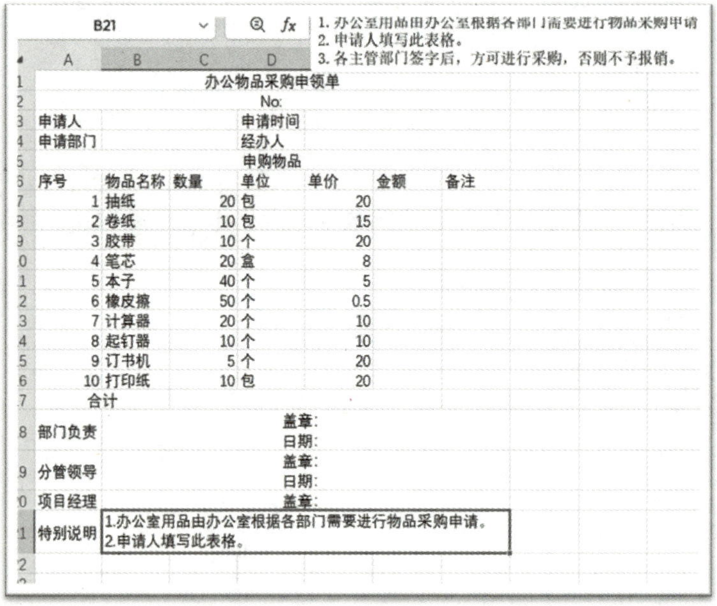

A	B	C	D	E	F	G
办公物品采购申领单						
No:						
申请人			申请时间			
申请部门			经办人			
申购物品						
序号	物品名称	数量	单位	单价	金额	备注
1	抽纸	20	包	20		
2	卷纸	10	包	15		
3	胶带	10	个	20		
4	笔芯	20	盒	8		
5	本子	40	个	5		
6	橡皮擦	50	个	0.5		
7	计算器	20	个	10		
8	起钉器	10	个	10		
9	订书机	5	个	20		
10	打印纸	10	包	20		
合计						
部门负责	盖章: 日期:					
分管领导	盖章: 日期:					
项目经理	盖章:					
特别说明	1.办公室用品由办公室根据各部门需要进行物品采购申请。 2.申请人填写此表格。					

图 6-22　合并部分单元格

② 设置标题格式：将标题“办公物品采购申领单”字体设置为黑体，大小为 24 号，加粗，居中对齐，并将字体颜色设置为白色，调整单元格行高为 40，右键单击单元格，选择“设置单元格格式”→“填充”，将底纹颜色设置为橙色，个性色 2，深色为 50%，设置效果如图 6-23、图 6-24 所示。

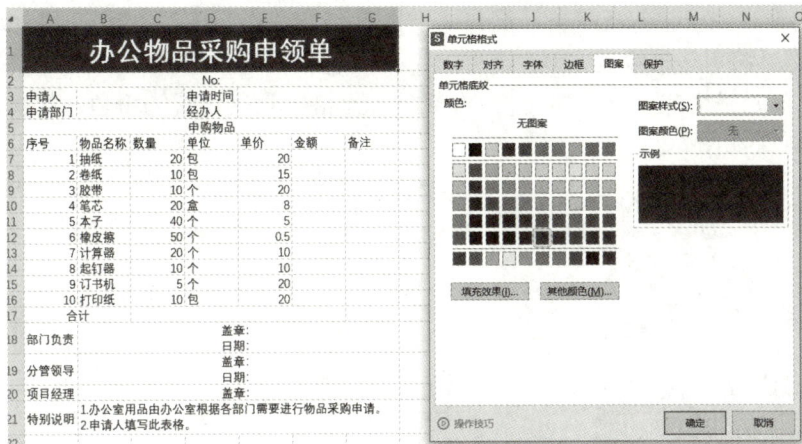

图 6-23　设置标题格式

图 6-24　设置行高

③ 设置正文：将字体设置为宋体，大小为 10 号，居中对齐，并加粗显示正文内容（第 7～16 行、B18:B21 除外），如图 6-25 所示。

④ 调整单元格行高和列宽：将"数量""单位""单价"和"金额"列的列宽调整为 9；将"序号""物品名称""备注"列的列宽调整为 10。将 A2:A17 的行高调整为 18，将 A18:A21 行的行高调整为 40，并设置 A18:A21、B21 单元格的内容自动换行，文本左对齐，设置效果如图 6-26 所示。

图 6-25　设置正文文字

图 6-26　调整单元格行高和列宽

⑤ 选中整个表格，右键单击，选择"设置单元格格式"→"边框"，将外边框设置为1 磅粗的实线，将内边框设置为 0.5 磅粗的实线，设置效果如图 6-27 所示；然后右键单击，选择"设置单元格格式"→"填充"，将部分单元格背景色设置为橙色，个性色 2，淡色80%，设置效果如图 6-28 所示。

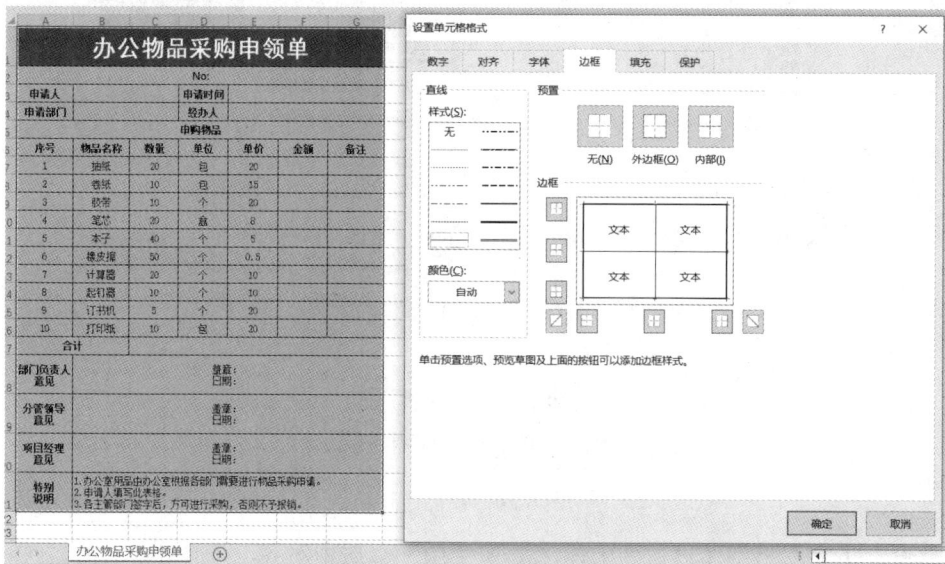

图 6-27　设置单元格边框

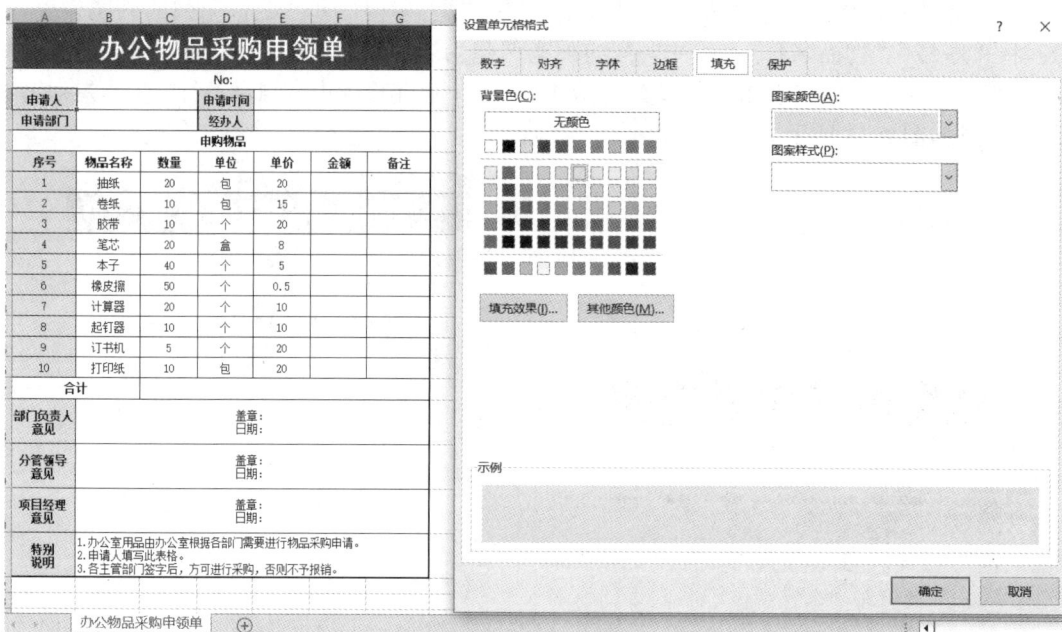

图 6-28　设置单元格底纹

(3) Excel 数据验证：选中 C7:C16 单元格，单击"数据"→"数据验证"，设置数据字段的最大值为 100，最小值为 1。当超过最大、最小值时，将显示输入错误，效果如图 6-29、图 6-30 所示。

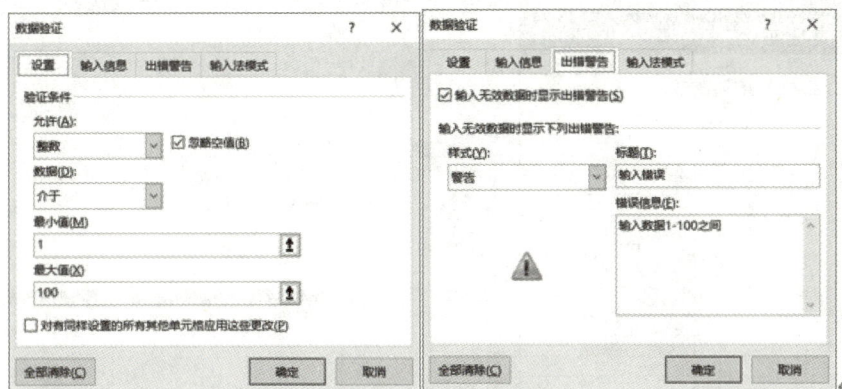

图 6-29　数据验证

图 6-30　错误提示

(4) 求金额。

① 根据数量和单价计算出金额，在 F7 单元格中输入"=C7*E7"，算出金额，向下拖动单元格求出所有金额，选中 E7:F16 单元格，右键单击，选择"设置单元格格式"→"数字"，将单价和金额的数据显示为人民币符号，并保留两位小数，效果如图 6-31、图 6-32 所示。

图 6-31　求金额

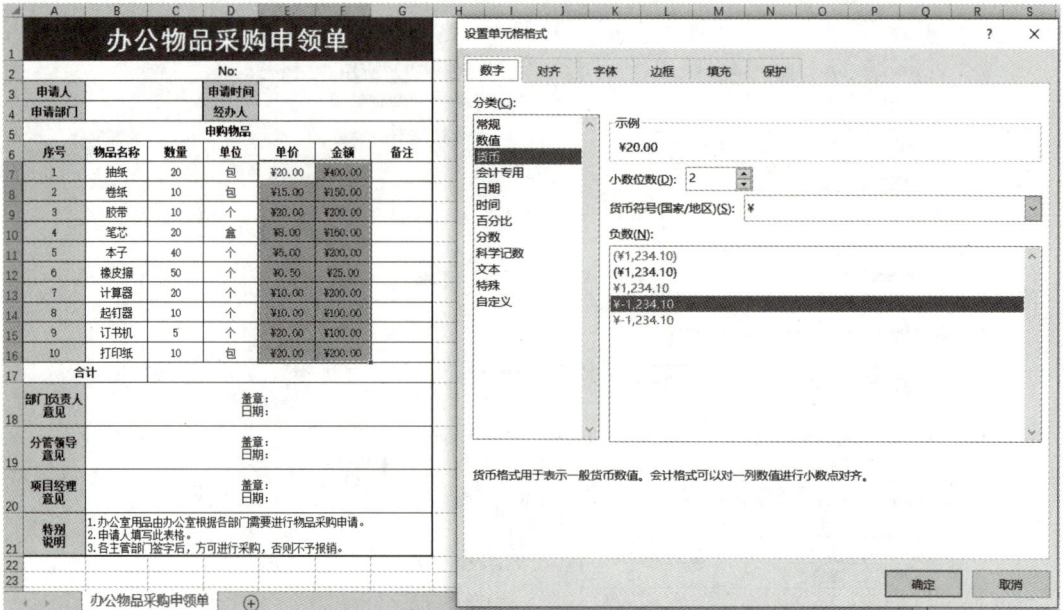

图 6-32　货币符号显示

② 选中 C17 单元格，利用 SUM 函数求出合计金额，计算结果如图 6-33 所示。

图 6-33　SUM 函数

(5) 完成申请单后，再次进行审查和核对数据，确保数据的准确性和一致性。

(6) 保存申请单并进行打印。

6.3

任务 2　制作员工年度考核成绩表

任务要求

"员工年度考核成绩表"是公司用于对员工进行年度考核的重要文件之一。该表格记录了员工的基本信息、各项评分、总评分、平均评分、等级情况、名次等相关信息。使用 Excel 制作员工年度考核成绩表可以提高数据整理和计算的效率，使数据更加可视化和便于分析，同时可以确保数据的安全性。此外，该表格还具备灵活性和扩展性，能够满足企业对考核管理的需求。"员工年度考核成绩表"的详情如图 6-34、图 6-35 所示。

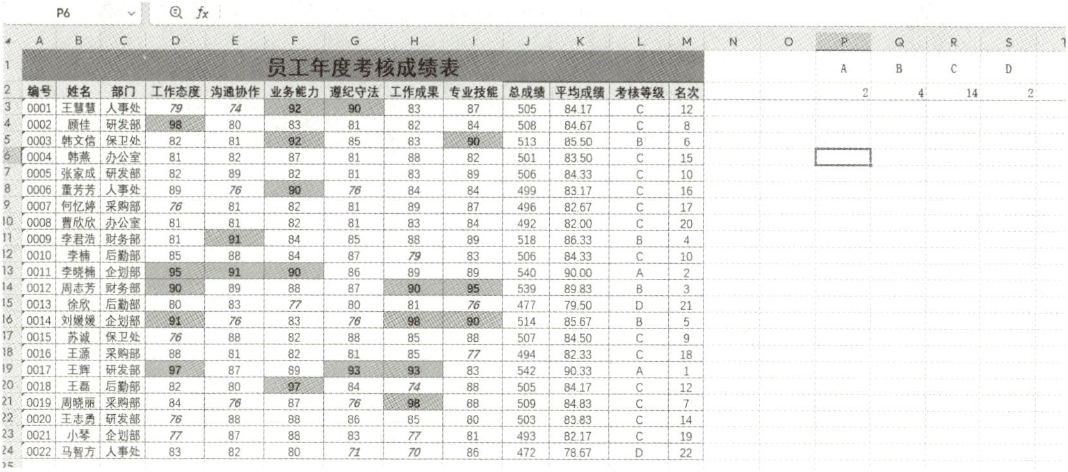

图 6-34　员工年度考核成绩表

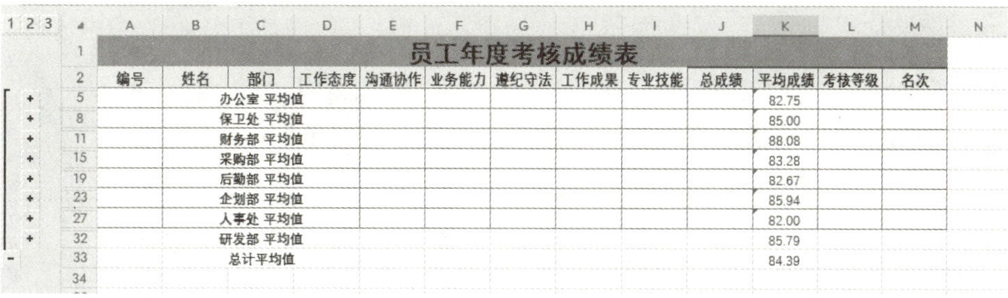

图 6-35　分类汇总员工年度考核成绩表

本任务的基本格式要求如下：

(1) 计算总成绩和平均成绩，并将平均成绩保留两位小数。

(2) 根据成绩确定考核等级和名次，使用公式统计满足以下条件的人员：A 级（平均成绩≥90 分）、B 级（平均成绩≥85 分）、C 级（平均成绩≥80 分）、D 级（其他，即平均成绩<80 分)，并按照降序获得名次 (使用 Rank 函数)。

(3) 设置单元格格式自动调整行高和列宽，字体水平和垂直都居中对齐，将成绩大于等于 90 分的单元格添加橙色底纹并加粗显示，成绩小于 80 分的单元格设置为红色、加粗且倾斜显示。

(4) 在员工年度考核成绩表中，统计出 A、B、C 和 D 级的人员数量，并将数据分别存入 P2、Q2、R2 和 S2 单元格中。

(5) 统计各部门的考核平均成绩，并将结果放入分类汇总工作表中。

知识要点

1. Excel 函数

1) AVERAGE 函数

AVERAGE 函数是 Excel 表格中用于计算平均值的函数，在数据库中，AVERAGE 可以缩写为 avg，它的参数可以是数字，也可以是涉及数字的名称、数组、引用或单元格区域。如果参数中的数组或单元格引用包含文字、逻辑值或空单元格，则这些值会被忽略。但是，如果单元格包含零值，则会计算在内。

例如，如果将 A1:A5 的单元格命名为“Scores”，并且这些单元格的数值分别为 10、7、9、27 和 2，则 AVERAGE(A1:A5) 的结果为 11，AVERAGE(Scores) 的结果也为 11，运行效果如图 6-36 所示。

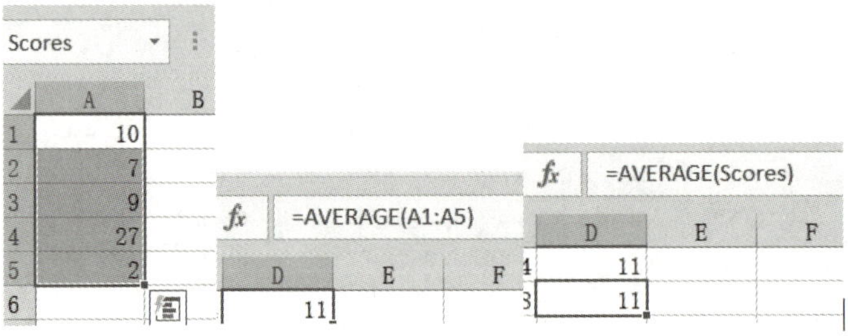

图 6-36 平均值

2) IF 函数

IF 是条件判断函数，其语法为 =IF(测试条件，结果 1，结果 2)。如果满足“测试条件”，则返回“结果 1”；如果不满足“测试条件”，则返回“结果 2”。

新建一个工作簿，在工作表中输入学生成绩，将该工作表保存为“学生期末成绩表”，然后将这个工作簿保存为“成绩表”，设置效果如图 6-37 所示。

	A	B	C
1	姓名	总分	等级
2	张三	100	
3	李四	96	
4	王五	85	
5	赵六	70	
6	初七	65	
7	路八	55	
8	宋九	40	

图 6-37 IF 函数

通过 IF 函数来判断学生的成绩等级，判断条件为：如果总分≥90 分，则为优秀；如果总分<90 且总分≥80 分，则为良好；如果总分≥60 且总分<80，则为及格；如果总分<60，则为不及格。

在单元格 C2 中输入公式“=IF(B2>=90," 优秀 ", IF(AND(B2<90,B2>=80)," 良好 ", IF

(AND(B2>=60,B2<80)," 及格 ", IF(B2<60," 不及格 ")))"，效果如图 6-38 所示。

　　将鼠标放在单元格右下方，会出现一个 "+" 符号，可以通过向下拖动来根据总分确定等级，如图 6-39 所示。

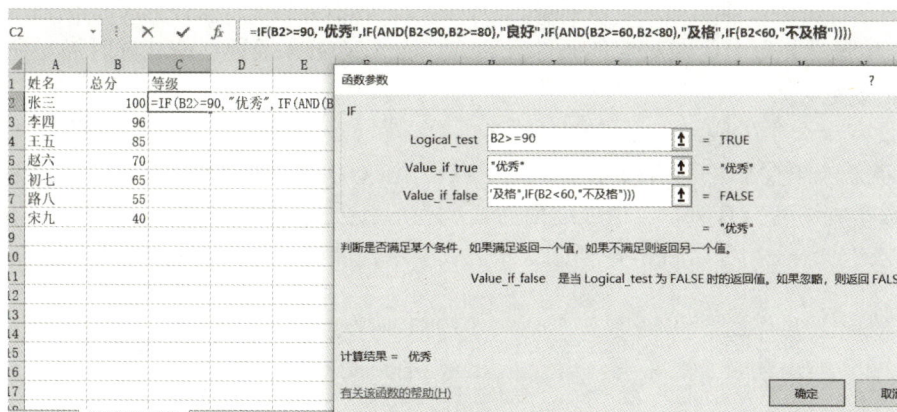

图 6-38　IF 函数获取等级

图 6-39　填充其他单元格

3) COUNTIF 函数

COUNTIF 函数用于计算符合指定条件的单元格在指定区域中的个数。其使用方法如下：

(1) 选中要放置结果的单元格，在该单元格内输入 "=COUNTIF" 或单击工具栏中的公式按钮，选择统计，然后选择 COUNTIF 函数。

(2) 在 COUNTIF 函数的括号中输入要统计的范围，可以手动输入或使用鼠标拖动以选择范围。

(3)按下回车键，结果将显示在选中的单元格中，如图 6-40 所示。

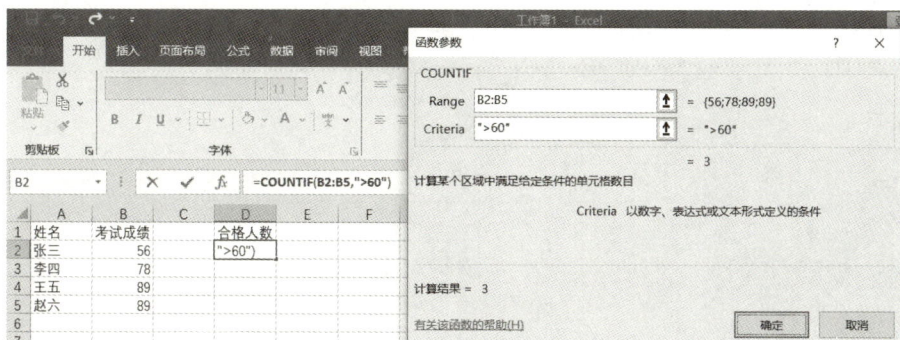

图 6-40　求合格人数

COUNTIFS 函数是 Excel 中一个强大的函数，用于计算满足多个条件的单元格数量。它的语法如下：

COUNTIFS(range1, criteria1, range2, criteria2, ...)

其中，range1、range2 等是通过逗号分隔的多个区域，表示需要进行条件判断的范围；criteria1、criteria2 等则是与每个区域对应的条件表达式。COUNTIFS 函数会统计同时满足所有条件的单元格数量。

假设有一个学生成绩表格，包含姓名、数学和英语 3 列。若想要统计数学成绩大于 80 并且英语成绩大于 85 的学生数量，则可以使用 COUNTIFS 函数来实现。假设姓名列为 A 列，数学成绩列为 B 列，英语成绩列为 C 列，那么公式可以写为“=COUNTIFS(B2:B4,">=80",C2:C4,">=85")”，如图 6-41 所示。该公式会统计满足条件的单元格数量，并返回结果。

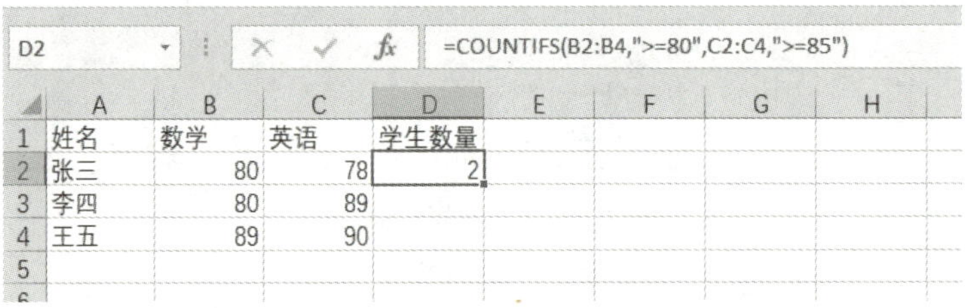

D2 =COUNTIFS(B2:B4,">=80",C2:C4,">=85")

	A	B	C	D
1	姓名	数学	英语	学生数量
2	张三	80	78	2
3	李四	80	89	
4	王五	89	90	

图 6-41　COUNTIFS 函数

注意：COUNTIFS 函数可以根据需要添加更多的条件，需要按照指定的顺序依次添加范围和条件，就能够正确使用 COUNTIFS 函数。也就是说，先输入要计数的区域 (range)，然后再输入要匹配的条件 (criteria) 即可。这使得 COUNTIFS 函数非常灵活，可以适用于各种复杂的数据筛选和计数需求。

4) RANK 函数

RANK 函数是 Excel 中一个常用的函数，用于确定某个数值在一组数值中的排名。它的语法如下：

RANK(number, ref, [order])

其中，number 代表要进行排名的数值，ref 代表被比较的数值范围或数组，[order] 是可选参数，表示排名的顺序，1 表示升序，0 表示降序 (默认)。

假设有一个学生成绩表格，其中成绩数据位于 B 列，若想要知道某个学生的成绩在全班中的排名，则可以使用 RANK 函数来实现。假设要查询 B2 单元格对应学生的成绩在 B2:B7 范围内的排名，则可以使用公式“=RANK(B2,B$2:B$7,1)”，如图 6-42 所示。该公式会返回该学生在成绩范围内的排名。

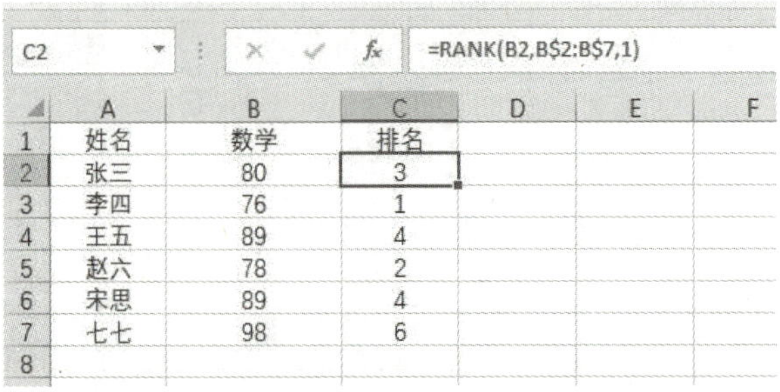

C2 =RANK(B2,B$2:B$7,1)

	A	B	C
1	姓名	数学	排名
2	张三	80	3
3	李四	76	1
4	王五	89	4
5	赵六	78	2
6	宋思	89	4
7	七七	98	6

图 6-42　RANK 升序排名

如果希望按照降序排名,则可以将上述公式修改为"=RANK(B4,B\$2:B\$7,0)",如图 6-43
所示。

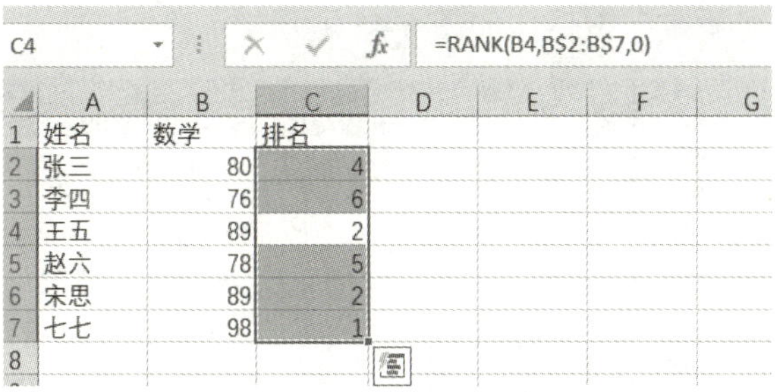

图 6-43　RANK 降序排名

注意：RANK 函数对于有相同数值的情况,会根据其在数据范围中的位置来确定排名。
如果有多个数值相同并属于同一排名位置,那么下一个排名将会相应增加。

2. 分类汇总

分类汇总是指快速汇总和统计处理数据表中的数据,并按照不同的类别对数据进行分
类。在 Excel 中,分类汇总可以自动对各类别的数据进行求和、求平均值等多种计算。

在进行分类汇总之前,需要确保 Excel 工作表中存在需要分类汇总的数据,并且数据
已经整理好,此外每列都应该有相应的标题行。

接下来可以使用鼠标或键盘上的方向键来选中需要分类汇总的数据区域,针对需要分
类汇总的字段,可以进行排序和筛选操作,以便更好地理解和分析数据,只需右键单击字
段标签,然后选择排序或筛选选项。

在设置分类汇总时,可以为每个值字段选择合适的汇总方式,如求和、平均值、计数
等。若需要更改汇总方式,则可以右键单击值字段,并选择"值字段设置"来进行修改。

在进行分类汇总前,需要对数据进行排序。打开如图 6-44 所示的 Excel 表格,选中
A1:E7 单元格,然后在 Excel 的菜单栏中选择"数据"选项卡。在"数据"选项卡中找到"排
序和筛选"组,单击"排序"图标。在弹出的"排序"对话框中,确保"排序依据"选择为"班
级"列,在"排序依据"下拉菜单中选择"单元格值",然后选择"升序"。最后,单击"确
定"按钮,完成按班级进行排序的操作。

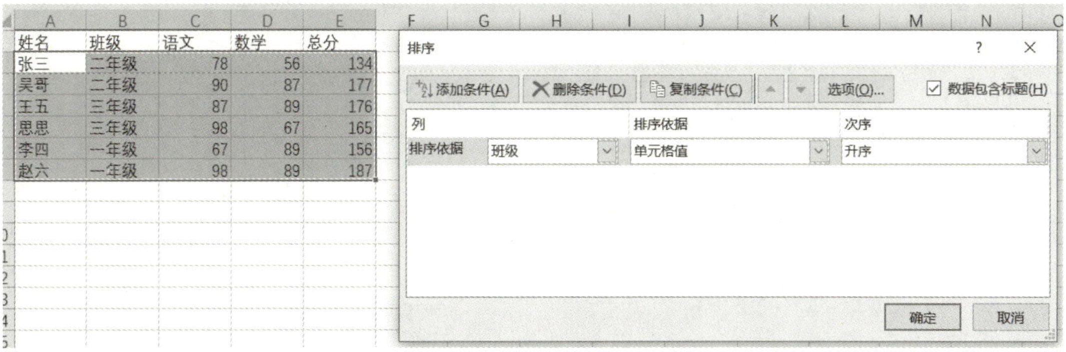

图 6-44　按班级进行排序

选中 A1:E7 单元格,选择"数据"→"分级显示"中的"分类汇总字段",在弹出的"分类汇总"窗格中选择"分类字段"为"班级","汇总方式"为"求和",在"选定汇总项"中勾选"总分",单击"确定"按钮,如图 6-45 所示。

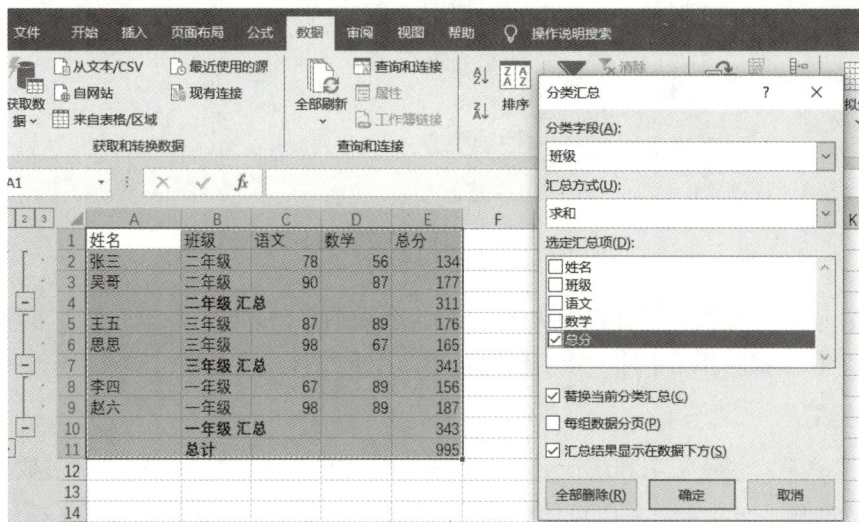

图 6-45　分类汇总

3. 条件格式

Excel 表格中的条件格式是一个非常强大且实用的功能,它可以实现简单设置目标数据区域的数据美化、突出显示数据、数据核对、按照既定条件设定格式等多种功能。以设置条件格式小于 60 的数值用红色显示为例:选中需要设置条件格式的单元格区域,在菜单中选择"开始"选项卡,单击"条件格式"按钮,在下拉菜单中选择"新建规则",在弹出的对话框中选择"只为包含以下内容的单元格设置格式",选择"单元格值小于 60",单击"格式"按钮,如图 6-46 所示。选择"字体"选项卡,然后选择红色,单击"确定"按钮,完成设置。

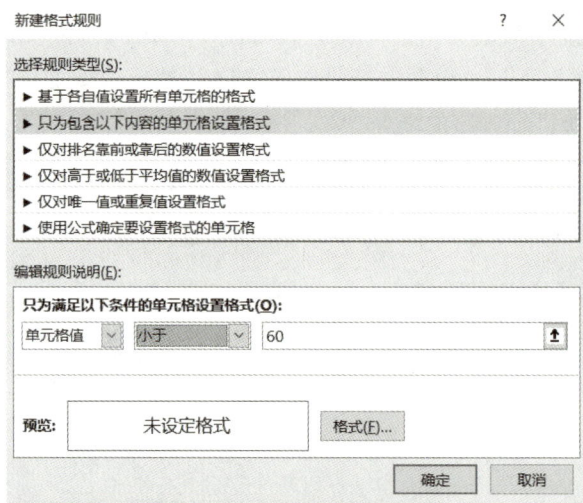

图 6-46　条件格式

4. 数据的复制

常规复制是指选择要复制的数据区域，然后单击菜单"编辑"→"复制"，选择目标区域的第一个单元格，再单击"编辑"→"粘贴"。如果选择了"选择性粘贴"，则仅复制单元格的值，并以"数值"形式进行粘贴，如图 6-47 所示。

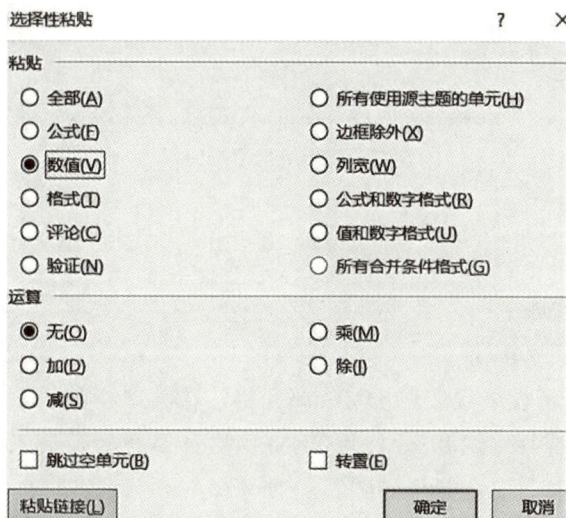

图 6-47   选择性粘贴

5. 数据筛选

1) 选出最大、最小几种数据

在表格中任选一个单元格，单击菜单"数据"→"筛选"→"自动筛选"，单击对应字段边的按钮，在下拉列表中选择"前 10 个"，在弹出的对话框中进行相应选择，最后单击"确定"按钮完成筛选，如图 6-48 所示。

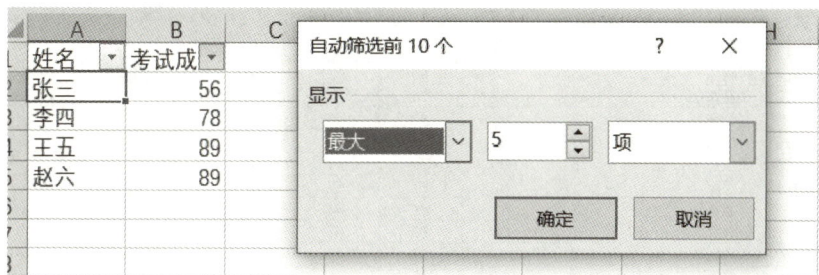

图 6-48   数据筛选

2) 选出指定范围的数据

在表格中任选一个单元格，单击菜单"数据"→"筛选"→"自动筛选"，单击对应字段边的按钮，在下拉列表中选择"自定义"，在弹出的对话框中进行相应选择，最后单击"确定"按钮完成筛选，如图 6-49 所示。

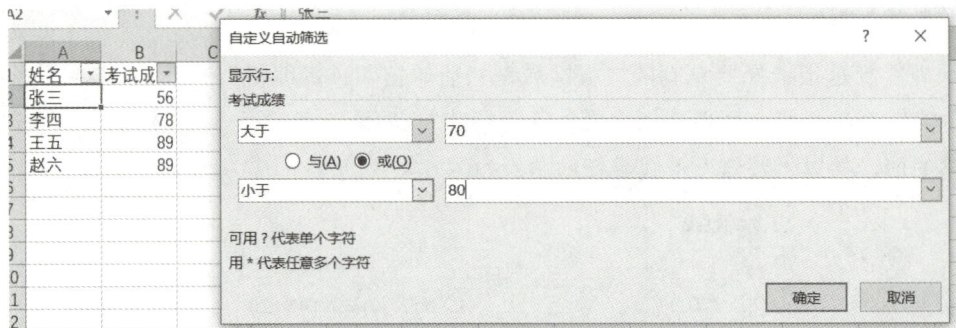

图 6-49　指定数据范围的筛选

操作步骤

本任务的操作步骤如下：

(1) 计算总成绩、平均成绩。

① 选中员工年度考核成绩表的 D3:J3 单元格，在菜单栏的"编辑"选项中找到"自动求和"下拉菜单，选择"求和"，使用 SUM 函数计算第一行员工的总成绩，然后选择 D3:I3，并按回车键确认，完成效果如图 6-50 所示。

编号	姓名	部门	工作态度	沟通协作	业务能力	遵纪守法	工作成果	专业技能	总成绩	平均成绩	考核等级	名次
0001	王慧慧	人事处	79	74	92	90	83	87	505			
0002	顾佳	研发部	98	80	83	80	82	82				
0003	韩文信	保卫处	82	81	92	85	83	90				
0004	韩燕	办公室	81	82	87	81	88	82				
0005	张家成	研发部	82	89	82	81	83	82				
0006	董芳芳	人事处	89	76	90	76	84	84				
0007	何忆婷	采购部	76	81	82	81	89	83				
0008	曹欣欣	办公室	81	81	82	81	83	84				
0009	李君浩	财务部	81	91	84	85	88	89				
0010	李楠	后勤部	85	88	84	84	79	83				
0011	李晓楠	企划部	95	91	90	86	89	89				
0012	周志芳	财务部	90	89	88	87	90	95				
0013	徐欣	后勤部	87	83	77	91	81	84				
0014	刘媛媛	企划部	91	76	83	76	98	90				
0015	苏诚	保卫处	76	88	82	88	85	88				
0016	王源	采购部	88	81	82	81	85	77				
0017	王辉	研发部	81	85	88	82	93	83				
0018	王磊	后勤部	82	80	97	84	74	88				
0019	周晓丽	采购部	84	76	87	76	98	88				
0020	王志勇	研发部	76	88	88	86	85	80				
0021	小琴	企划部	77	87	88	83	77	81				
0022	马智方	人事处	83	82	80	71	84	86				

图 6-50　求总成绩

② 将鼠标放置在 J3 单元格上, 此时鼠标形状会变为"+", 右键双击鼠标完成数据填充, 生成的结果如图 6-51 所示。

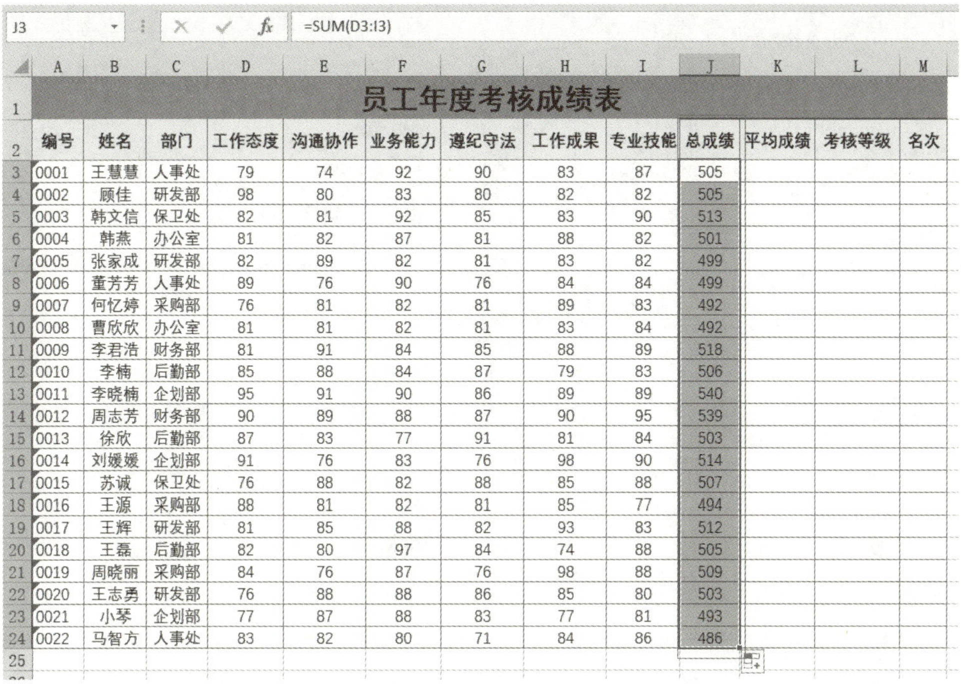

图 6-51　填充总成绩

③ 计算平均值, 将鼠标移到 K3 单元格, 输入"=", 选择插入函数的 AVERAGE 函数, 在 Number1 选项中选择 D3:I3, 然后按回车键确认, 将鼠标移到 K3 单元格上, 鼠标形状会变为"+", 右键双击鼠标完成数据填充, 设置的过程如图 6-52 所示。

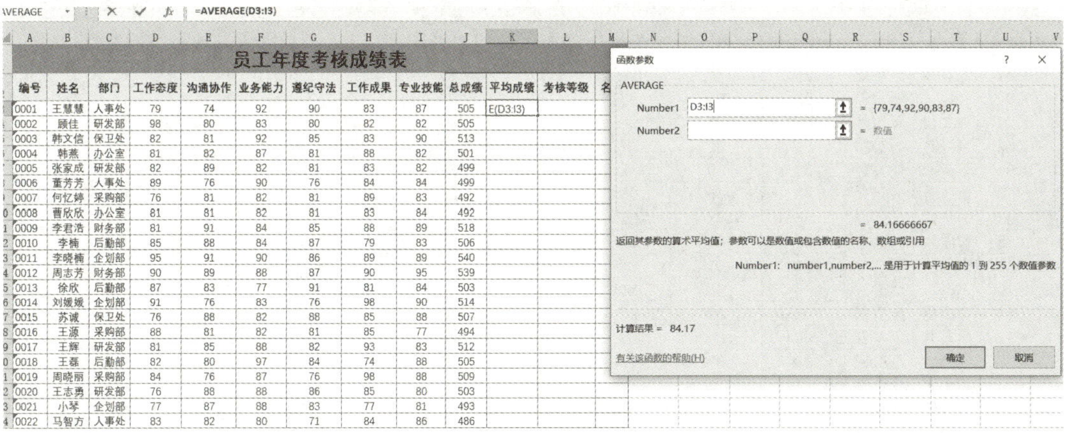

图 6-52　求平均值

注: 也可以根据总成绩计算平均值, 将鼠标移到 K3 单元格上, 输入"=J3/6", 然后按回车键确认。

④ 选中 K3:K24 单元格, 右键单击, 选择"设置单元格格式"命令, 在弹出的"设置

单元格格式"对话框中选择"数字"选项卡，将"分类"设置为"数值"，将"小数位数"设为"2"，其余保持默认，最后单击"确定"按钮，完成后的效果如图6-53所示。

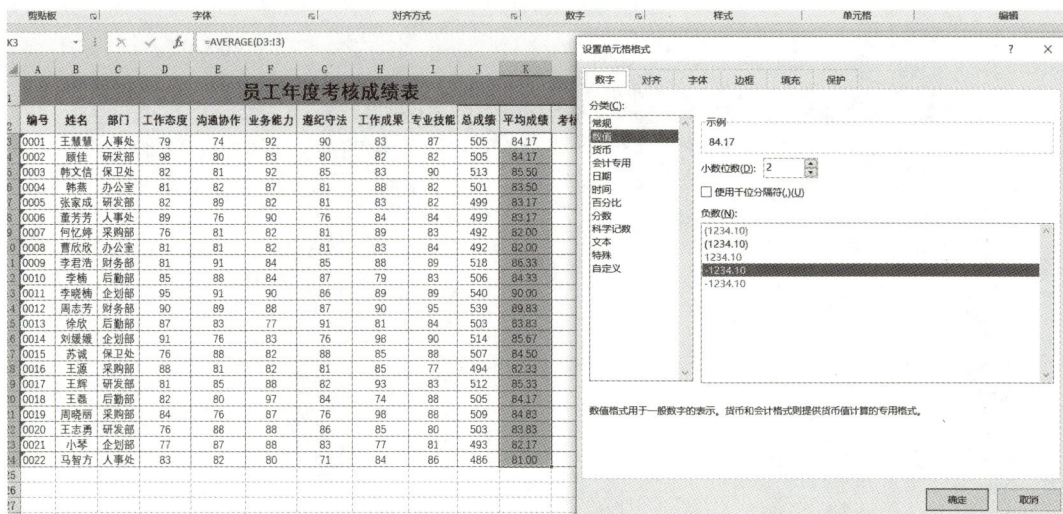

图6-53　设置单元格格式

(2) 根据成绩确定考核等级和名次。

① 单击L2单元格，然后单击"fx"按钮，打开"插入函数"对话框，选择"IF"函数，单击"确定"按钮后进行函数参数的设置，或者直接在公式编辑栏中输入公式"=IF(K3>=90, "A", IF(K3>=85,"B", IF(K3>=80,"C","D")))"，完成后的效果如图6-54所示。

编号	姓名	部门	工作态度	沟通协作	业务能力	遵纪守法	工作成果	专业技能	总成绩	平均成绩	考核等级	名次
0001	王慧慧	人事处	79	74	92	90	83	87	505	84.17	C	
0002	顾佳	研发部	98	80	83	80	82	82	505	84.17	C	
0003	韩文信	保卫处	82	81	92	85	83	90	513	85.50	B	
0004	韩燕	办公室	81	82	87	81	88	82	501	83.50	C	
0005	张家成	研发部	82	89	82	81	83	82	499	83.17	C	
0006	董芳芳	人事处	89	76	90	76	84	84	499	83.17	C	
0007	何忆婷	采购部	76	81	82	81	89	83	492	82.00	C	
0008	曹欣欣	办公室	81	81	82	81	83	84	492	82.00	C	
0009	李君浩	财务部	81	91	84	85	88	89	518	86.33	B	
0010	李楠	后勤部	85	88	84	87	79	83	506	84.33	C	
0011	李晓楠	企划部	95	91	90	86	89	89	540	90.00	A	
0012	周志芳	财务部	90	89	88	87	90	95	539	89.83	B	
0013	徐欣	后勤部	80	83	77	80	81	76	477	79.50	D	
0014	刘媛媛	企划部	91	76	83	76	98	90	514	85.67	B	
0015	苏诚	保卫处	76	88	82	88	85	88	507	84.50	C	
0016	王源	采购部	88	81	82	81	85	77	494	82.33	C	
0017	王辉	研发部	97	87	89	93	93	83	542	90.33	A	
0018	王磊	后勤部	82	80	97	84	74	88	505	84.17	C	
0019	周晓丽	采购部	84	76	87	76	98	88	509	84.83	C	
0020	王志勇	研发部	76	88	88	86	85	80	503	83.83	C	
0021	小琴	企划部	77	87	88	83	77	81	493	82.17	C	
0022	马智方	人事处	83	82	80	71	70	86	472	78.67	D	

图6-54　求考核等级

② 将鼠标移到 M3 单元格上，输入"="，然后单击"fx"按钮，选择 RANK 函数，在"函数参数"对话框的 Number 选项中选择 K3 单元格，Ref 选项中选择"K\$3:K\$24"单元格，如图 6-55 所示。完成后的效果如图 6-56 所示。

图 6-55　RANK 函数求名次

编号	姓名	部门	工作态度	沟通协作	业务能力	遵纪守法	工作成果	专业技能	总成绩	平均成绩	考核等级	名次
						员工年度考核成绩表						
0001	王慧慧	人事处	79	74	92	90	83	87	505	84.17	C	12
0002	顾佳	研发部	98	80	83	81	82	84	508	84.67	C	8
0003	韩文信	保卫处	82	81	92	85	83	90	513	85.50	B	6
0004	韩燕	办公室	81	82	87	81	88	82	501	83.50	C	15
0005	张家成	研发部	82	89	82	81	83	89	506	84.33	C	10
0006	董芳芳	人事处	89	76	90	76	84	84	499	83.17	C	16
0007	何忆婷	采购部	76	81	82	81	89	87	496	82.67	C	17
0008	曹欣欣	办公室	81	81	82	81	83	84	492	82.00	C	20
0009	李君浩	财务部	81	91	84	85	88	89	518	86.33	B	4
0010	李楠	后勤部	85	88	84	87	79	83	506	84.33	C	10
0011	李晓楠	企划部	95	91	90	86	89	89	540	90.00	A	2
0012	周志芳	财务部	90	89	88	87	90	95	539	89.83	B	3
0013	徐欣	后勤部	80	83	77	80	81	76	477	79.50	D	21
0014	刘媛媛	企划部	91	76	83	76	88	90	514	85.67	C	5
0015	苏诚	保卫处	76	88	82	88	85	88	507	84.50	C	9
0016	王源	采购部	88	81	82	81	85	77	494	82.33	C	18
0017	王辉	研发部	97	87	89	93	93	83	542	90.33	A	1
0018	王磊	后勤部	82	80	97	84	74	88	505	84.17	C	12
0019	周晓丽	采购部	84	76	87	76	98	88	509	84.83	C	7
0020	王志勇	研发部	76	88	88	86	85	80	503	83.83	C	14
0021	小琴	企划部	77	87	88	83	77	81	493	82.17	C	19
0022	马智方	人事处	83	82	80	71	70	86	472	78.67	D	22

图 6-56　填充后的效果

③ 设置单元格格式为自动调整行高和列宽，字体水平和垂直居中，成绩大于或等于 90 的单元格添加橙色底纹并加粗显示，成绩小于 80 的单元格添加红色、加粗并倾斜显示。

选择 A2:M24 单元格，单击"开始"菜单，依次选择"单元格"→"格式"→"行高"选项，在弹出的下拉框中选择所有行高为"自动调整行高"，列宽为"自动调整列宽"，如图 6-57 所示。

图 6-57　调整行高和列宽

选中 A2:M24 单元格，单击"开始"菜单，找到"单元格"分组下的"格式"按钮，在下拉菜单中选择"设置单元格格式"，然后在弹出对话框的"对齐"选项卡中，将"文本对齐方式"设置为水平居中和垂直居中，如图 6-58 所示。

图 6-58　设置单元格对齐格式

选择"员工年度考核成绩表"中的 D3:I23 区域，单击"开始"菜单，找到"样式"分组下的"条件格式"按钮，然后选择"管理规则"选项，在弹出的对话框中单击"新建规则"选项卡，并按要求设置单元格格式，设置后的"条件格式规则管理器"对话框如图 6-59 所示，单击"确定"按钮完成操作。

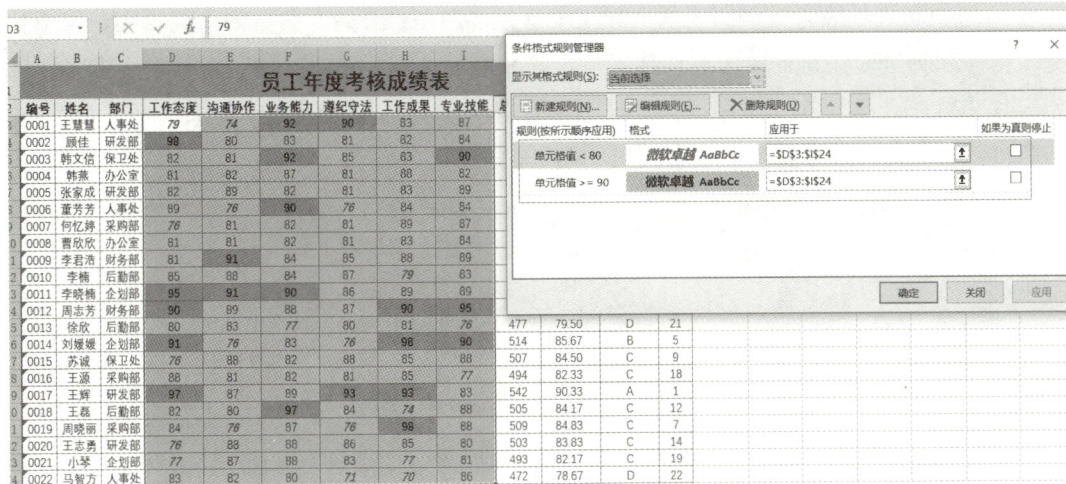

图 6-59　条件格式规则管理

(3) 计算各部门的考核平均成绩并把结果放入分类汇总工作表中。

① 新建一个工作表，将其命名为"分类汇总"。然后复制员工年度考核成绩表到分类汇总工作表中。具体操作是先在员工年度考核成绩表上单击 A1 单元格，同时按住"Ctrl + A"全选，再按住"Ctrl + C"进行复制，最后在分类汇总工作表中单击 A1 单元格，并按住"Ctrl + V"进行粘贴操作，操作完的效果如图 6-60 所示。

编号	姓名	部门	工作态度	沟通协作	业务能力	遵纪守法	工作成果	专业技能	总成绩	平均成绩	考核等级	名次
0001	王慧慧	人事处	79	74	92	90	83	87	505	84.17	C	12
0002	顾佳	研发部	98	80	83	81	82	84	508	84.67	C	8
0003	韩文信	保卫处	82	81	92	85	83	90	513	85.50	B	6
0004	韩燕	办公室	81	82	87	81	88	82	501	83.50	C	15
0005	张家成	研发部	82	89	82	81	83	89	506	84.33	C	10
0006	董芳芳	人事处	89	76	90	76	84	84	499	83.17	C	16
0007	何忆婷	采购部	76	81	82	81	89	87	496	82.67	C	17
0008	曹欣欣	办公室	81	81	82	81	84	83	492	82.00	C	20
0009	李君浩	财务部	81	91	84	85	88	89	518	86.33	B	4
0010	李楠	后勤部	85	88	84	87	79	83	506	84.33	C	10
0011	李晓楠	企划部	95	91	90	86	89	89	540	90.00	A	2
0012	周志芳	财务部	90	89	88	87	90	95	539	89.83	B	3
0013	徐欣	后勤部	80	83	77	80	81	76	477	79.50	D	21
0014	刘媛媛	企划部	91	76	83	76	98	90	514	85.67	B	5
0015	苏诚	保卫处	76	88	82	88	85	88	507	84.50	C	9
0016	王源	采购部	88	81	82	81	85	77	494	82.33	C	18
0017	王辉	研发部	97	87	89	93	93	83	542	90.33	A	1
0018	王磊	后勤部	82	80	97	84	74	88	505	84.17	C	12
0019	周晓丽	采购部	84	76	87	76	98	88	509	84.83	C	7
0020	王志勇	研发部	76	88	88	86	85	80	503	83.83	C	14
0021	小琴	企划部	77	87	88	83	77	81	493	82.17	C	19
0022	马智方	人事处	83	82	80	71	70	86	472	78.67	D	22

员工年度考核成绩表　分类汇总

图 6-60　复制成绩表

②选中员工年度考核成绩表的 A2:M24 单元格，在"开始"菜单的"编辑"分组下找到"排序和筛选"按钮，单击后选择"自定义排序"按钮。在"排序"对话框中选择"部门"作为排序依据，在"排序依据"选项中选择"单元格值"，"次序"选择"升序"，即按照部门名称进行升序排列，设置效果如图 6-61 所示。

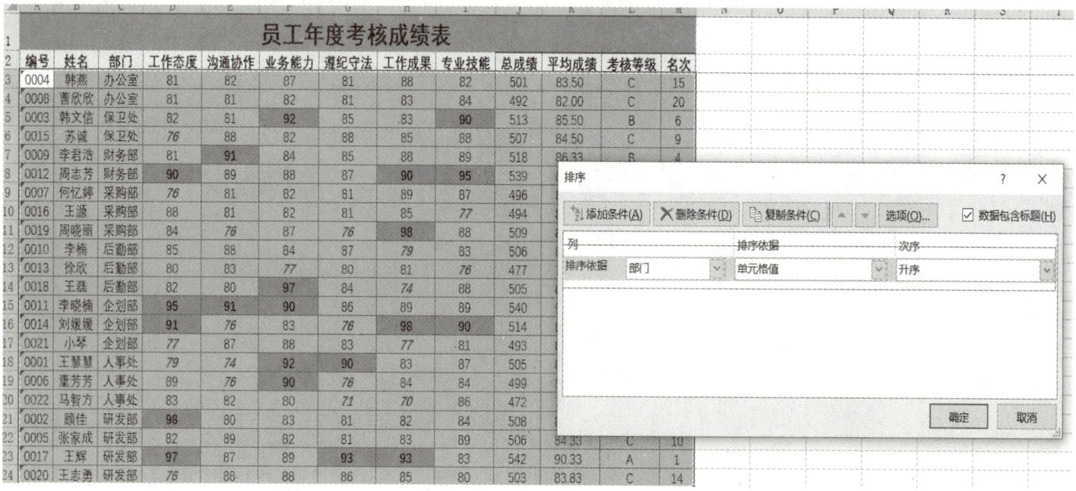

图 6-61　按部门升序排序

③选中分类汇总表中的 A2:M24 单元格，单击"数据"选项卡下的"分级显示"按钮，然后选择"分类汇总"功能，即可弹出一个"分类汇总"对话框，如图 6-62所示。在对话框中，将"分类字段"设置为"部门"，将"汇总方式"设置为"平均值"，在"选定汇总项"中仅勾选"平均成绩"，同时选择默认项"替换当前分类汇总"和"汇总结果显示在数据下方"，最后单击"确定"按钮完成操作。完成后的效果如图 6-63所示。

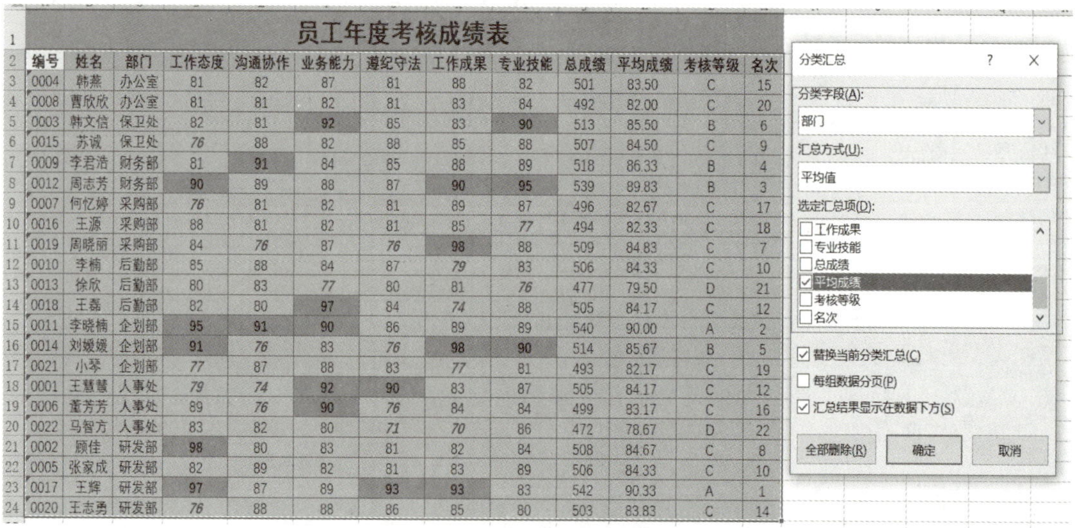

图 6-62　分类汇总

2 3	▲	A	B	C	D	E	F	G	H	I	J	K	L	M
1		\multicolumn{13}{c}{员工年度考核成绩表}												
2		编号	姓名	部门	工作态度	沟通协作	业务能力	遵纪守法	工作成果	专业技能	总成绩	平均成绩	考核等级	名次
3		0004	韩燕	办公室	81	82	87	81	88	82	501	83.50	C	18
4		0008	曹欣欣	办公室	81	81	82	81	83	84	492	82.00	C	26
5				办公室 平均值								82.75		
6		0003	韩文信	保卫处	82	81	92	85	83	90	513	85.50	B	8
7		0015	苏诚	保卫处	76	88	82	88	85	88	507	84.50	C	12
8				保卫处 平均值								85.00		
9		0009	李君浩	财务部	81	91	84	85	88	89	518	86.33	B	5
10		0012	周志芳	财务部	90	89	88	87	90	95	539	89.83	B	3
11				财务部 平均值								88.08		
12		0007	何忆婷	采购部	76	81	82	81	89	87	496	82.67	C	22
13		0016	王源	采购部	88	81	82	81	85	77	494	82.33	C	24
14		0019	周晓丽	采购部	84	76	87	76	98	88	509	84.83	C	10
15				采购部 平均值								83.28		
16		0010	李楠	后勤部	85	88	84	87	79	83	506	84.33	C	13
17		0013	徐欣	后勤部	80	83	77	80	81	76	477	79.50	D	28
18		0018	王磊	后勤部	82	80	97	84	74	88	505	84.17	C	15
19				后勤部 平均值								82.67		
20		0011	李晓楠	企划部	95	91	90	86	89	89	540	90.00	A	2
21		0014	刘媛媛	企划部	91	76	83	76	98	90	514	85.67	B	7
22		0021	小琴	企划部	77	87	88	83	77	81	493	82.17	C	25
23				企划部 平均值								85.94		
24		0001	王慧慧	人事处	79	74	92	90	83	87	505	84.17	C	15
25		0006	韦芳芳	人事处	89	76	90	76	84	84	499	83.17	C	20
26		0022	马智方	人事处	83	82	80	71	70	86	472	78.67	D	29
27				人事处 平均值								82.00		
28		0002	顾佳	研发部	98	80	83	81	82	84	508	84.67	C	11
29		0005	张家成	研发部	82	80	82	81	83	89	506	84.33	C	13
30		0017	王辉	研发部	97	87	89	93	93	83	542	90.33	A	1
31		0020	王志勇	研发部	76	88	88	86	85	80	503	83.83	C	17
32				研发部 平均值								85.79		
33				总计平均值								84.39		

图 6-63　分类汇总效果图

④ 根据需要调整显示级别，分类汇总后的结果如图 6-64 所示。

1 2 3	▲	A	B	C	D	E	F	G	H	I	J	K	L	M
1		\multicolumn{13}{c}{员工年度考核成绩表}												
2		编号	姓名	部门	工作态度	沟通协作	业务能力	遵纪守法	工作成果	专业技能	总成绩	平均成绩	考核等级	名次
5				办公室 平均值								82.75		
8				保卫处 平均值								85.00		
11				财务部 平均值								88.08		
15				采购部 平均值								83.28		
19				后勤部 平均值								82.67		
23				企划部 平均值								85.94		
27				人事处 平均值								82.00		
32				研发部 平均值								85.79		
33				总计平均值								84.39		
34														
35														

图 6-64　汇总结果

(4) 在员工年度考核成绩表中，统计考核成绩为 A、B、C、D 的员工人数，并将数据分别存入 P2、Q2、R2、S2 单元格中。

① 在 P1、Q1、R1、S1 单元格中分别输入字母 A、B、C、D。

② 选择"员工年度考核成绩表"的 P2 单元格，输入公式"=COUNTIF(L3:L24,"A")"，

按回车键确定，即可求出等级为 A 的人数，设置效果如图 6-65 所示。

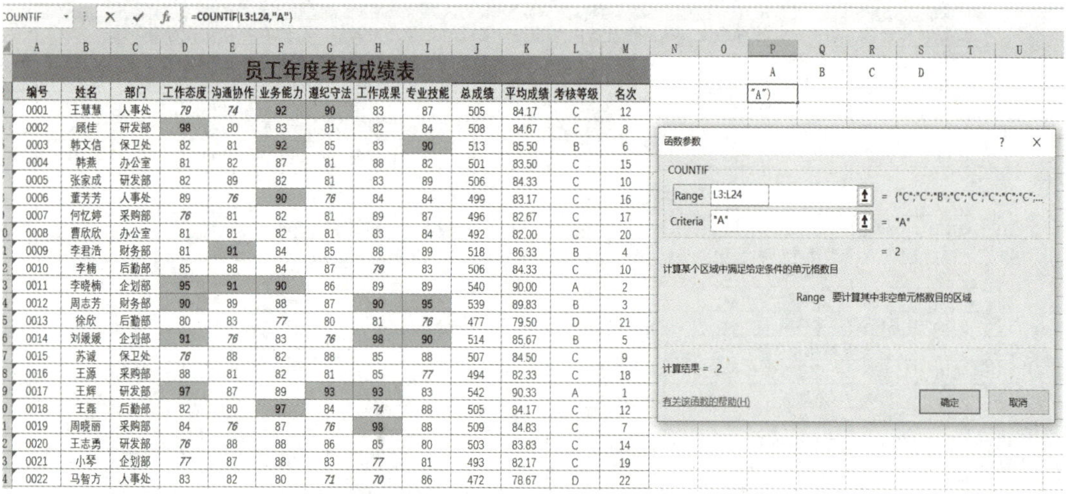

图 6-65　求出等级为 A 的人数

③ 选择"员工年度考核成绩表"的 Q2 单元格，输入公式"=COUNTIF(L3:L24,"B")"，按回车键确定，即可求出等级为 B 的人数，设置效果如图 6-66 所示。

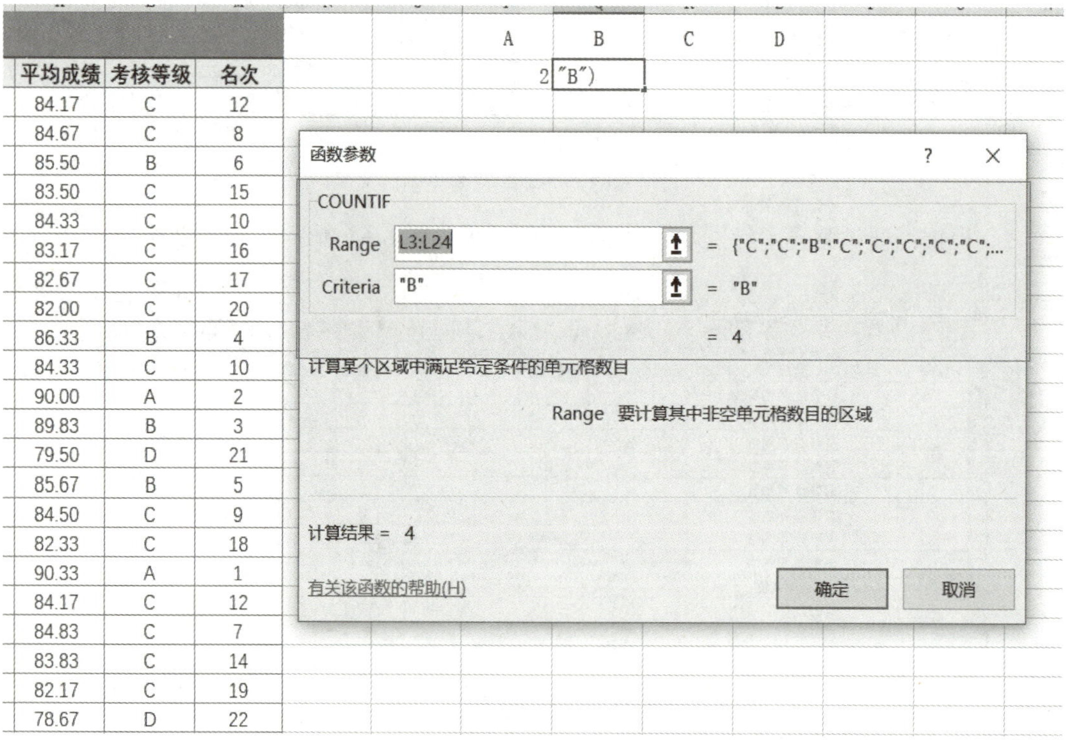

平均成绩	考核等级	名次
84.17	C	12
84.67	C	8
85.50	B	6
83.50	C	15
84.33	C	10
83.17	C	16
82.67	C	17
82.00	C	20
86.33	B	4
84.33	C	10
90.00	A	2
89.83	A	3
79.50	D	21
85.67	B	5
84.50	C	9
82.33	C	18
90.33	A	1
84.17	C	12
84.83	C	7
83.83	C	14
82.17	C	19
78.67	D	22

图 6-66　求出等级为 B 的人数

④ 选择"员工年度考核成绩表"的 R2 单元格，输入公式"=COUNTIF(L3:L24,"C")"，按回车键确定，即可求出等级为 C 的人数，设置效果如图 6-67所示。

均成绩	考核等级	名次
4.17	C	12
4.67	C	8
5.50	B	6
3.50	C	15
4.33	C	10
3.17	C	16
2.67	C	17
2.00	C	20
6.33	B	4
4.33	C	10
0.00	A	2
9.83	B	3
9.50	D	21
5.67	B	5
4.50	C	9
2.33	C	18
0.33	A	1
4.17	C	12
4.83	C	7
3.83	C	14
2.17	C	19
8.67	D	22

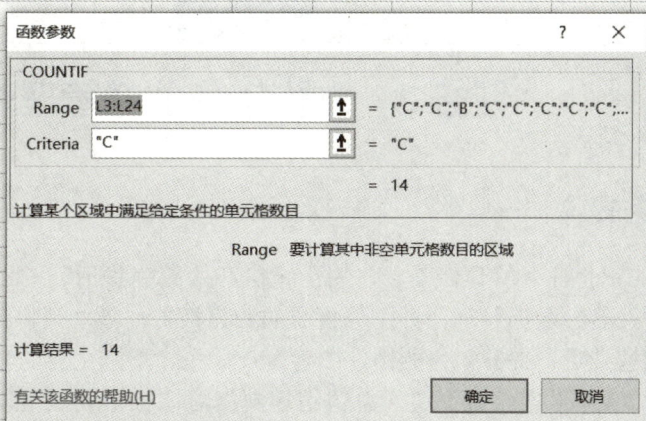

A	B	C	D
2	4	"C")	2

函数参数

COUNTIF

Range　L3:L24　= {"C";"C";"B";"C";"C";"C";"C";"C";...

Criteria　"C"　= "C"

= 14

计算某个区域中满足给定条件的单元格数目

Range　要计算其中非空单元格数目的区域

计算结果 = 14

有关该函数的帮助(H)　　确定　取消

图 6-67　求出等级为 C 的人数

⑤ 选择"员工年度考核成绩表"的 S2 单元格，输入公式"=COUNTIF(L3:L24,"D")"，按回车键确定，即可求出等级为 D 的人数，设置效果如图 6-68 所示。

平均成绩	考核等级	名次
84.17	C	12
84.67	C	8
85.50	B	6
83.50	C	15
84.33	C	10
83.17	C	16
82.67	C	17
82.00	C	20
86.33	B	4
84.33	C	10
90.00	A	2
89.83	B	3
79.50	D	21
85.67	B	5
84.50	C	9
82.33	C	18
90.33	A	1
84.17	C	12
84.83	C	7
83.83	C	14
82.17	C	19
78.67	D	22

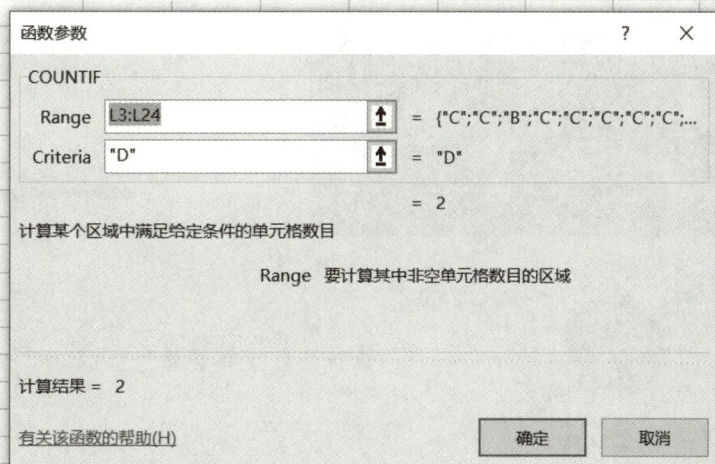

A	B	C	D
2	4	14	"D")

函数参数

COUNTIF

Range　L3:L24　= {"C";"C";"B";"C";"C";"C";"C";"C";...

Criteria　"D"　= "D"

= 2

计算某个区域中满足给定条件的单元格数目

Range　要计算其中非空单元格数目的区域

计算结果 = 2

有关该函数的帮助(H)　　确定　取消

图 6-68　求出等级为 D 的人数

(5) 保存并关闭 Excel 工作簿。

6.4

任务 3　制作销售业务管理表

任务要求

Excel 的销售业务管理表是一种用于记录和跟踪销售活动的工具，它能够帮助企业进行市场预测、客户数据管理，并生成直观的销售报告。借助销售业务管理表，企业可以更好地管理销售业务，提升销售业绩，改善客户关系，增强企业的竞争力和市场份额。

根据 2022 年上半年各渠道商总体销售数据对比分析表，可以生成：各渠道商上半年销售数据分析、各月销售数据分析、各渠道商销售占比分析以及各渠道商上半年同比增长和环比增长分析等图，总体效果如图 6-69 所示。

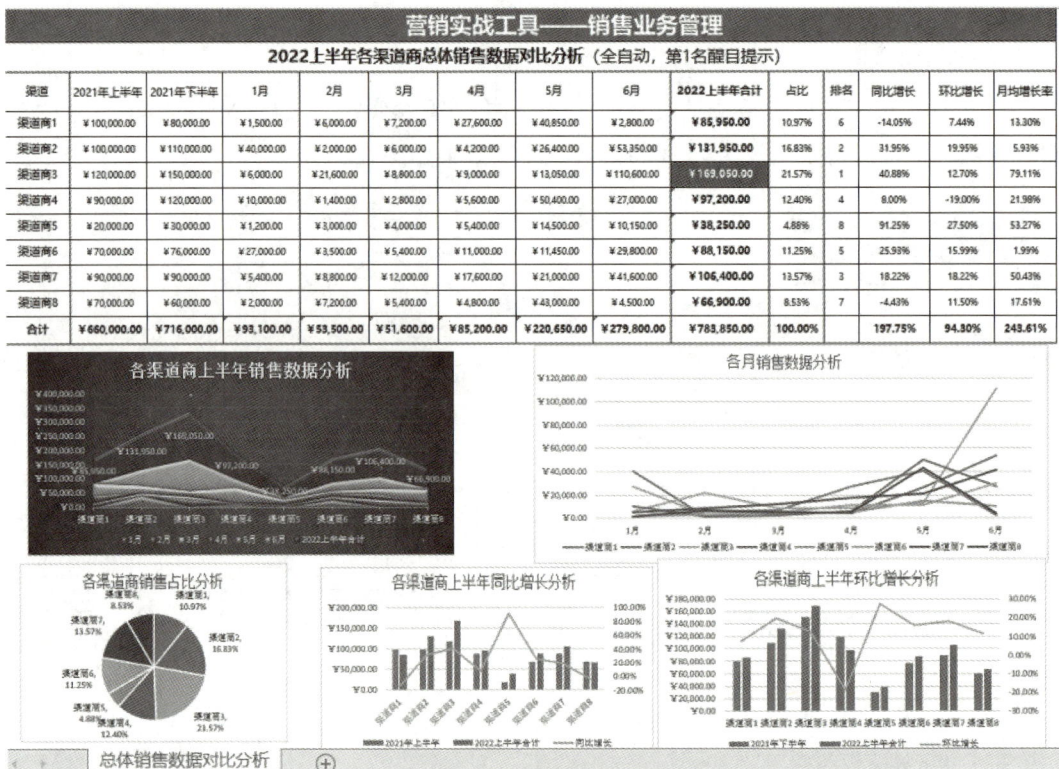

图 6-69　销售业务管理表完成效果图

本任务的具体格式要求如下：

(1) 计算 2022 年上半年的销售总额，并在销售数据中标注第一名，以红色底纹进行突出显示。

(2) 求各渠道商 2022 年上半年合计销售数据占总体销售数据的比率。

(3) 使用 RANK 函数按照降序方式对销售数据进行排名显示。

(4) 求同比增长、环比增长和月均增长率，并用百分比表示同比增长、环比增长和月均增长率。

(5) 计算"合计"一行的数值，其中包括 2021 年上半年、2021 年下半年 1—6 月和 2022 年上半年的销售总额，使用货币符号表示并保留两位小数。占比、同比增长、环比增长和月均增长率的数据以百分比形式表示。

(6) 绘制各渠道商上半年销售数据的面积图，用折线图显示每个月的销售数据，使用二维饼图展示各渠道商的销售占比情况，利用组合图分析各渠道商上半年的同比增长和环比增长情况。

知识要点

1. 绘制图表

绘制图表的过程如下：

(1) 打开 Excel 2019 并打开要绘制的数据表格，然后选择包含要制作图表的数据区域，如图 6-70 所示。

图 6-70　销售情况统计表

(2) 在 Excel 2019 的顶部工具栏上单击"插入"选项卡，在该选项卡下可以找到不同类型的图表，根据需要选择合适的图表类型，如图 6-71 所示。

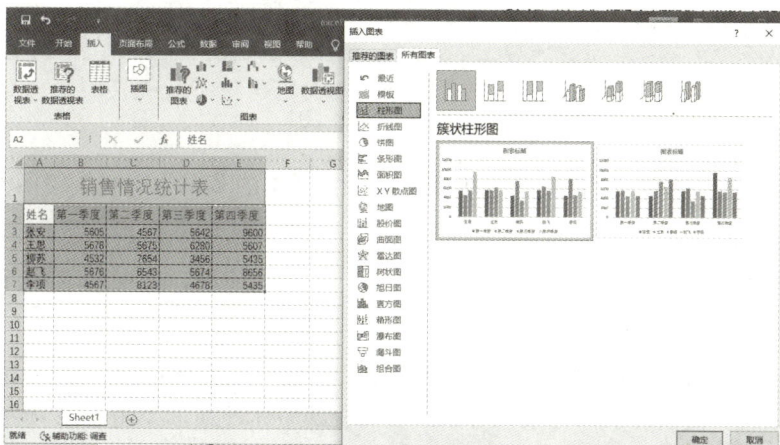

图 6-71　插入图表

(3) 单击选中的图表类型，调整图表的大小和位置，如图 6-72 所示。

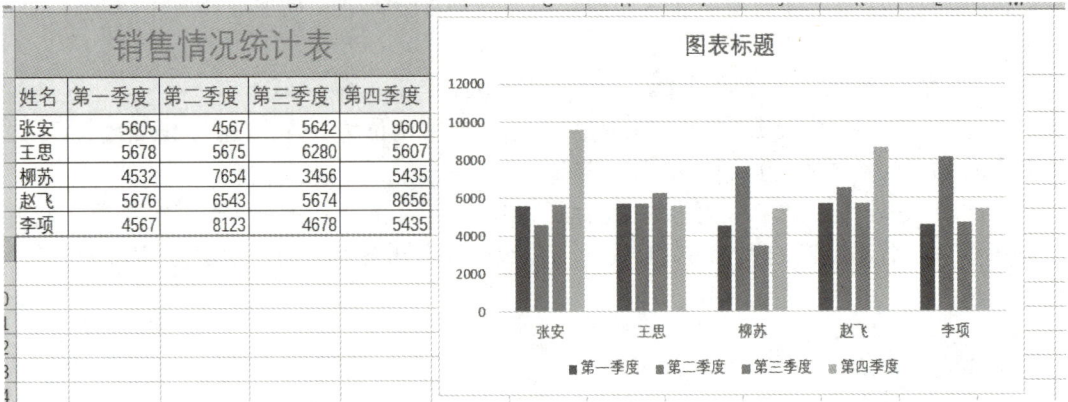

图 6-72　选择柱状图

(4) 根据需要对图表进行格式化，可以修改图表的标题、轴标签等，如图 6-73 所示。

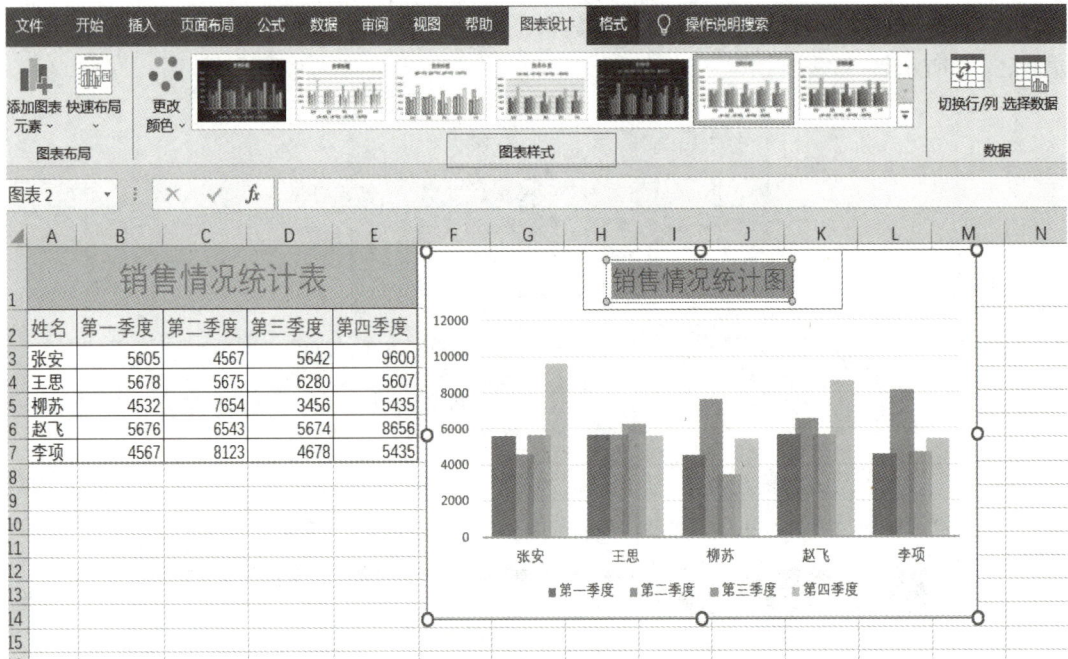

图 6-73　修改标题

(5) 可以更改图例项。右键单击选中图例项，在弹出的菜单中选择编辑图例项的名称、格式、字体等属性。如果需要将图例移动到另一个位置，则可以拖动图例框架到所需位置。Excel 2019 允许将图例放置在图表的上方、下方、左侧或右侧，将图例放置在右侧的示例如图 6-74 所示。

(6) 添加额外特性，如数据标签、数据表格、数据趋势线等，或者修改图表样式，如修改图表的颜色、线条样式、背景色等来改变图表的整体外观，如图 6-75 所示。

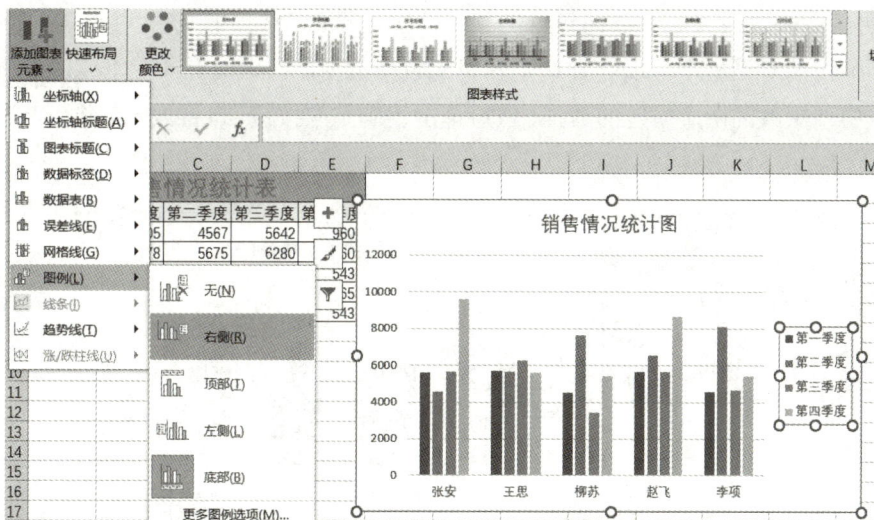

图 6-74　图例靠右侧

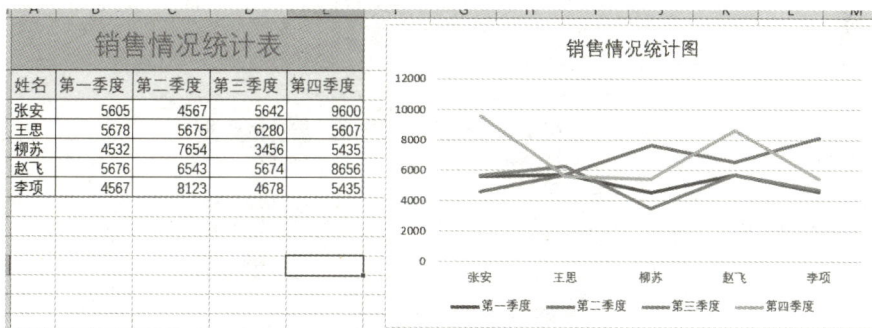

图 6-75　绘制成折线图

2. 图表的基本编辑

图表的基本编辑过程如下：

(1) 更改图表类型。单击"图表设计"下的"更改图表类型"，将原始折线图更改为簇状柱形图，修改后的效果如图 6-76 所示。

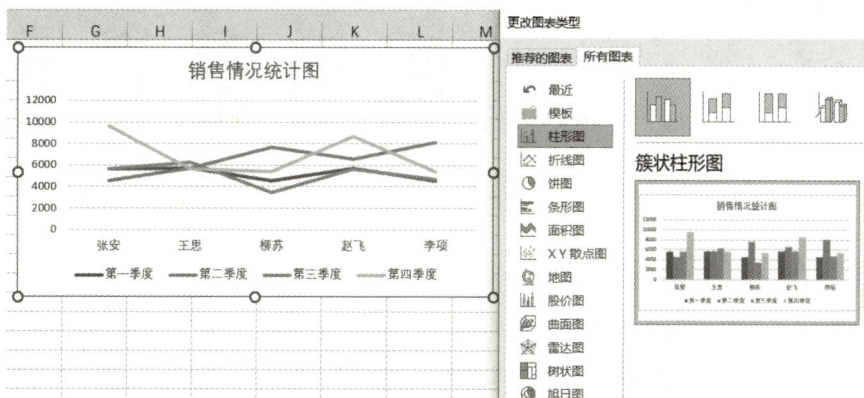

图 6-76　更改图表类型

(2) 更改图表数据源。单击打开图表,出现"图表设计"选项卡,查找并单击"选择数据"按钮,在弹出的对话框中可以看到原始图表的数据范围,原始图有 4 个季度的数据,在图例项中选中要更改的两个季度的数据,然后单击"确定"按钮,设置效果如图 6-77、图 6-78所示。

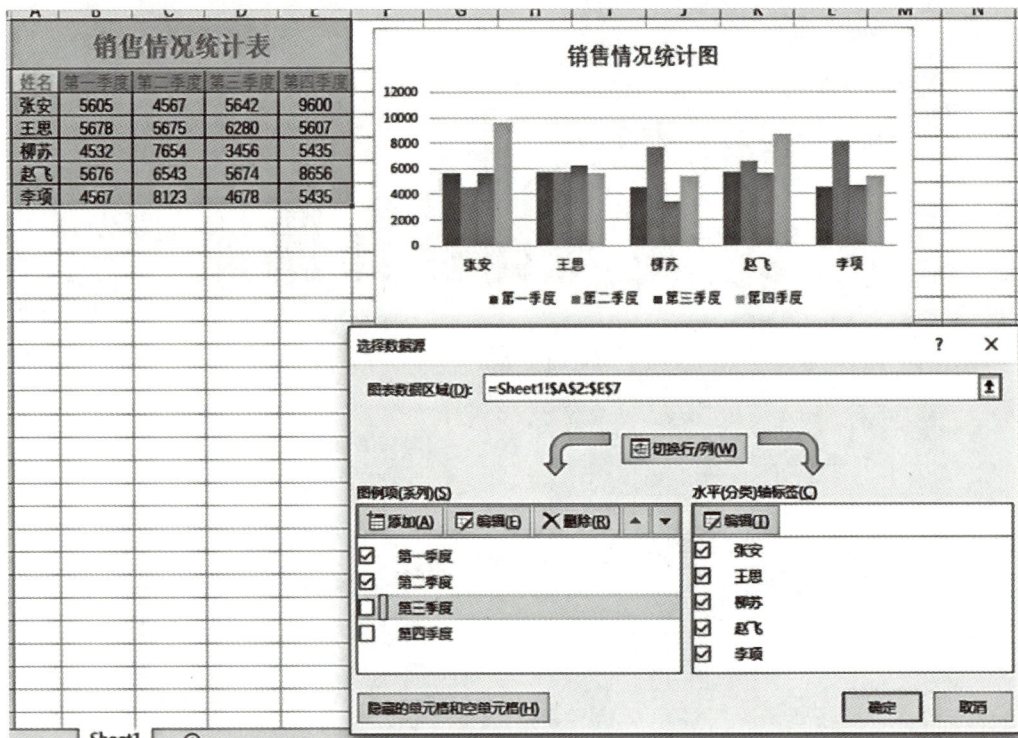

图 6-77　更改数据源

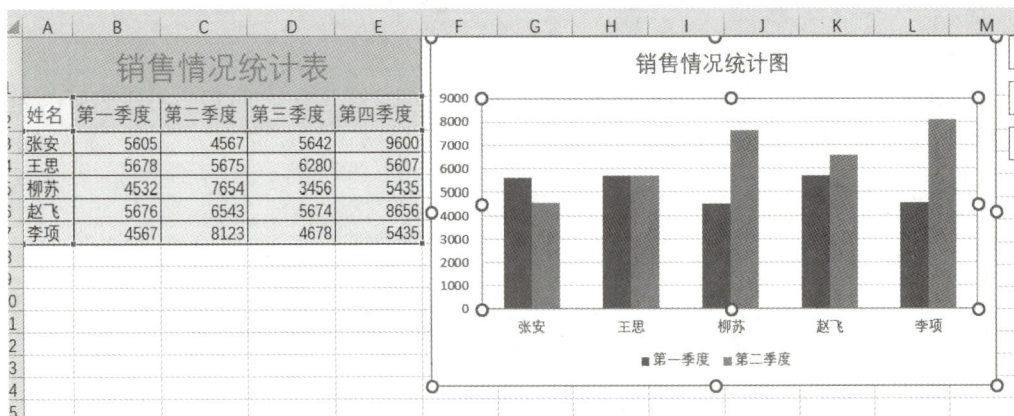

图 6-78　选择两个季度的数据

(3) 切换行列。打开 Excel 2019,并选择包含原始表格的工作表,定位并单击要切换的图片,单击"图片工具"选项卡,在"图片工具"选项卡的工具栏上找到并单击"切换行 / 列"按钮,设置效果如图 6-79 所示。

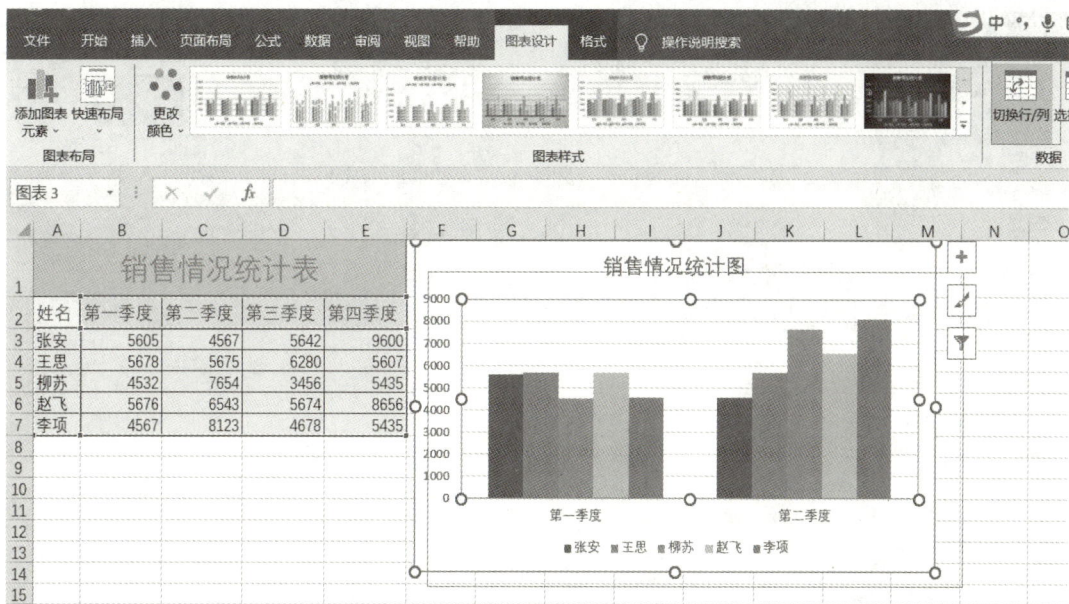

图 6-79　切换行和列

(4) 移动图表。单击图表，出现"图表工具"选项卡，拖动图表到所需位置，松开鼠标左键即可完成移动操作。如果需要将图表移动到新的工作表中，则先创建一个新的工作表，找到并单击"移动图表"按钮，并将图表拖动到该工作表中，操作效果如图 6-80 所示。

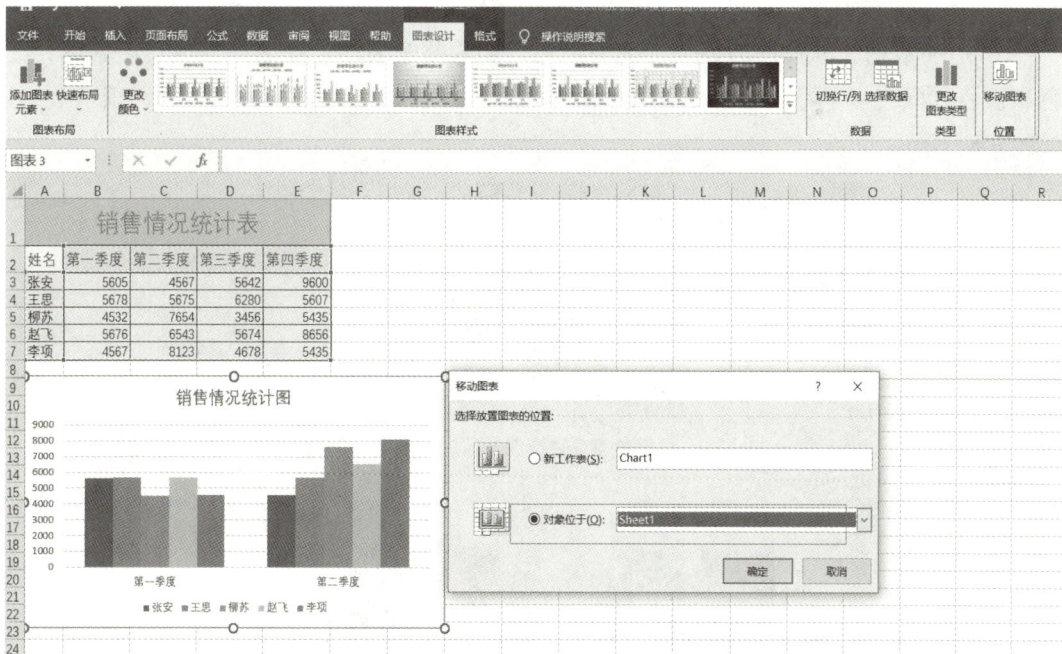

图 6-80　移动图表

(5) 图表布局。单击图表，出现"图表设计"选项卡，找到并单击"快速布局"按钮，在弹出的布局列表中选择一个合适的布局，设置效果如图 6-81 所示。

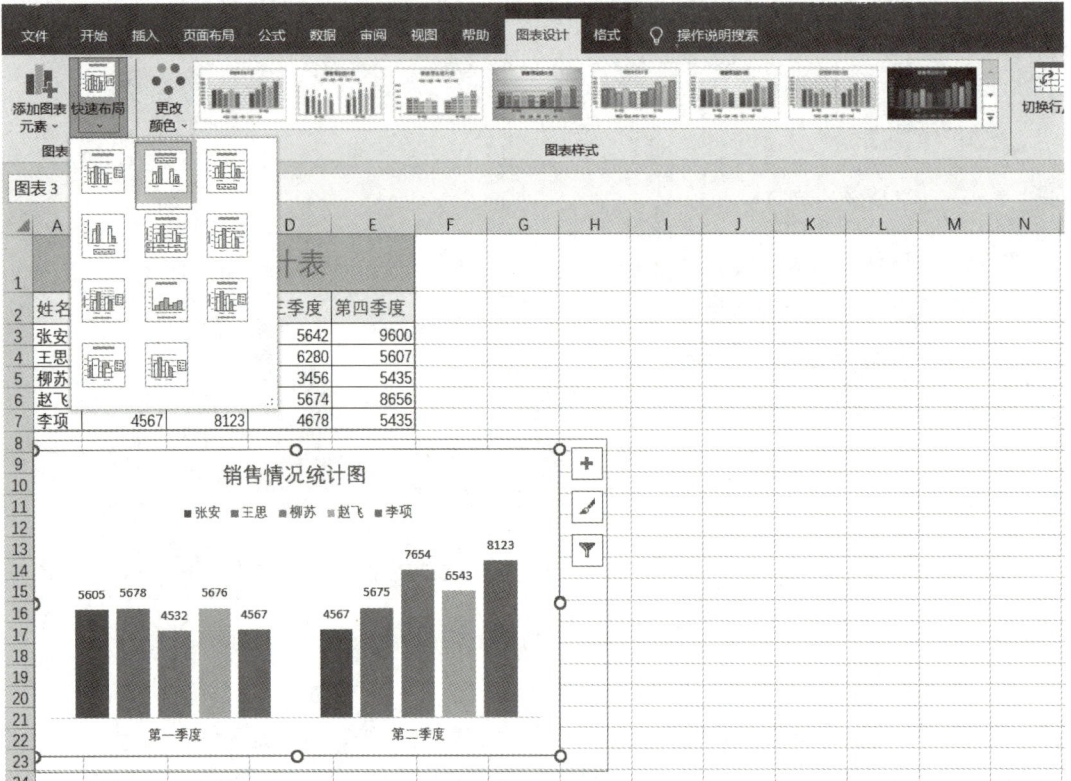

图 6-81 选择快速布局

(6) 追加数据。当数据需要增加列时，无须删除整个表格，在表格生成后，紫色、红色和蓝色方框会标示不同的区域，其中紫色表示横坐标，红色表示标题，蓝色表示数据，如图 6-82 所示。

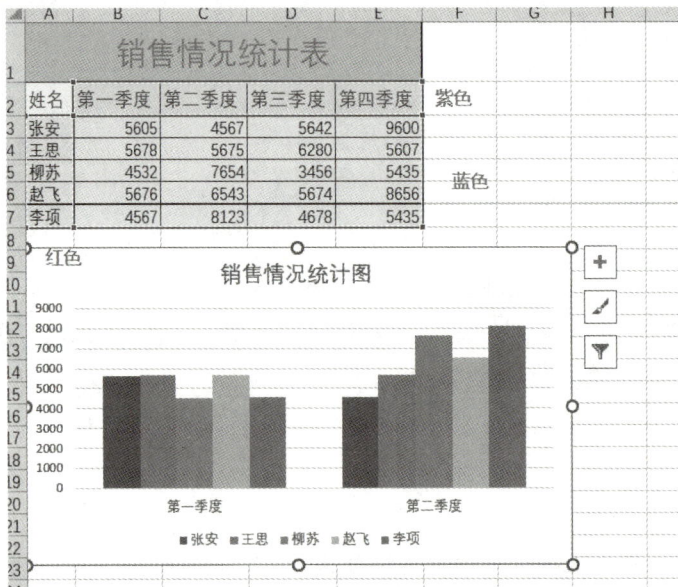

图 6-82 追加数据

单击图片，使原始表格出现蓝色边框，鼠标放在蓝色框线的右下角，然后向下拖动，这样可以为表格添加新的数据列，在新添加的数据列中输入相应的数据，图表将会自动增加对应的内容，如图 6-83、图 6-84 所示。

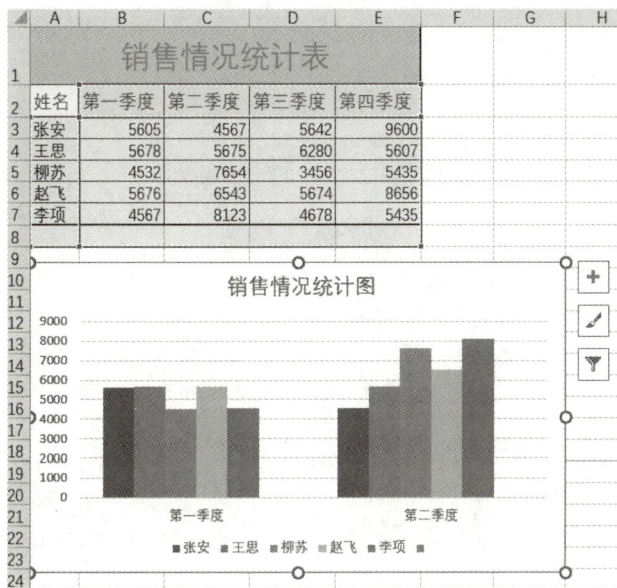

图 6-83　拖动数据行

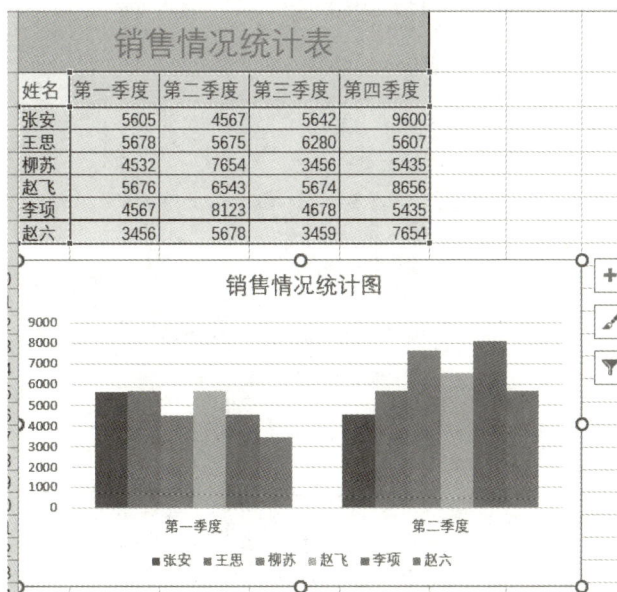

图 6-84　添加数据成功

3. 美化图表

单击要美化的区域，包括标题和图表区域，以选中整个区域，在图中的标题和图表区域出现标题格式和图表区域格式选项后，单击"设置样式"按钮，可以通过单击设置样式、美化图片的标题和数据区域，设置效果如图 6-85、图 6-86 所示。

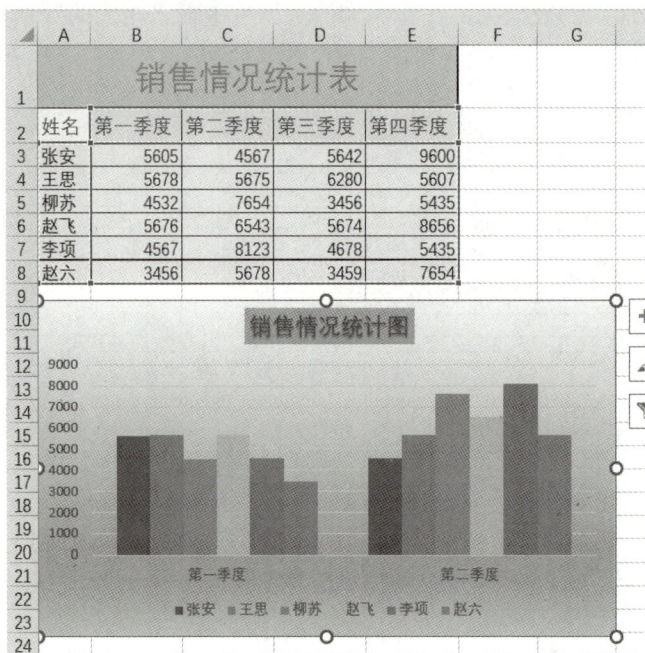

图 6-85　选中美化的区域

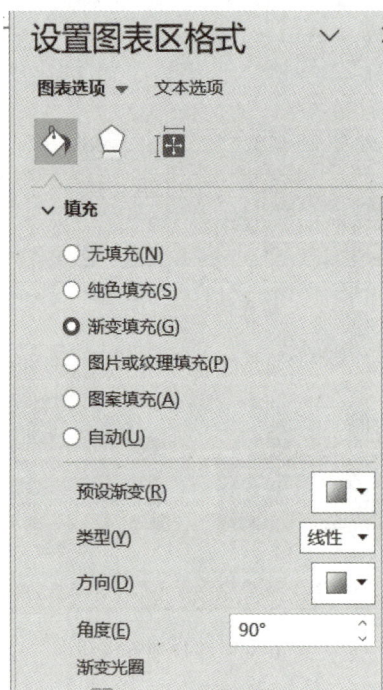

图 6-86　设置图表区格式

　　如果要添加图表中没有的元素，如数据标签，则可以单击图表，在弹出的"图表设计"选项卡中单击"添加图表元素"，然后选择添加"数据标签"，设置效果如图 6-87 所示。

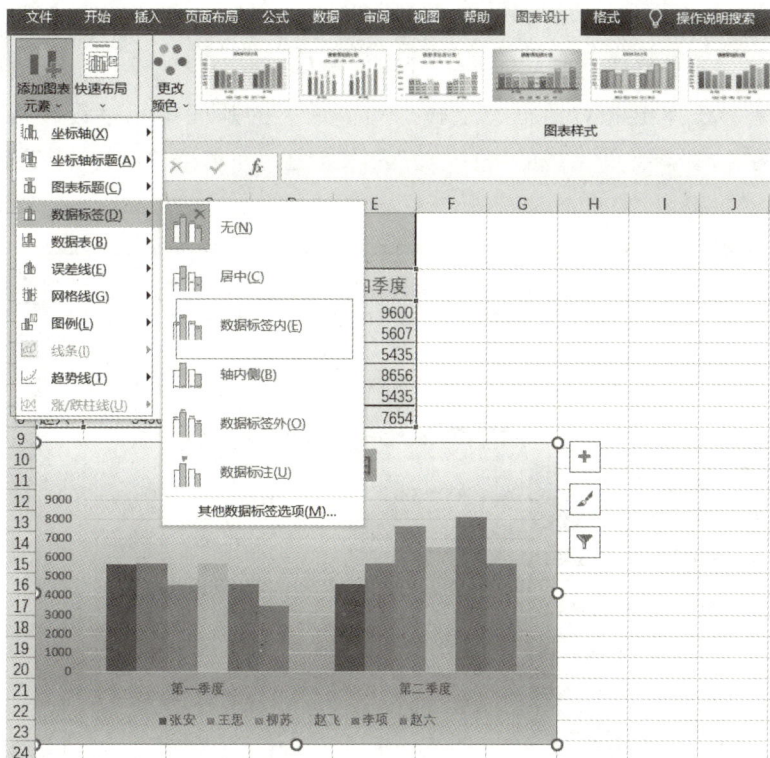

图 6-87　添加数据标签

操作步骤

本任务的操作步骤如下：

(1) 计算 2022 年上半年的销售总额，并在销售数据中标注第一名，以红色底纹进行突出显示。

单击 J4 单元格，再单击"自动求和"按钮，按"Enter"键，然后向下拖动 J4 单元格右下角的填充柄到 J11 单元格后释放鼠标，计算出所有产品的合计值，完成后的效果如图 6-88 所示。

营销实战工具——销售业务管理

2022上半年各渠道商总体销售数据对比分析（全自动，第1名醒目提示）

渠道	2021年上半年	2021年下半年	1月	2月	3月	4月	5月	6月	2022上半年合计	占比	排名	同比增长	环比增长	月均增长率
渠道商1	￥100,000.00	￥80,000.00	￥1,500.00	￥6,000.00	￥7,200.00	￥27,600.00	￥40,850.00	￥2,800.00	￥265,950.00					
渠道商2	￥100,000.00	￥110,000.00	￥40,000.00	￥2,000.00	￥6,000.00	￥4,200.00	￥26,400.00	￥53,350.00	￥341,950.00					
渠道商3	￥120,000.00	￥150,000.00	￥6,000.00	￥21,600.00	￥8,800.00	￥9,000.00	￥13,050.00	￥110,600.00	￥439,050.00					
渠道商4	￥90,000.00	￥120,000.00	￥10,000.00	￥1,400.00	￥2,800.00	￥5,600.00	￥50,400.00	￥27,000.00	￥307,200.00					
渠道商5	￥20,000.00	￥30,000.00	￥1,200.00	￥3,000.00	￥4,000.00	￥5,400.00	￥14,500.00	￥10,150.00	￥88,250.00					
渠道商6	￥70,000.00	￥76,000.00	￥27,000.00	￥3,500.00	￥5,400.00	￥11,000.00	￥11,450.00	￥29,800.00	￥234,150.00					
渠道商7	￥90,000.00	￥90,000.00	￥5,400.00	￥8,800.00	￥12,000.00	￥17,600.00	￥21,000.00	￥41,600.00	￥286,400.00					
渠道商8	￥70,000.00	￥60,000.00	￥2,000.00	￥7,200.00	￥5,400.00	￥4,800.00	￥43,000.00	￥4,500.00	￥196,900.00					
合计														

图 6-88　计算 2022 年上半年合计

选中 J4:J11 单元格区域,单击"开始"选项卡中的"样式"组,然后单击"条件格式"按钮。在弹出的"条件格式"列表中选择"最前/最后规则",再选择"前 10 项",如图 6-89 所示。接下来,在弹出的对话框中选择"为值最大的那些单元格设置格式"。然后,设置"自定义格式",将单元格的底色填充为深红色,并单击"确定"按钮,如图 6-90 所示。

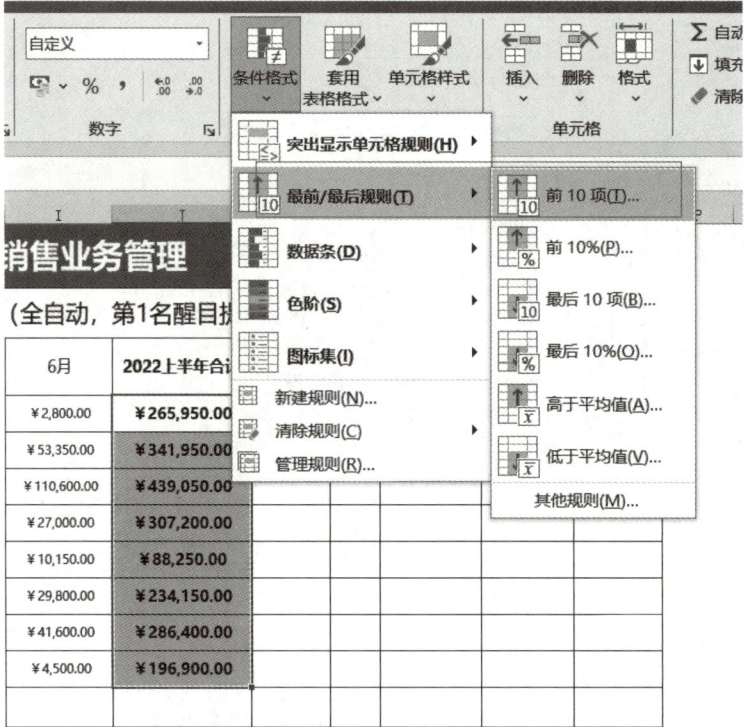

图 6-89　条件格式

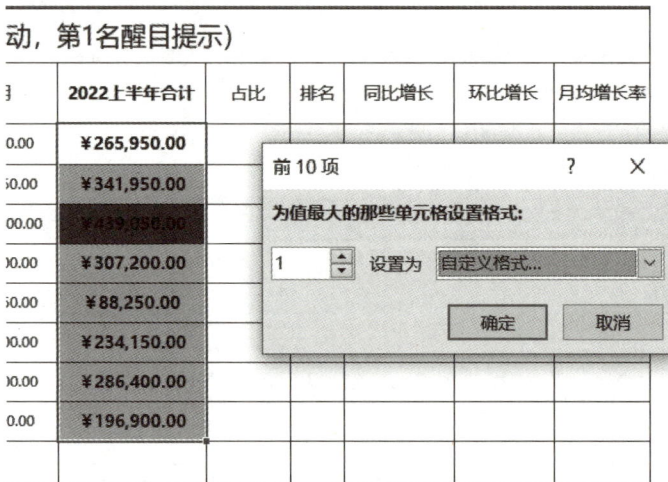

图 6-90　为值最大的单元格设置格式

(2) 求各渠道商 2022 年上半年合计销售数据占总体销售数据的比率。

在 K4 单元格中输入公式 "=J4/SUM(J$4:J$11)"，按下 "Enter" 键，确保公式生效，然后向下拖动 K4 单元格右下角的填充柄，直到拖动到 K11 单元格后释放鼠标，完成后的效果如图 6-91 所示。

营销实战工具——销售业务管理												
2022上半年各渠道商总体销售数据对比分析（全自动，第1名醒目提示）												
渠道	2021年上半年	2021年下半年	1月	2月	3月	5月	6月	2022上半年合计	占比	排名	同比增长	环比增长	月均增长率
渠道商1	¥100,000.00	¥80,000.00	¥1,500.00	¥6,000.00	¥7,200.00	¥27,600.00	¥40,850.00	¥2,800.00	¥265,950.00	12.31%			
渠道商2	¥100,000.00	¥110,000.00	¥40,000.00	¥2,000.00	¥6,000.00	¥4,200.00	¥26,400.00	¥53,350.00	¥341,950.00	15.83%			
渠道商3	¥120,000.00	¥150,000.00	¥6,000.00	¥21,600.00	¥8,800.00	¥9,000.00	¥13,050.00	¥110,600.00	¥439,050.00	20.33%			
渠道商4	¥90,000.00	¥120,000.00	¥10,000.00	¥1,400.00	¥2,800.00	¥5,600.00	¥50,400.00	¥27,000.00	¥307,200.00	14.22%			
渠道商5	¥20,000.00	¥30,000.00	¥1,200.00	¥3,000.00	¥4,000.00	¥5,400.00	¥14,500.00	¥10,150.00	¥88,250.00	4.09%			
渠道商6	¥70,000.00	¥76,000.00	¥27,000.00	¥3,500.00	¥5,400.00	¥11,000.00	¥11,450.00	¥29,800.00	¥234,150.00	10.84%			
渠道商7	¥90,000.00	¥90,000.00	¥5,400.00	¥8,800.00	¥12,000.00	¥17,600.00	¥21,000.00	¥41,600.00	¥286,400.00	13.26%			
渠道商8	¥70,000.00	¥60,000.00	¥2,000.00	¥7,200.00	¥5,400.00	¥4,800.00	¥43,000.00	¥4,500.00	¥196,900.00	9.12%			
合计													

图 6-91　计算占比

(3) 使用 RANK 函数按照降序方式对销售数据进行排名显示。

① 选中 L4 单元格，在该单元格中输入 "="（等于号），然后单击编辑栏中的 "插入函数" 按钮，打开 "插入函数" 对话框，在对话框中选择统计函数 RANK，单击 "确定" 按钮，如图 6-92 所示。

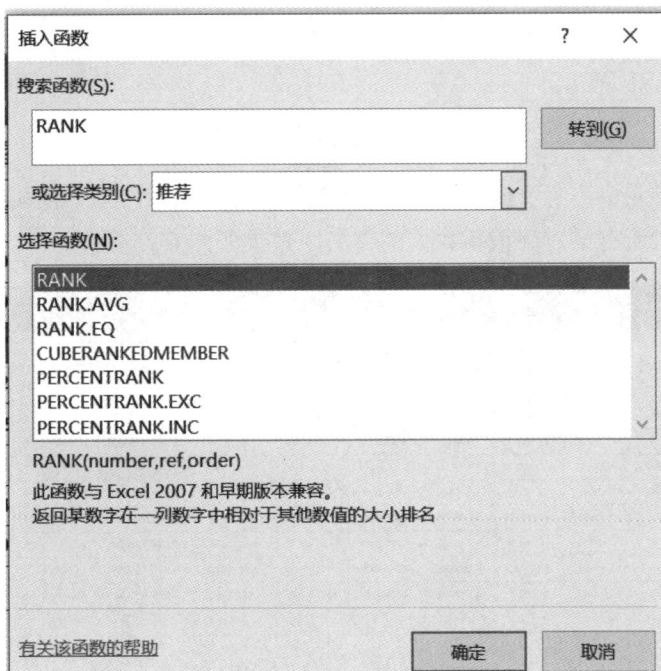

图 6-92　插入 RANK 函数

② 在打开的 "函数参数" 对话框中设置如图 6-93 所示的相应参数，单击 "确定" 按钮，则对 2022 上半年各渠道商总体销售数据进行排名，效果如图 6-94 所示。

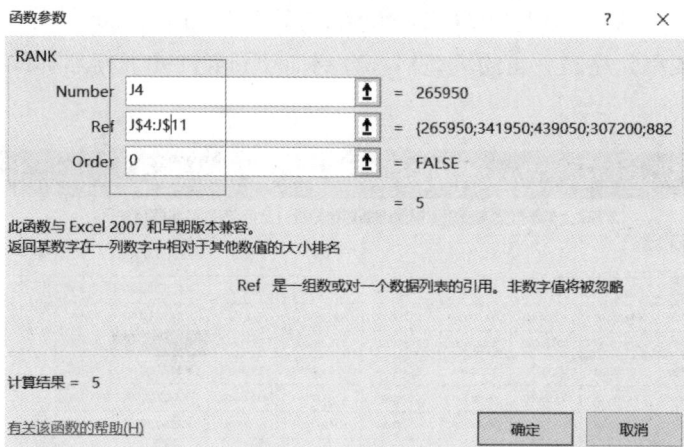

图 6-93　设置函数参数

图 6-94　显示渠道商 1 的排名

③ 选中 L4 单元格，向下拖动 L4 单元格右下角的填充柄，直到拖动到 L11 单元格后，释放鼠标，完成对所有渠道商销售数据的排名，效果如图 6-95 所示。

图 6-95　按"2022 年上半年合计"销售数据进行降序排名

(4) 求同比增长、环比增长和月均增长率，并用百分比表示。

在 M4 单元格中输入公式"=(J4-B4)/B4"，向下拖动该单元格右下角的填充柄到 M11 单元格后释放鼠标，计算出同比增长率；在 N4 单元格中输入公式"=(J4-C4)/C4"，然后向下拖动该单元格右下角的填充柄到 N11 单元格后释放鼠标，计算出环比增长率；在 O4 单元格中输入公式"=POWER((I4/D4)，1/5)-1"，然后向下拖动该单元格右下角的填充柄到 O11 单元格后释放鼠标，计算出月均增长率。最后将计算结果格式设置为百分比表示增长率，完成后的效果如图 6-96 所示。

渠道	2021年上半年	2021年下半年	1月	2月	3月		5月	6月	2022上半年合计	占比	排名	同比增长	环比增长	月均增长率
渠道商1	￥100,000.00	￥80,000.00	￥1,500.00	￥6,000.00	￥7,200.00	￥27,600.00	￥40,850.00	￥2,800.00	￥265,950.00	12.31%	5	165.95%	232.44%	13.30%
渠道商2	￥100,000.00	￥110,000.00	￥40,000.00	￥2,000.00	￥6,000.00	￥4,200.00	￥26,400.00	￥53,350.00	￥341,950.00	15.83%	2	241.95%	210.86%	5.93%
渠道商3	￥120,000.00	￥150,000.00	￥6,000.00	￥21,600.00	￥8,800.00	￥9,000.00	￥13,050.00	￥110,600.00	￥439,050.00	20.33%	1	265.88%	192.70%	79.11%
渠道商4	￥90,000.00	￥120,000.00	￥10,000.00	￥1,400.00	￥2,800.00	￥5,600.00	￥50,400.00	￥27,000.00	￥307,200.00	14.22%	3	241.33%	156.00%	21.98%
渠道商5	￥20,000.00	￥30,000.00	￥1,200.00	￥3,000.00	￥4,000.00	￥5,400.00	￥14,500.00	￥10,150.00	￥88,250.00	4.09%	8	341.25%	194.17%	53.27%
渠道商6	￥70,000.00	￥76,000.00	￥27,000.00	￥3,500.00	￥5,400.00	￥11,000.00	￥11,450.00	￥29,800.00	￥234,150.00	10.84%	6	234.50%	208.09%	1.99%
渠道商7	￥90,000.00	￥90,000.00	￥5,400.00	￥8,800.00	￥12,000.00	￥17,600.00	￥21,000.00	￥41,600.00	￥286,400.00	13.26%	4	218.22%	218.22%	50.43%
渠道商8	￥70,000.00	￥60,000.00	￥2,000.00	￥7,200.00	￥5,400.00	￥4,800.00	￥43,000.00	￥4,500.00	￥196,900.00	9.12%	7	181.29%	228.17%	17.61%
合计														

营销实战工具——销售业务管理
2022上半年各渠道商总体销售数据对比分析（全自动，第1名醒目提示）

图 6-96　求同比增长、环比增长和月均增长率

(5) 计算"合计"一行的数值，包括 2021 年上半年、2021 年下半年 1～6 月和 2022 年上半年的销售总额，使用货币符号表示并保留两位小数；占比、同比增长、环比增长和月均增长率的数据以百分比形式表示。

单击 B12 单元格，再单击"自动求和"按钮，按"Enter"键，向右拖动单元格右下角的填充柄到 O12 单元格后释放鼠标，计算出销售总额的合计值，删除排名的合计值，并设置 K12、M12:O12 单元格数字格式为百分比，以正确显示占比、同比增长和月均增长率的数据，设置完成后的工作表如图 6-97 所示。

渠道	2021年上半年	2021年下半年	1月	2月	3月		5月	6月	2022上半年合计	占比	排名	同比增长	环比增长	月均增长率
渠道商1	￥100,000.00	￥80,000.00	￥1,500.00	￥6,000.00	￥7,200.00	￥27,600.00	￥40,850.00	￥2,800.00	￥265,950.00	12.31%	5	165.95%	232.44%	13.30%
渠道商2	￥100,000.00	￥110,000.00	￥40,000.00	￥2,000.00	￥6,000.00	￥4,200.00	￥26,400.00	￥53,350.00	￥341,950.00	15.83%	2	241.95%	210.86%	5.93%
渠道商3	￥120,000.00	￥150,000.00	￥6,000.00	￥21,600.00	￥8,800.00	￥9,000.00	￥13,050.00	￥110,600.00	￥439,050.00	20.33%	1	265.88%	192.70%	79.11%
渠道商4	￥90,000.00	￥120,000.00	￥10,000.00	￥1,400.00	￥2,800.00	￥5,600.00	￥50,400.00	￥27,000.00	￥307,200.00	14.22%	3	241.33%	156.00%	21.98%
渠道商5	￥20,000.00	￥30,000.00	￥1,200.00	￥3,000.00	￥4,000.00	￥5,400.00	￥14,500.00	￥10,150.00	￥88,250.00	4.09%	8	341.25%	194.17%	53.27%
渠道商6	￥70,000.00	￥76,000.00	￥27,000.00	￥3,500.00	￥5,400.00	￥11,000.00	￥11,450.00	￥29,800.00	￥234,150.00	10.84%	6	234.50%	208.09%	1.99%
渠道商7	￥90,000.00	￥90,000.00	￥5,400.00	￥8,800.00	￥12,000.00	￥17,600.00	￥21,000.00	￥41,600.00	￥286,400.00	13.26%	4	218.22%	218.22%	50.43%
渠道商8	￥70,000.00	￥60,000.00	￥2,000.00	￥7,200.00	￥5,400.00	￥4,800.00	￥43,000.00	￥4,500.00	￥196,900.00	9.12%	7	181.29%	228.17%	17.61%
合计	￥660,000.00	￥716,000.00	￥93,100.00	￥53,500.00	￥51,600.00	￥85,200.00	￥220,650.00	￥279,800.00	￥2,159,850.00	100.00%		1890.37%	1640.65%	243.61%

营销实战工具——销售业务管理
2022上半年各渠道商总体销售数据对比分析（全自动，第1名醒目提示）

图 6-97　求合计

(6) 绘制各渠道商上半年销售数据的面积图，用折线图显示每个月的销售数据，使用二维饼图展示各渠道商的销售占比情况，利用组合图分析各渠道商上半年的同比增长和环比增长情况。

① 绘制各渠道商上半年销售数据分析图。配合"Ctrl"键选中 A3:A11 和 D3:J11 单元格区域，然后单击"插入"选项卡"图表"组中的"折线图或面积图"按钮，在展开的列表中选择"二维面积图"，在更详细的图表类型选项中选择"堆积面积图"选项，设置效

果如图 6-98 所示。

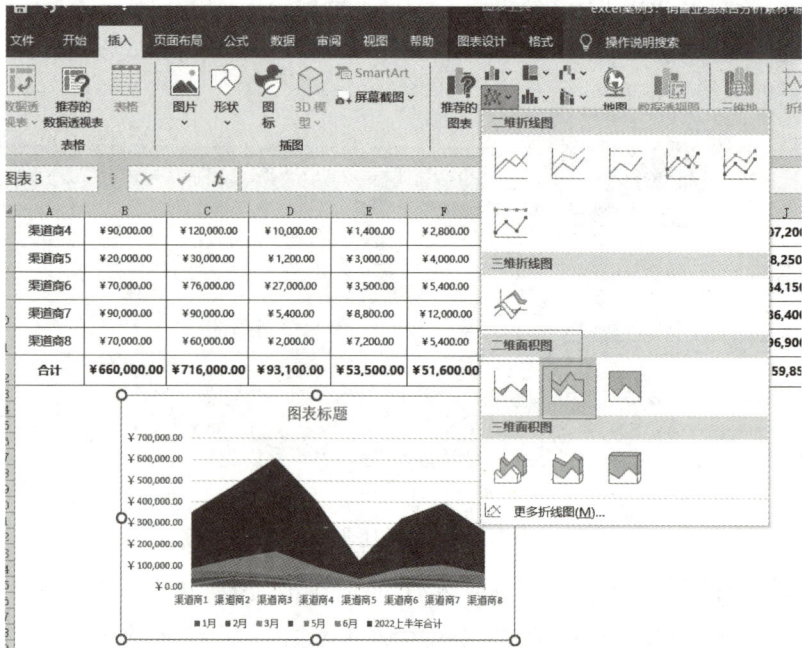

图 6-98　各渠道商上半年销售数据分析图

　　单击"图表工具"布局选项卡中"标签"组中的"图表标题"按钮，在展开的列表中选择"图表上方"选项，在图表上方插入图表标题"各渠道商上半年销售数据分析图"，选中 2022 年上半年的折线，并单击"添加图表元素"中的"数据标签"的显示选项，以添加数据标签，设置完成后的效果如图 6-99 所示。

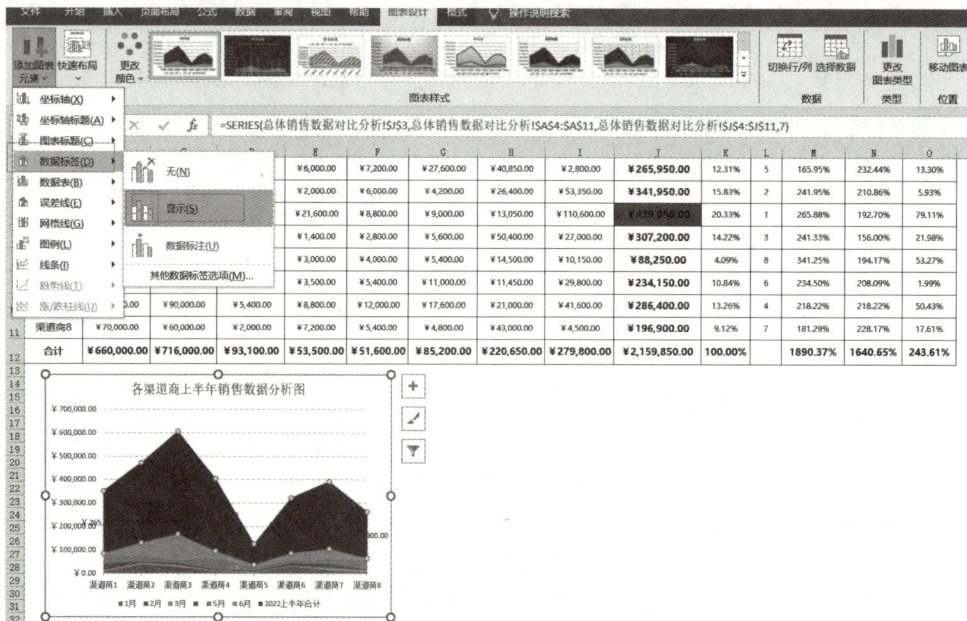

图 6-99　添加图表标题

② 绘制各月度销售数据分析图。配合"Ctrl"键，选中 A3:A11 和 D3:I11 单元格区域，然后单击"插入"选项卡中的"图表"组，在弹出的列表中选择"折线图"选项，显示效果如图 6-100 所示。

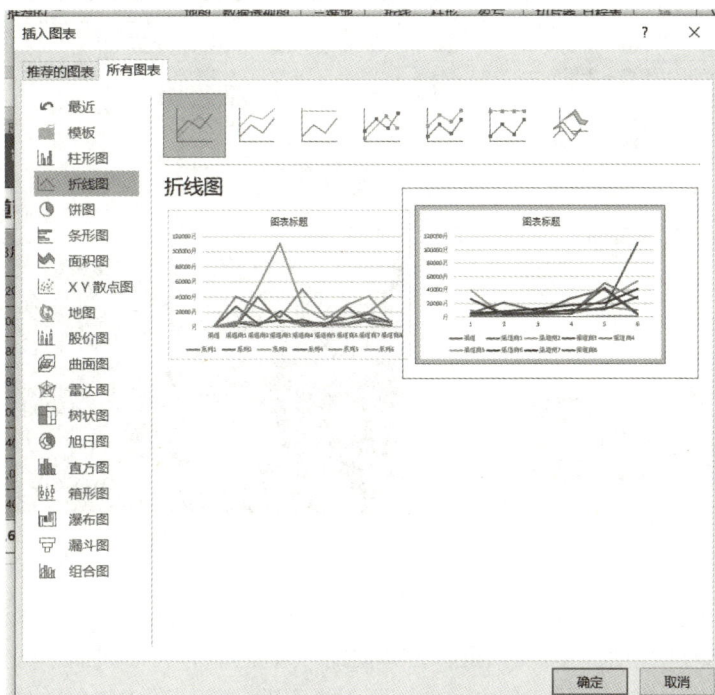

图 6-100　添加折线图

选中已插入的图表，单击"数据"标签，在"选择数据源"选项中找到"图例项（系列）"，去掉"渠道"选项，单击"水平（分类）轴标签"，编辑标签选项区域为 D3:I3，设置完毕后，效果如图 6-101 所示。

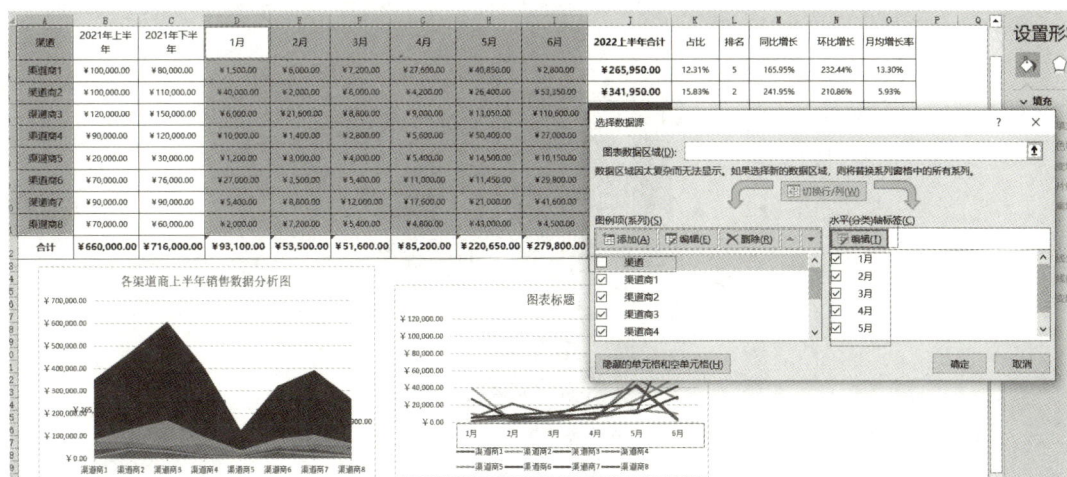

图 6-101　选择数据源

设置图表标题为"各月度销售数据分析"，选中整个图表，并选择"图表设计"选项卡"图表样式"组中的"样式6",为图表区设置样式,同时调整图表,将其放置在表格中合适的位置,设置后的效果如图6-102所示。

2022上半年各渠道商总体销售数据对比分析 (全自动,第1名醒目提示)													
渠道	2021上半年	2021下半年	1月	2月	3月	4月	5月	6月	2022上半年合计	占比	排名	同比增长	环比增长	月均增长率
渠道商1	¥100,000.00	¥80,000.00	¥1,500.00	¥6,000.00	¥7,200.00	¥27,600.00	¥40,850.00	¥2,800.00	¥265,950.00	12.31%	5	165.95%	232.44%	13.30%
渠道商2	¥100,000.00	¥110,000.00	¥40,000.00	¥2,000.00	¥6,000.00	¥4,200.00	¥26,400.00	¥53,350.00	¥341,950.00	15.83%	2	241.95%	210.86%	5.93%
渠道商3	¥120,000.00	¥150,000.00	¥6,000.00	¥21,600.00	¥8,800.00	¥9,000.00	¥13,050.00	¥110,600.00	¥489,050.00	20.33%	1	265.88%	192.70%	79.11%
渠道商4	¥90,000.00	¥120,000.00	¥10,000.00	¥1,400.00	¥2,800.00	¥5,600.00	¥50,400.00	¥27,000.00	¥807,200.00	14.22%	3	241.33%	156.00%	21.98%
渠道商5	¥20,000.00	¥30,000.00	¥1,200.00	¥3,000.00	¥4,000.00	¥5,400.00	¥14,500.00	¥10,150.00	¥88,250.00	4.09%	8	341.25%	194.17%	53.27%
渠道商6	¥70,000.00	¥76,000.00	¥27,000.00	¥3,500.00	¥5,400.00	¥11,000.00	¥11,450.00	¥29,800.00	¥234,150.00	10.84%	6	234.50%	208.09%	1.99%
渠道商7	¥90,000.00	¥90,000.00	¥5,400.00	¥8,800.00	¥12,000.00	¥17,600.00	¥21,000.00	¥41,600.00	¥286,400.00	13.26%	4	218.22%	218.22%	50.43%
渠道商8	¥70,000.00	¥60,000.00	¥2,000.00	¥7,200.00	¥5,400.00	¥4,800.00	¥43,000.00	¥4,500.00	¥196,900.00	9.12%	7	181.29%	228.17%	17.61%
合计	¥660,000.00	¥716,000.00	¥93,100.00	¥58,500.00	¥51,600.00	¥85,200.00	¥220,650.00	¥279,800.00	¥2,159,850.00	100.00%		1890.37%	1640.65%	243.61%

图 6-102　设置图表样式

③ 绘制各渠道商销售占比分析图。配合"Ctrl"键,选中 A3:A11 和 K3:K11 单元格区域,单击"插入"选项卡中的"图表"组,在弹出的列表中选择"二维饼图"选项,设置标题为"各渠道商销售占比分析",在"添加图表元素"的下拉选项中选择"数据标签",在数据标签选项中选择"数据标注",如图6-103所示。

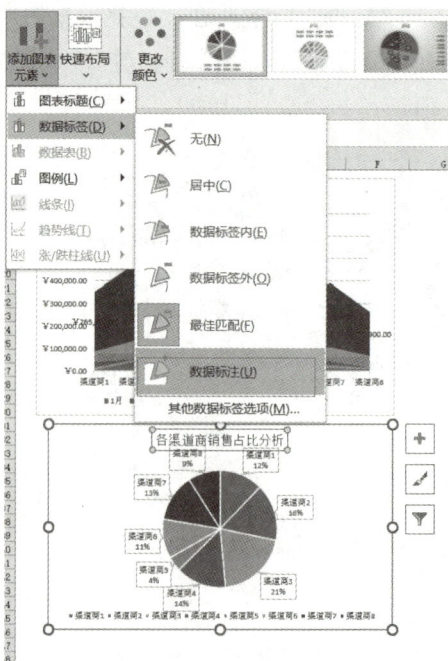

图 6-103　添加各渠道商占比分析图

④ 绘制各渠道商上半年同比增长分析和环比增长分析图。配合"Ctrl"键，选中 A3:B11、J3:J11 和 M3:M11 单元格区域，单击"插入"选项卡中的"图表"组，在弹出的列表中选择"组合图"按钮，在展开的列表中选择"簇状柱状图一次坐标轴上的折线图"选项，如图 6-104 所示。设置图表标题为"各渠道商上半年同比增长分析"，调整图表的大小和位置，效果如图 6-105 所示。

图 6-104　创建自定义组合图

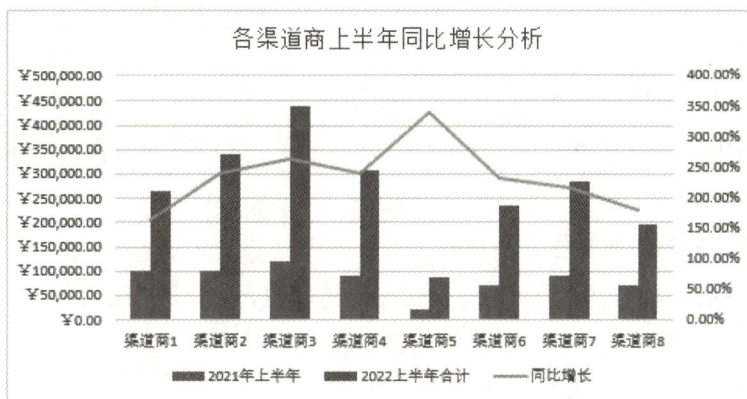

图 6-105　各渠道商上半年同比增长分析图

配合"Ctrl"键选中 A3:A11、C3:C11、J3:J11 和 N3:N11 单元格区域，单击"插入"选项卡中的"图表"组，在弹出的列表中选择"组合图"按钮，在展开的列表中选择"簇状柱状图一次坐标轴上的折线图"选项，设置图表标题为"各渠道商上半年环比增长分析"，调整图表的大小和位置，效果如图 6-106 所示。

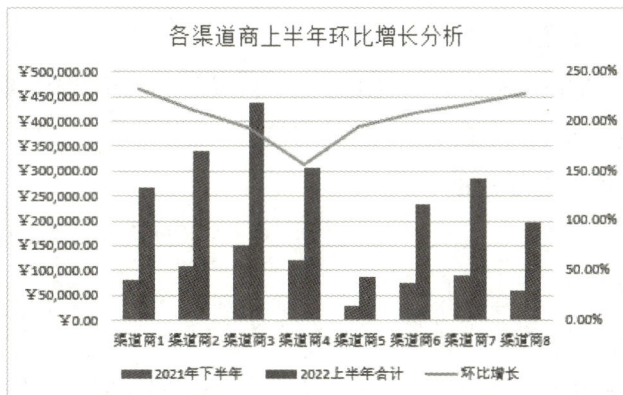

图 6-106　各渠道商上半年环比增长分析图

·思·

　　同学们，大家感受到了吗？ Excel 的相关操作，无论是数据的输入、格式的设置、函数的应用、数据的处理，还是图表的创建，均需要花费大量时间。如果是与财务相关的工作，那么每一个数字都可能对公司的财务状况产生影响，一个被错误计算的数字或遗漏的信息可能导致公司蒙受损失，甚至影响到公司的声誉和未来发展。所以操作数据时必须时刻保持细心和耐心，更要注重细节，要培养自己"精益求精"的钻研精神，才能更好地胜任相关工作。

习　题　六

　　1. 直接在文件 (学生档案) 中按照下列要求答题：

　　(1) 将 Sheet1 工作表重命名为"学生档案"。

　　(2) 将表格中的标题"学生电子档案"合并居中，字体设置为黑体，14 磅，将表头 (姓名一行) 设置为橙色底纹。

　　(3) 使用填充序列填充学号，从 001 起。

　　(4) 表中数据设为华文楷体、12 磅；列宽设置为 11，表中数据水平居中。

　　(5) 设置表格外边框为粗实线，内部为细实线。

　　2. 直接在文件 (成绩表) 中按照下列要求答题：

　　(1) 将标题"成绩表"合并居中。

　　(2) 将 Sheet1 改名为"成绩表"。

　　(3) 使用函数 SUM、AVERAGE、MAX、MIN 或公式，计算每个学生的总分和每门课的平均分、最高分以及最低分。

　　(4) "成绩表"中，在总分右面再添加一列为"评选"，满足总分大于等于 430 分的显示为"一等奖学金" (用条件函数 IF)。

　　(5) 根据 5 名学生的成绩数据 (5 门课程) 制作折线图，设置图表标题为"成绩表"。

　　3. 直接在文件 (工资表) 中按照下列要求答题：

　　(1) 将 Sheet1 工作表重命名为"工资表"。

　　(2) 将表格中的标题"员工工资表"合并居中，字体为华文新魏，18 磅，行高 28，单元格底纹采用"浅蓝"。

　　(3) 设置表中所有数字为货币格式，小数位数为 2 位。

　　(4) 使用公式计算出每一位员工的实发工资，使用函数分别计算基本工资、奖金、扣款额和实发工资的平均值。

(5) 将实发工资小于 5500 元的用红色文本标识，5500～7000 元的数据用蓝色文本标识，大于 7000 元的用绿色文本标识。

习题 1 文件

习题 2 文件

习题 3 文件

习题 1 操作步骤

习题 2 操作步骤

习题 3 操作步骤

第 7 章　PowerPoint 演示文稿

能力目标

- 具备幻灯片中文字的编排与设计的能力；
- 具备幻灯片中图形、图片的编排与设计的能力；
- 掌握幻灯片版式与布局的使用方法；
- 掌握幻灯片动画效果、放映与输出技巧。

素质目标

- 展示中国传统节日，感受中国传统文化内涵，激发人们对祖国的热爱；
- 对过去的工作进行总结，展望未来的目标，激发员工的工作热情。

实践任务

- 制作"中国春节文化习俗介绍"演示文稿；
- 制作"年度工作总结汇报"演示文稿；
- 放映"年度工作总结汇报"演示文稿。

7.1

PowerPoint 的基本功能

PowerPoint(全称 Microsoft Office PowerPoint，简称 PPT) 是微软公司的演示文稿软件。用户可以利用 PowerPoint 在投影仪或计算机上进行演示，并且还可以打印出演示文稿或将演示文稿制作成胶片，以适应更广泛的应用领域。除了创建演示文稿，利用 PPT 还可以在线展示演示文稿给他人观看。

如今，PowerPoint 已经成为人们工作和生活中不可或缺的重要工具。它在工作汇报、企业宣传、产品推介、婚礼庆典、项目竞标、管理咨询、教育培训等领域扮演着举足轻重的角色。通过使用 PPT，用户能够轻松地将信息以图文并茂的方式呈现，从而提高展示效果和吸引力，并且可以根据需要添加动画效果、音频、视频等元素，从而增强交流的效果和吸引力。

随着技术的发展，PPT 在与观众沟通和展示内容时变得越来越灵活和多样化。例如，用户可以利用在线会议工具，在网上为别人展示 PPT，实现远程演示和沟通。此外，用户还可以将 PPT 导出为 PDF 文件、视频文件或者存储在云端，便于分享和传播。

总之，PPT 不仅是一种创作和展示工具，而且已经成为许多领域中不可或缺的重要组成部分，为我们的工作和生活提供了方便和帮助。

PowerPoint 界面组成如图 7-1 所示。

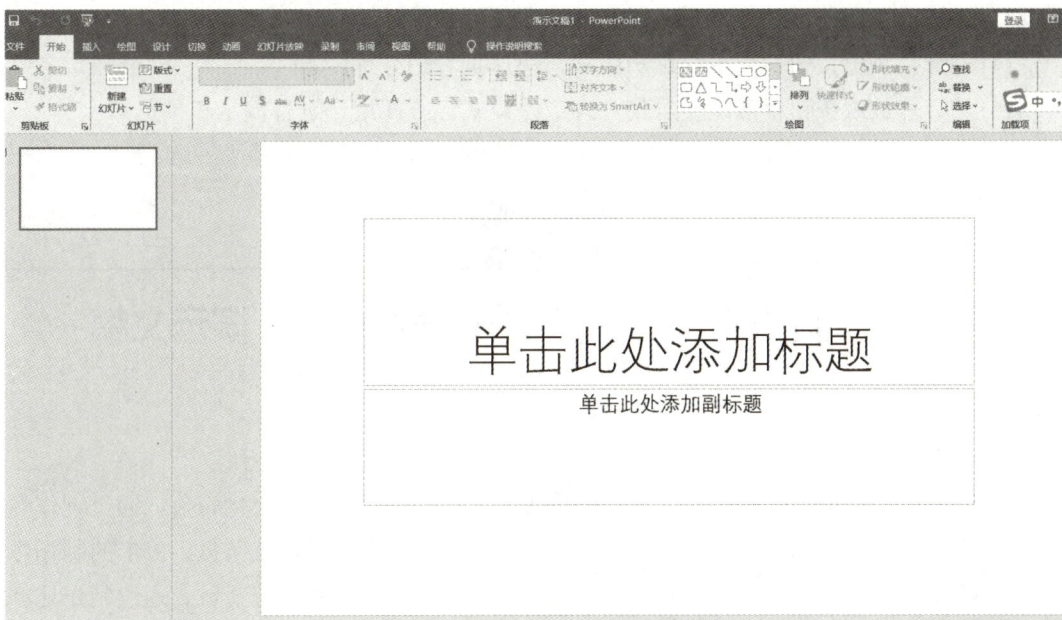

图 7-1　PowerPoint 界面组成图

1. 标题栏

标题栏位于软件窗口的顶部，显示应用软件名及文件名，默认文件名为"演示文稿 1"，标题栏还包含最小化图标、最大化 / 还原图标和关闭图标，用于控制窗口的最大化、最小化和关闭操作。

2. 菜单栏

菜单栏位于软件窗口顶部，包含了该软件的所有操作命令选项，如文件、开始、插入、视图、帮助等，每个选项下面又包含相应的操作命令。

3. 常用工具栏

常用工具栏通常位于菜单栏下方，显示经常使用的常规命令按钮，如保存、撤销、重置、剪切、复制、粘贴等，方便用户快速执行常见操作。

4. 工作区

工作区是编辑文档的主要区域，分为 3 个部分：

(1) 幻灯片窗格：用于编辑和预览幻灯片的内容和布局。

(2) 大纲窗格：以文本大纲形式展示整个演示文稿的结构，方便用户进行整体调整和组织内容。

(3) 备注窗格：用于添加和查看与幻灯片相关的备注或笔记。

5. 视图按钮

视图按钮位于工具栏或菜单栏中，包括 5 个命令按钮：

(1) 普通视图：用于在编辑器中查看和编辑幻灯片内容。

(2) 大纲视图：以文本大纲形式展示整个演示文稿的结构。

(3) 幻灯片视图：以幻灯片形式展示演示文稿的效果。

(4) 幻灯片浏览按钮：用于在编辑模式下快速查看幻灯片。

(5) 幻灯片放映按钮：启动全屏幻灯片放映模式，方便用户进行演示和预览。

7.2

任务 1　制作"中国春节文化习俗介绍"演示文稿

任务要求

春节是中国最重要的传统节日之一，拥有悠久的历史和深厚的文化底蕴。通过制作春节文化习俗介绍的 PPT，可以让观众深入了解和感受这一重要的传统节日。PPT 的制作不仅方便存档和分享，也能够让更多的人有机会了解和欣赏中国的传统节日。通过制作这样的 PPT，不仅能够传承和保护宝贵的文化遗产，还可以促进跨文化交流和理解。

春节文化习俗介绍演示文稿要求主题要鲜明、布局要合理，视觉效果美观舒适，最终的效果图如图 7-2 所示。

本任务的具体格式要求如下：

(1) 首先新建并保存幻灯片，将其保存为"春节的由来"演示文稿。

(2) 设计幻灯片母版：插入背景图片，并删除标题幻灯片、标题和内容幻灯片以及空白幻灯片之外的所有幻灯片，复制标题和内容幻灯片两次，在第一个副本中设置标题占位符文本为方正姚体，大小为 32 号，颜色为黑色加粗，设置内容的占位符文本为方正姚体，大小为 20 号，行距为 2.5。在第二个副本中，设置标题的占位符文本样式为红色，方正姚体，大小为 32 号，设置内容占位符文本为方正姚体，行距为 2.5。设置空白幻灯片的母版占位符文本大小为 44 号，字体为方正姚体。

(3) 制作封面和目录页：在封面幻灯片中插入图片，并将文本"春"设置为方正姚体，大小为 166 号，颜色为红色；将文本"节"设置为方正姚体，大小为 133 号，颜色为红色。在目录幻灯片中，设置文本"目"的字体大小为 115 号，文本"录"的字体大小为 96 号，图片字体大小为楷体 32 号,颜色为白色。竖排文本的字体大小为方正姚体 24 号,颜色为黑色。

图 7-2　春节文化习俗介绍的效果图

(4) 根据效果图制作"春节的由来""春节的传说""春节的习俗""春节的美食"主题页幻灯片。

(5) 最后制作感谢页演示文稿。

知识要点

1. 新建、保存和关闭演示文稿

在使用 PowerPoint 2019 制作幻灯片之前，首先需要新建演示文稿。新建、保存和关闭演示文稿的过程如下：

(1) 新建空白演示文稿。在启动 PowerPoint 软件后，不会直接进入空白演示文稿界面，而是会进入 PowerPoint 启动界面，此时需要执行新建操作才能创建空白演示文稿，如图 7-3 所示。

图 7-3　PowerPoint 启动界面

(2) 根据联机模板新建演示文稿。PowerPoint 2019 提供了一些在线模板和主题，用户可以根据需要创建包含内容的演示文稿，如图 7-4 所示。

图 7-4　在线模板和主题

(3) 根据主题新建演示文稿。如果用户需要创建一个具有色彩搭配和布局的演示文稿，则可以通过选择提供的主题进行创建，如图 7-5 所示。

图 7-5　根据主题创建演示文稿

(4) 如果需要编辑计算机或 PowerPoint One Drive(云服务) 中已有的演示文稿，则首先需要打开相关的演示文稿，在不需要进行操作时，还需要将其关闭。

(5) 关闭演示文稿。当确认不再需要对演示文稿进行任何操作时，可以将其关闭。关闭演示文稿时，如果没有保存对演示文稿的任何编辑操作，则系统会弹出提示对话框，询问是否要保存对演示文稿所做的修改，如图 7-6、图 7-7 所示。

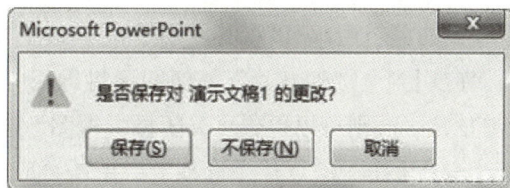

图 7-6　是否保存演示文稿的提示对话框

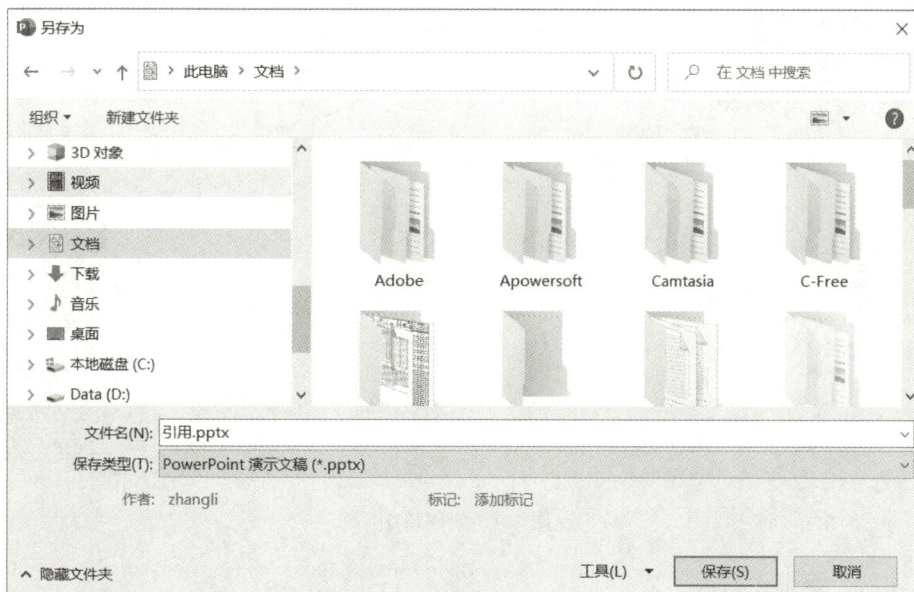

图 7-7　保存演示文稿

2. 应用幻灯片母版

母版是 PPT 中的一个重要功能,它允许用户定义 PPT 幻灯片的整体布局、样式和格式。在 PPT 中,母版通常被称为"Master",用户可以使用母版来创建一种或多种幻灯片设计,并将其应用于整个 PPT 文档或特定的幻灯片中。

(1) 打开 PPT,单击"视图"选项卡中的"幻灯片母版"按钮,进入母版编辑模式,如图 7-8 所示。

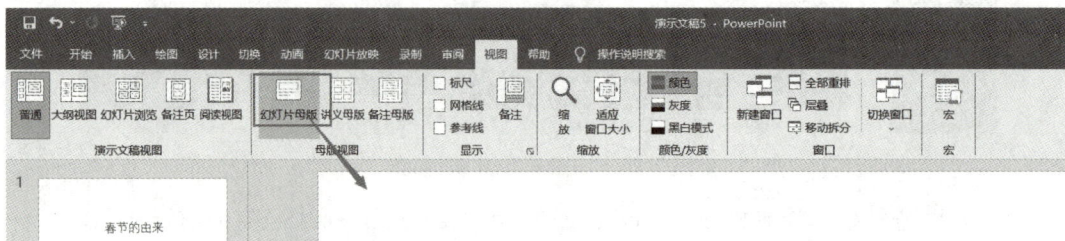

图 7-8　母版编辑界面

(2) 编辑母版。在母版编辑模式下,可以对母版上的所有元素进行编辑。例如,可以更改背景颜色、添加公司标志、设置文本框样式等。可以使用 PPT 提供的工具栏和菜单来完成这些操作。

(3) 应用母版。在完成母版的编辑后,可以将其应用于整个 PPT 文档或特定的幻灯片中。在"母版视图"下,单击"应用到全部幻灯片"按钮即可将母版应用到所有幻灯片中。如果只想将母版应用于特定的幻灯片,则可以单击"关闭母版视图"按钮,然后在"普通视图"中选择要应用母版的幻灯片,最后在"幻灯片"选项卡中单击"应用母版"按钮,如图 7-9 所示。

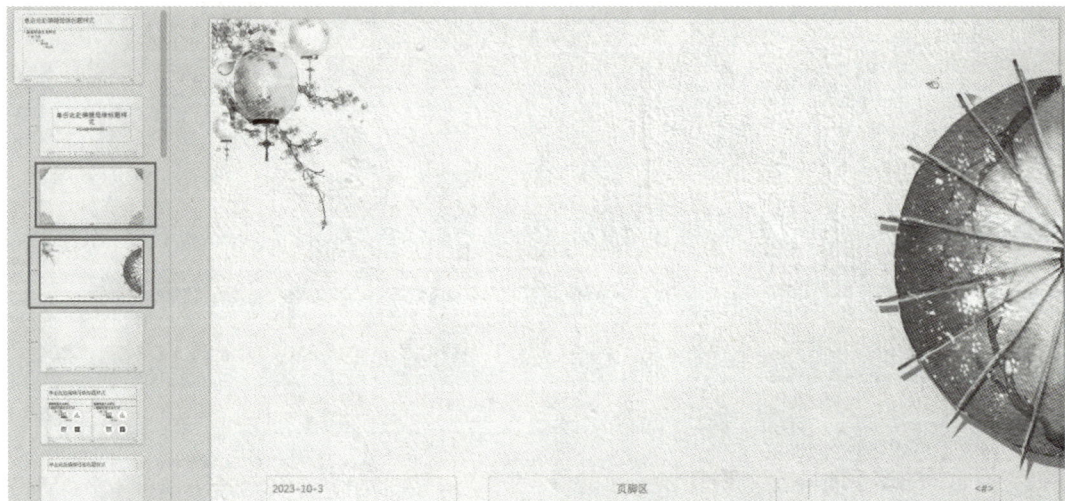

图 7-9　应用母版

3. 输入、编辑文本

在刚创建的文档中,提供了两种现成的文本格式,可以直接在此处输入和编辑文本内容，如图 7-10 所示。

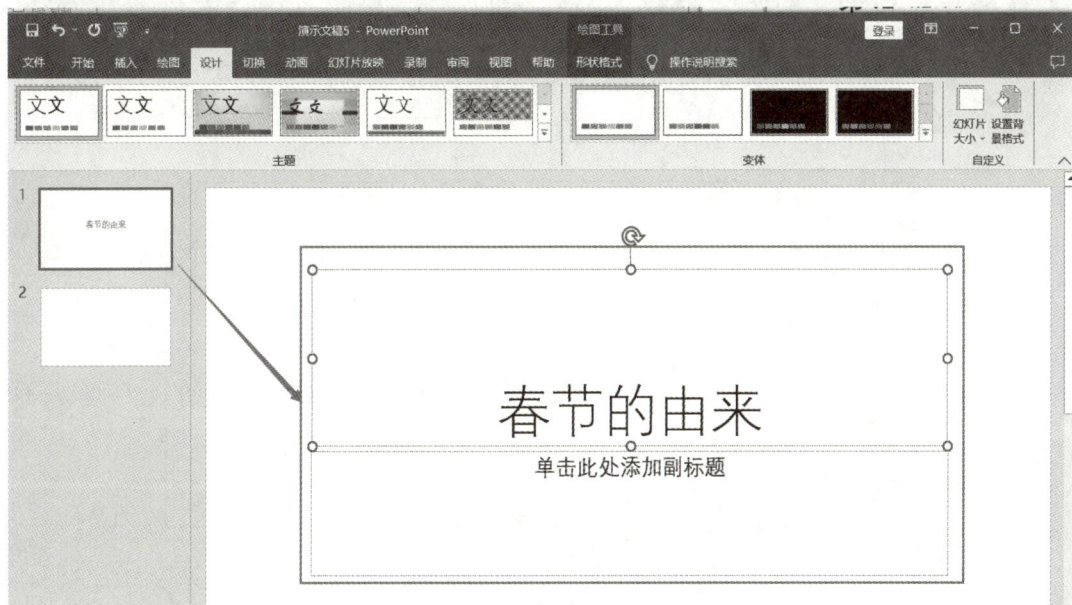

图 7-10　标题幻灯片

　　如果在页面中没有文本输入区域，则需要先打开菜单中的插入命令，然后根据图 7-11 所示的位置，在属性栏中找到"文本框"选项，单击选择后即可。

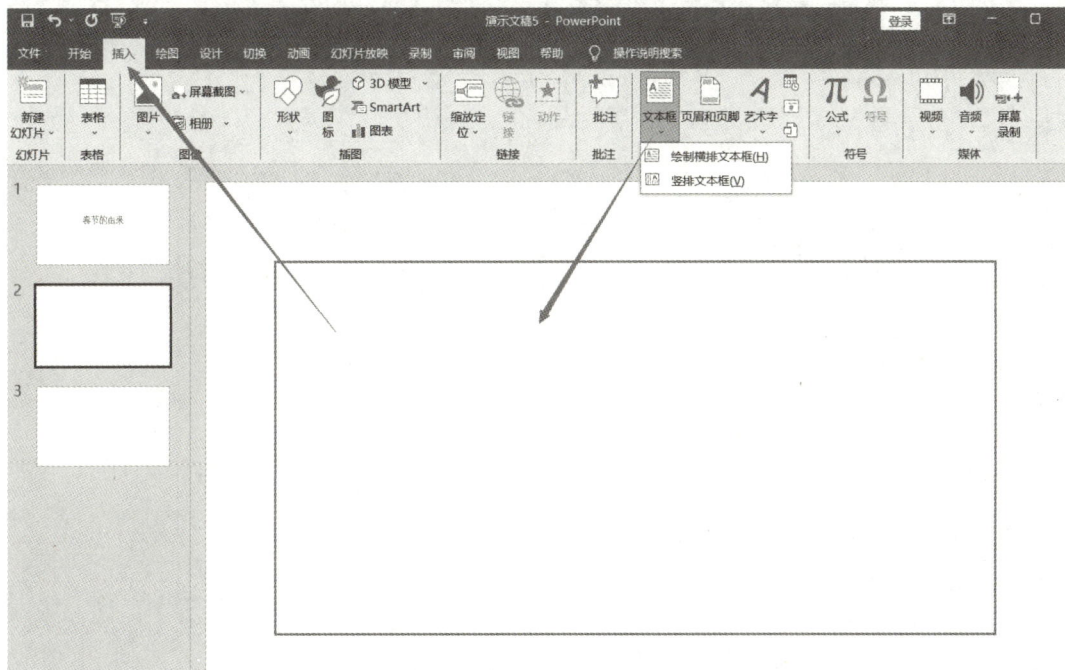

图 7-11　插入文本

可以直接在空白处拖拽一个横向的文本框，如图 7-12 所示。

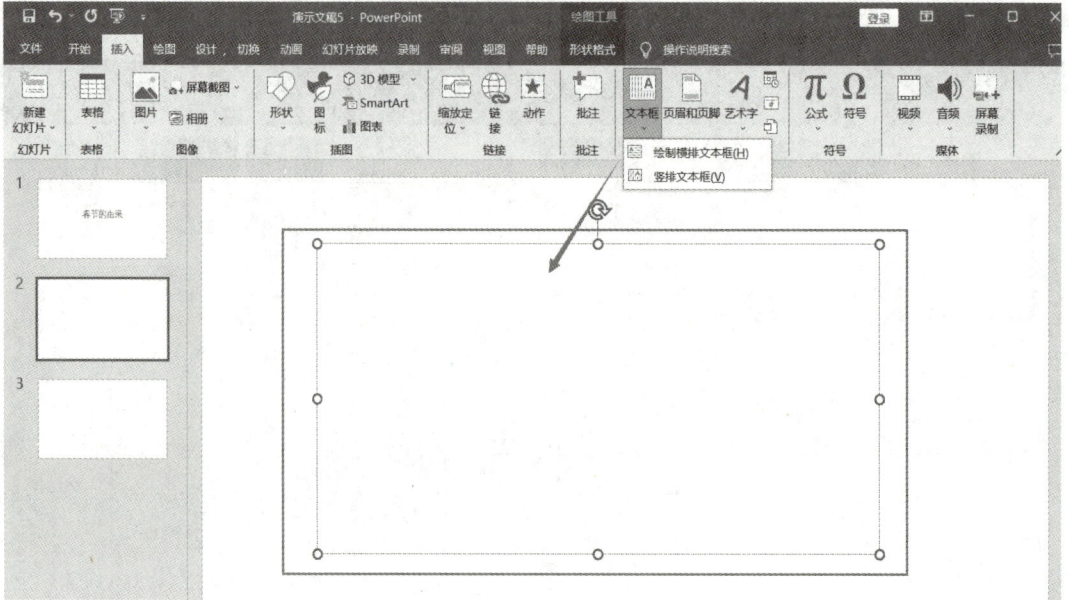

图 7-12　添加文本框

可以直接在文本框中输入文本。此外在文本框下有一个黑色的小三角，单击它可以发现横排和竖排文本框设置选项。默认情况下，选择的是横排文本框设置，如果需要竖排文字，则需要选择竖排文本框设置，如图 7-13 所示。

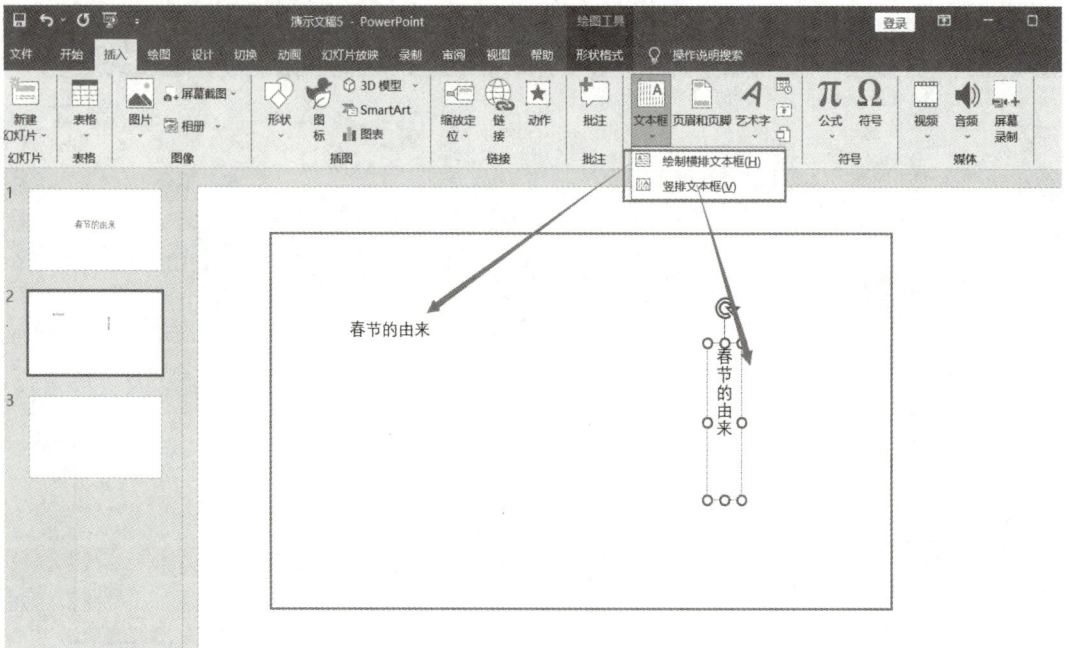

图 7-13　输入文本框内容

4. 插入图片及设置图片属性

插入图片及设置图片属性的过程如下：

(1) 添加图像或图片。在 PPT 中添加图像或图片非常简单。首先，打开 PPT 文档，在要添加图像或图片的幻灯片上单击鼠标右键，选择"插入"选项卡，然后选择"图片"或"图像"选项。选择设备中的图片或联机图片，如图 7-14 所示。

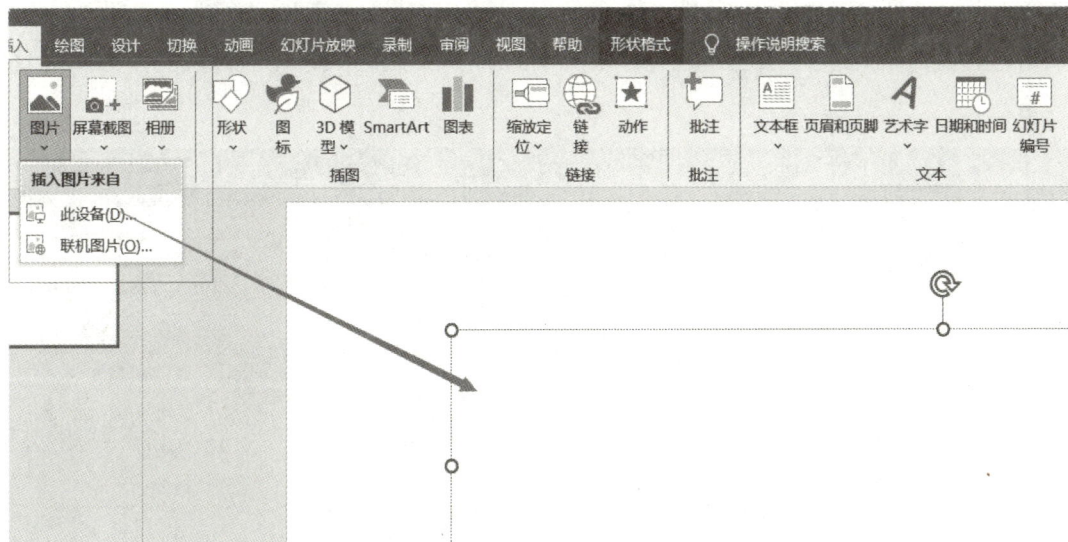

图 7-14　选择插入图片的位置

选择此设备，单击插入，如图 7-15 所示。

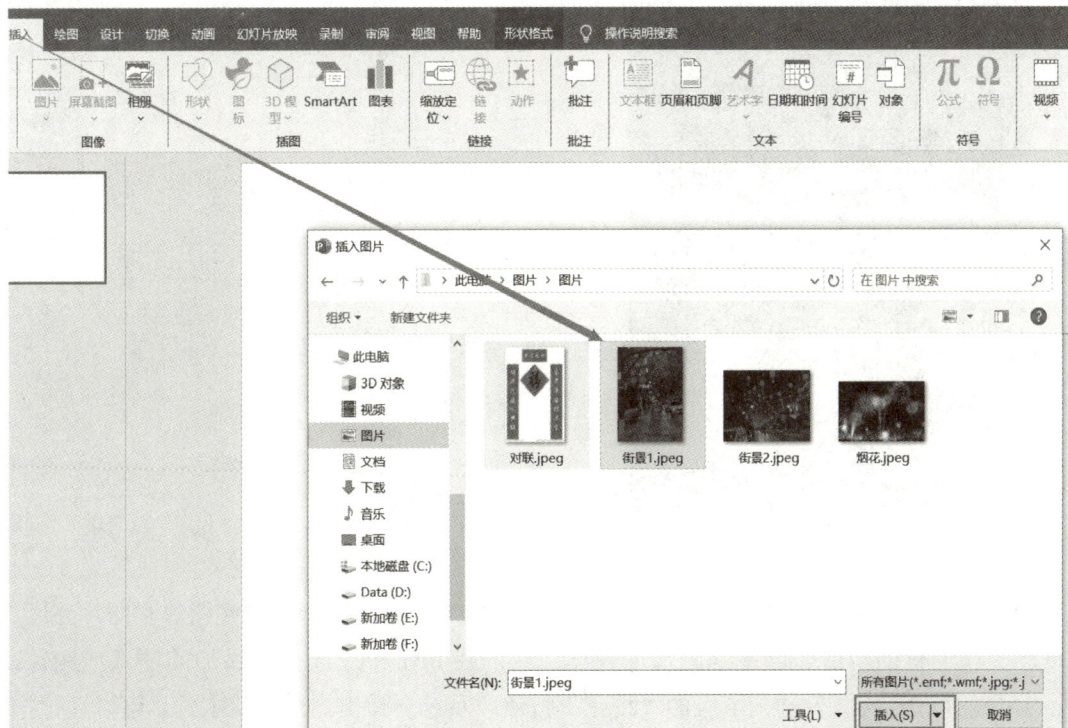

图 7-15　选择插入

(2) 编辑图像和图片。一旦将图像或图片添加到 PPT 中，就可以对它们进行编辑以满足演示的需要。以下是几种常见的图像和图片编辑操作：

① 裁剪图像和图片。裁剪是一种常见的图像和图片编辑操作，可以帮助用户去除不需要的部分或调整图像的大小。在 PPT 中，选择已添加的图像或图片后单击"裁剪"按钮，系统会弹出裁剪工具。通过调整裁剪框的大小和位置来裁剪图像或图片，如图 7-16 所示。

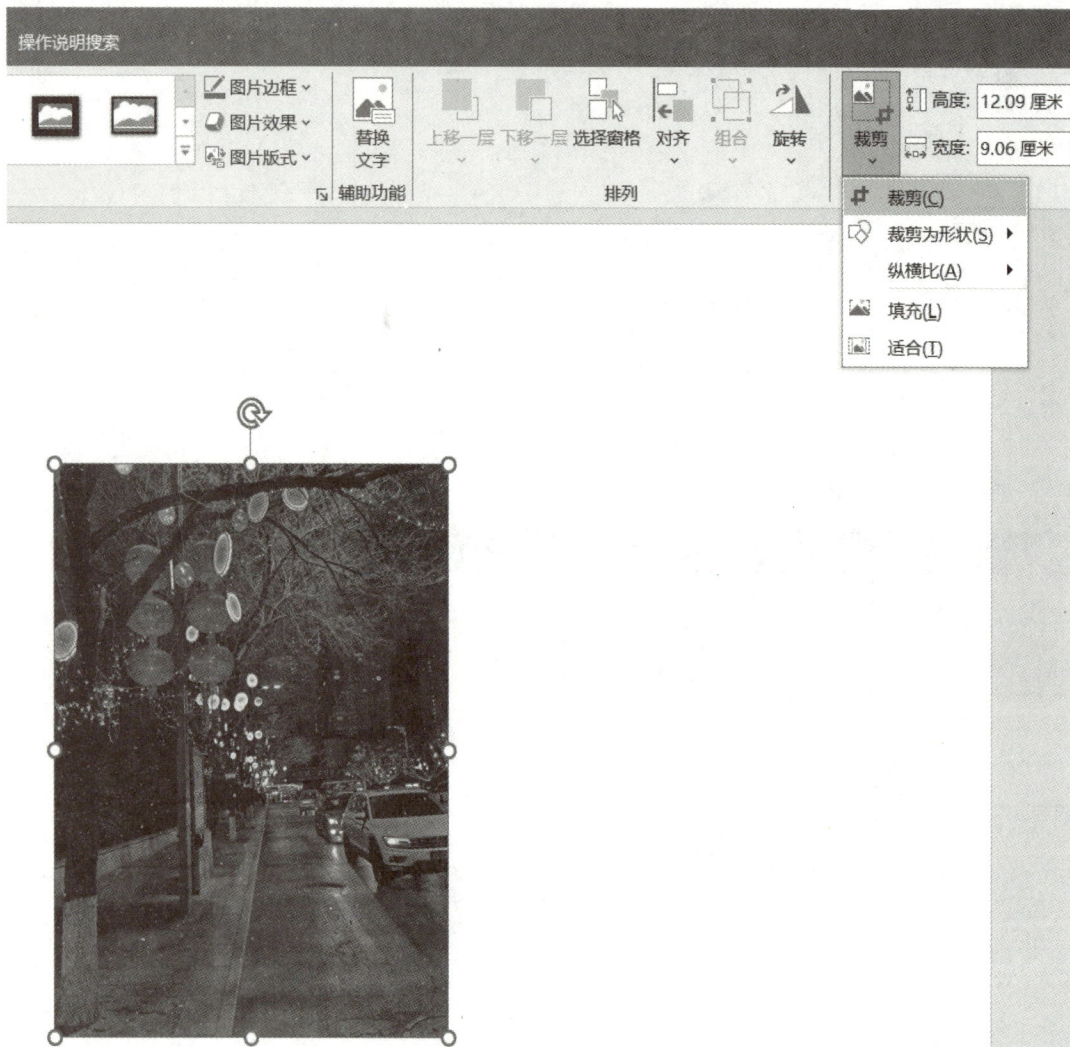

图 7-16　裁剪图片

② 调整图像和图片的亮度、对比度和色彩。PPT 还提供了一些调整图像和图片亮度、对比度和色彩的功能，以增强图像的视觉效果。在 PPT 中，选择已添加的图像或图片，然后单击"图片格式"选项卡上的"校正"按钮，系统会弹出一个调整工具。可以通过拖动滑块来调整图像或图片的亮度、对比度和色彩，如图 7-17 所示。

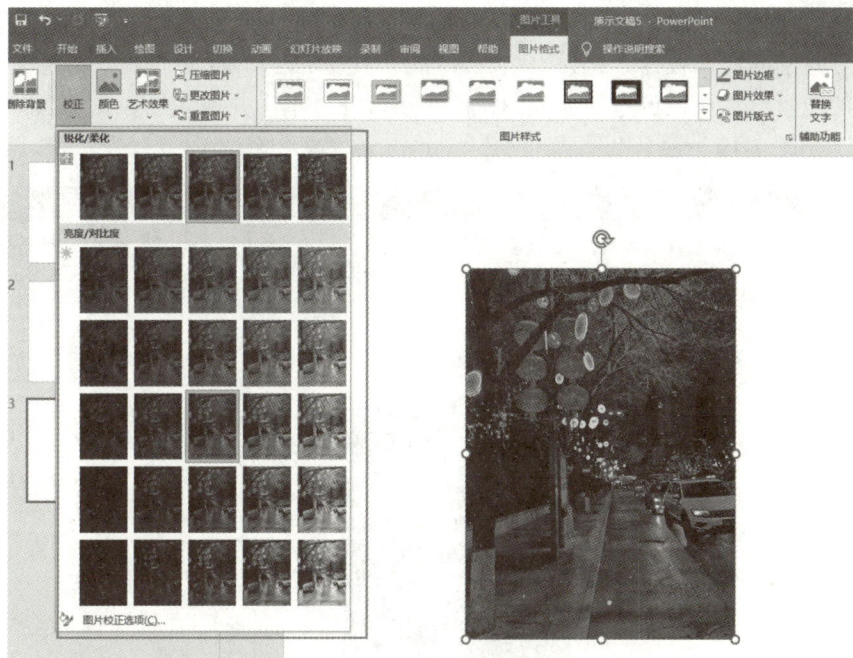

图 7-17　设置图片属性

③ 添加艺术效果和滤镜。PPT 还提供了一些艺术效果和滤镜，可以让图像和图片呈现出独特和吸引人的效果。选择已添加的图像或图片，然后单击"图片格式"选项卡上的"艺术效果"或"滤镜"按钮，系统会弹出一个效果列表。可以在列表中选择一个效果，并将其应用到图像或图片上，如图 7-18 所示。

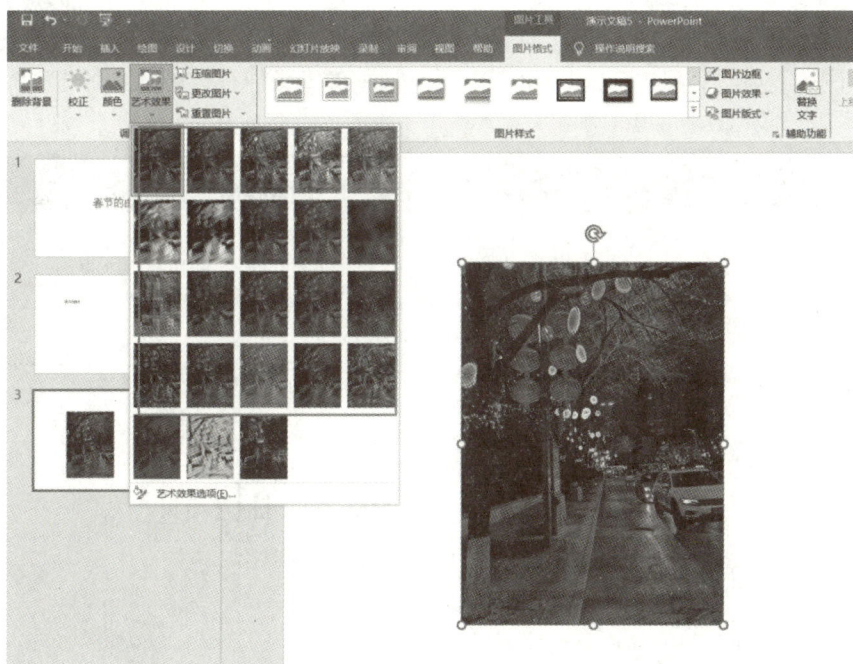

图 7-18　添加艺术效果

(3) 调整图像和图片的位置和大小。在 PPT 中，可以随时调整图像和图片的位置和大小，以适应幻灯片的布局和设计。选择一个已添加的图像或图片，然后使用鼠标拖拽来移动图像或图片的位置，还可以调整图像或图片的大小，通过单击并拖动边缘或角落的控制点来改变尺寸，如图 7-19 所示。

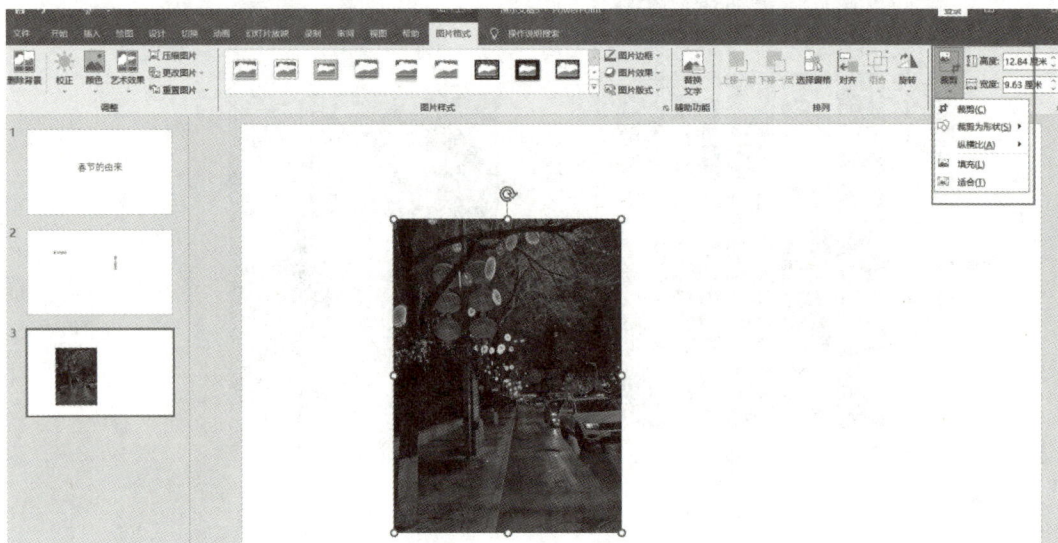

图 7-19　调整图片的位置和大小

操作步骤

本任务的操作步骤如下：

(1) 新建和保存幻灯片。单击"新建"按钮，选择"空白演示文稿"，选择"另存为"，输入文件名"春节的由来"，然后单击"保存"按钮，设置完成后的效果如图 7-20 所示。

操作步骤 1

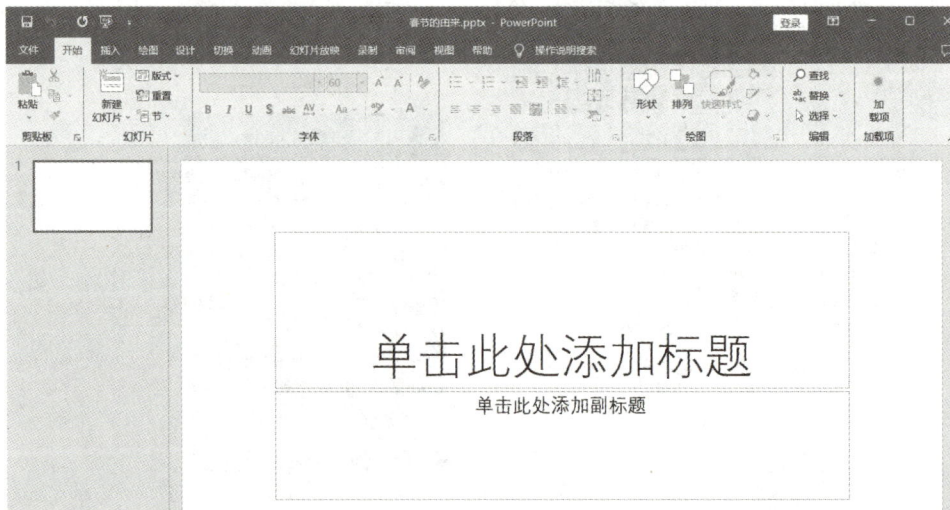

图 7-20　新建空白幻灯片

(2) 设计幻灯片母版。

① 单击"视图"选项卡，打开幻灯片母版，如图 7-21 所示。

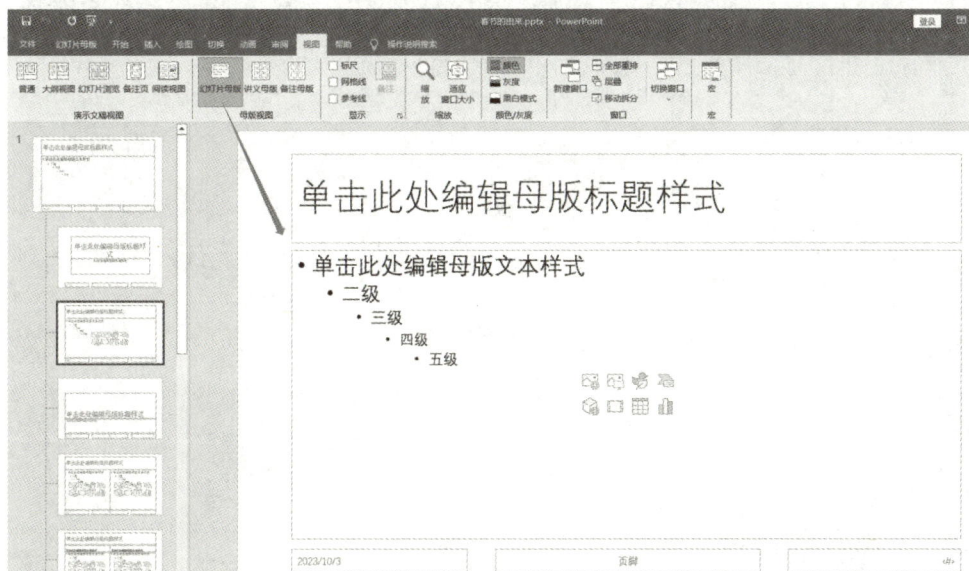

图 7-21　打开母版

② 选择幻灯片母版中最上面的幻灯片，单击幻灯片母版→背景右下方的箭头，选择"设置背景格式"，在弹出的菜单中选择"填充"→"图片或纹理填充"。然后在"插入"选项卡中选择"幻灯片素材"，并插入"背景 .png"图片，如图 7-22 所示。

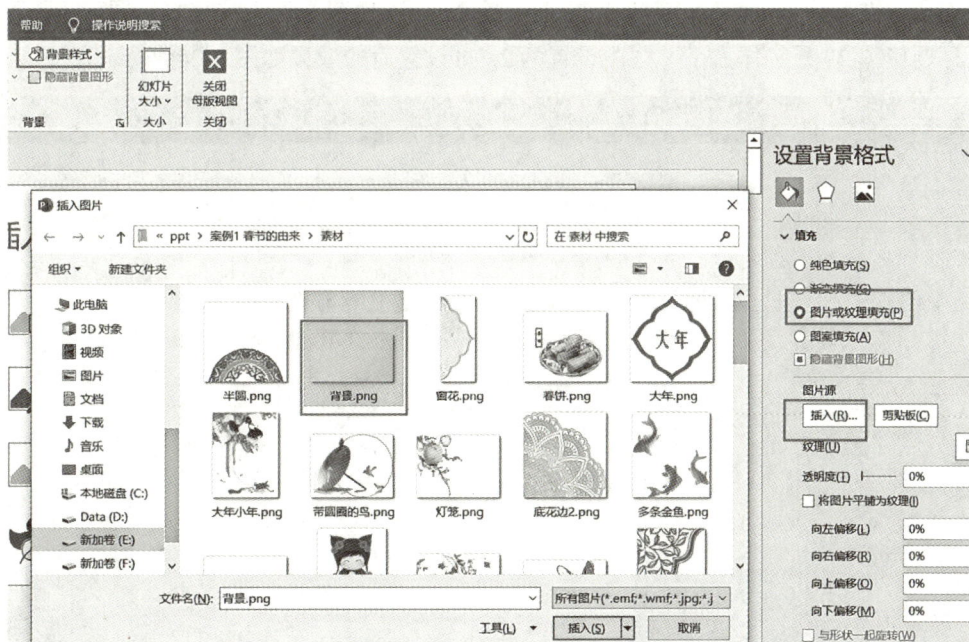

图 7-22　插入背景图片

③ 删除母版幻灯片中除了标题幻灯片、标题和内容幻灯片、空白幻灯片之外的所有

幻灯片，并将标题和内容幻灯片复制两次，如图 7-23 所示。

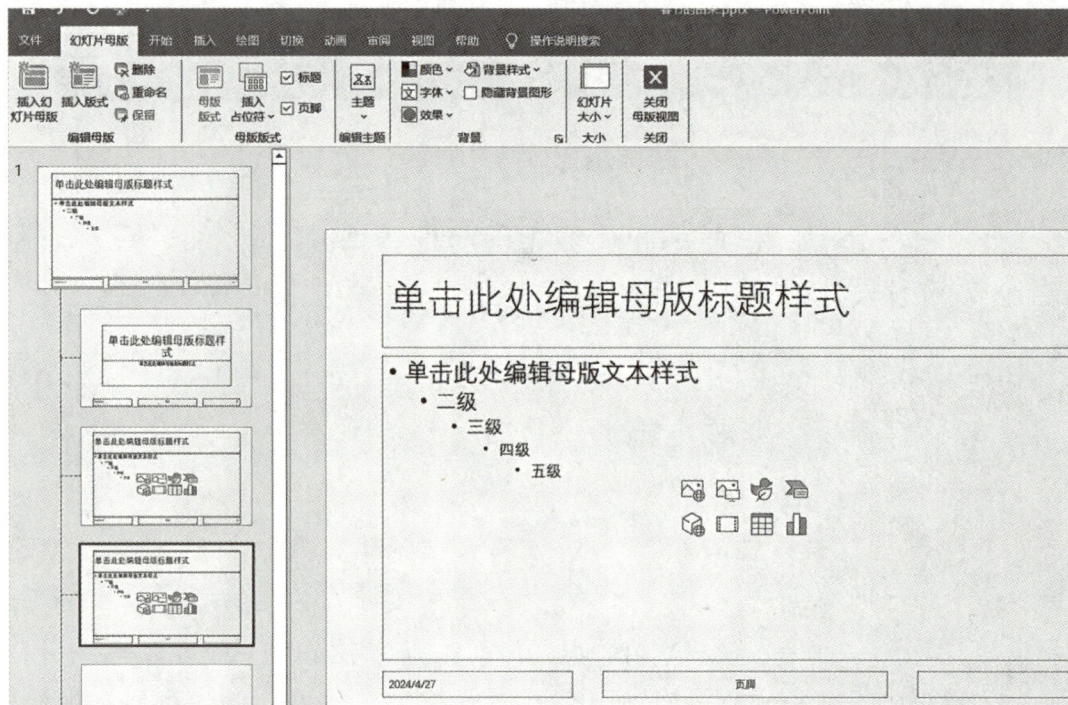

图 7-23　设置母版幻灯片

④ 选择第一张标题和内容幻灯片母版，在相应位置插入图片，如图 7-24 所示。设置标题占位符文本为方正姚体，字号为 32 号，黑色加粗，内容占位符的文本设置为方正姚体，二级标题使用 20 号字体大小，行距设置为 2.5，设置后的效果如图 7-24 所示。

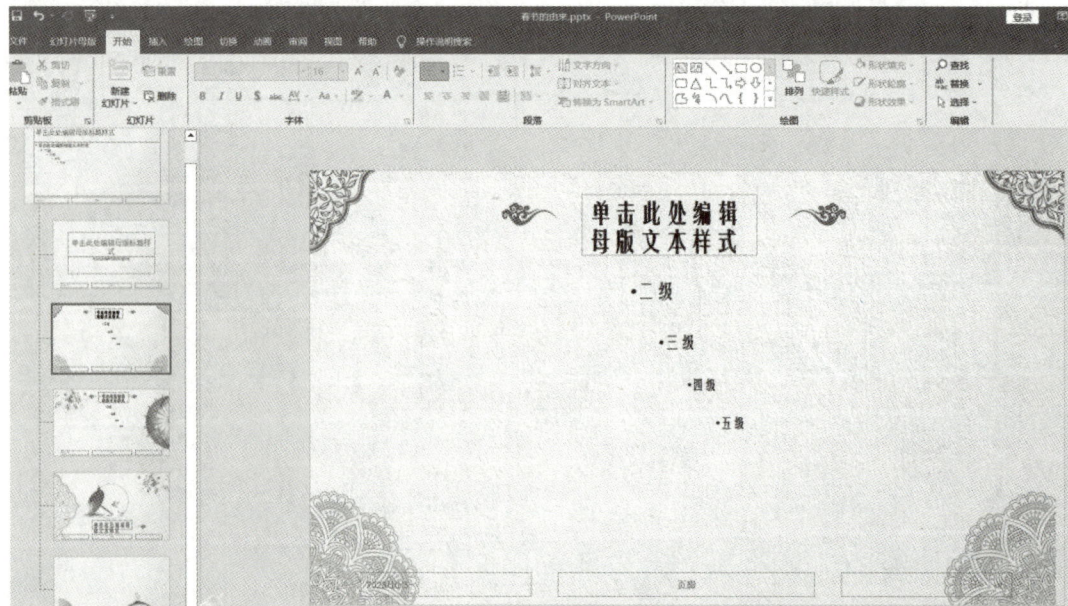

图 7-24　标题幻灯片

⑤ 选择第二张标题和内容幻灯片母版，在相应位置插入图片，如图 7-25 所示。同时插入内容占位符和图片，设置标题占位符的文本样式为红色，字体为方正姚体，字号为 32 号，内容占位符的文本使用方正姚体字体，行距设置为 2.5，如图 7-25 所示。

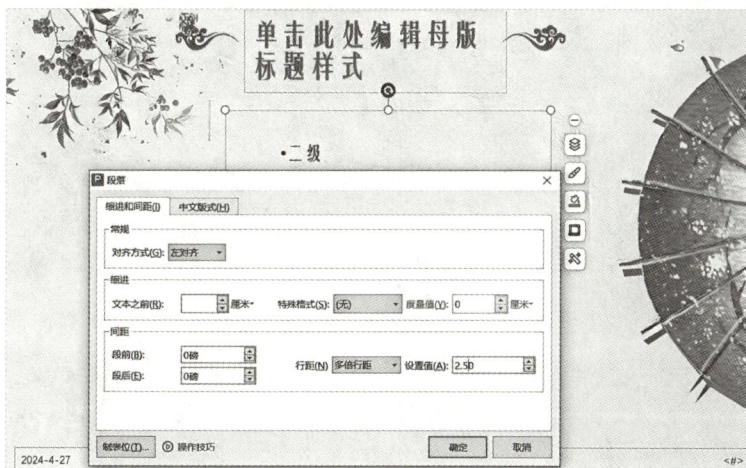

图 7-25　设置段落

⑥ 选择第三张标题和内容幻灯片，在相应位置插入图片，插入内容占位符设置文本的字体大小为 44 号，字体样式为方正姚体，如图 7-26 所示。

图 7-26　设置占位符

⑦ 单击"关闭母版视图"，以关闭母版幻灯片。

(3) 制作封面和目录页。

① 删除标题幻灯片中所有的占位符，设置标题幻灯片的版式为空白幻灯片，插入图片，并将文本"春"设置为方正姚体，字号 166 号，颜色为红色，将文本"节"设置为方正姚体，字号 133 号，颜色为红色，

操作步骤 2

设置效果如图 7-27 所示。

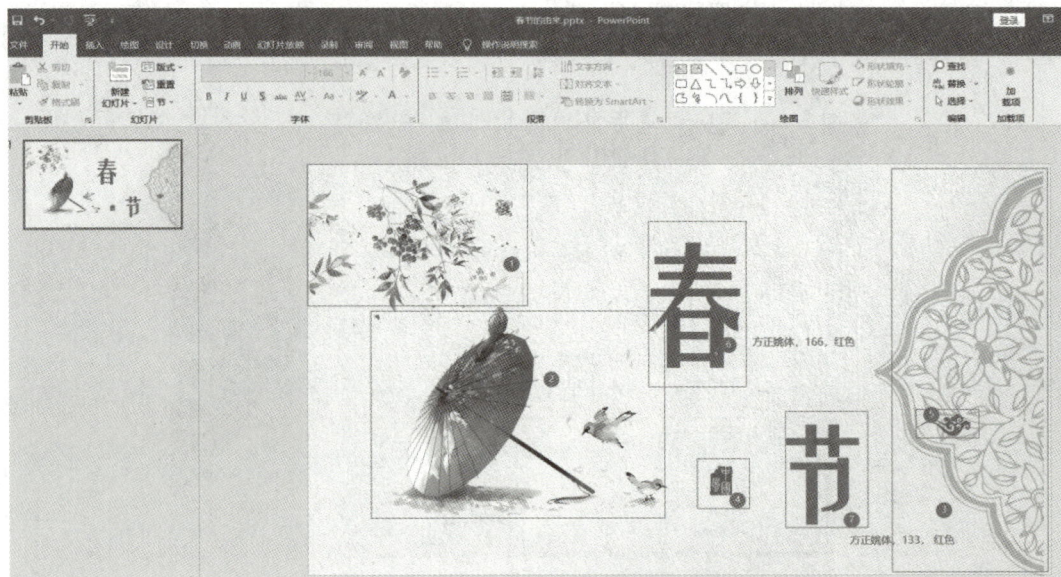

图 7-27　标题幻灯片效果图

② 单击"开始"菜单，选择"新建空白幻灯片"。然后单击"插入"→"文本"→"文本框"，插入一个文本框作为目录，将文本"目"的字体大小设置为 115 号，将文本"录"的字体大小设置为 96 号，再次单击"插入"→"文本"→"文本框"，插入一个竖排文本框。设置图片上的字体大小为楷体，字体大小 32 号，颜色为白色。竖排文本的字体设置为方正姚体，字体大小 24 号，颜色为黑色。最后插入图片，效果如图 7-28 所示。

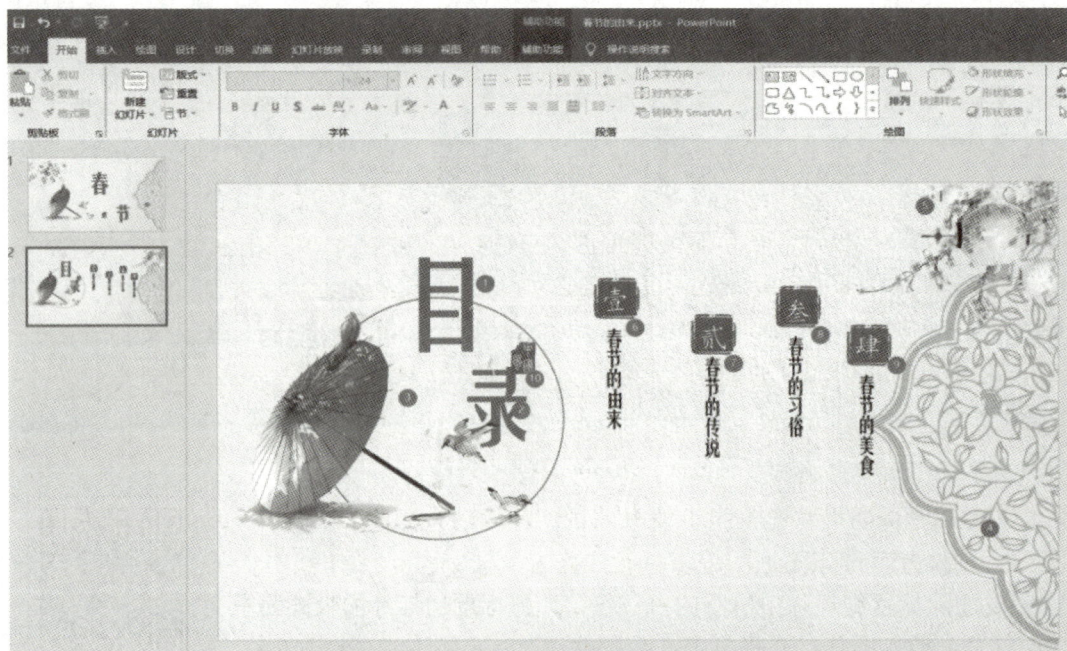

图 7-28　目录页

(4) 制作"春节的由来"主题页幻灯片。

① 单击"开始"菜单，选择"新建幻灯片"→"版式"，选择使用版式"3_空白"，如图 7-29 所示。

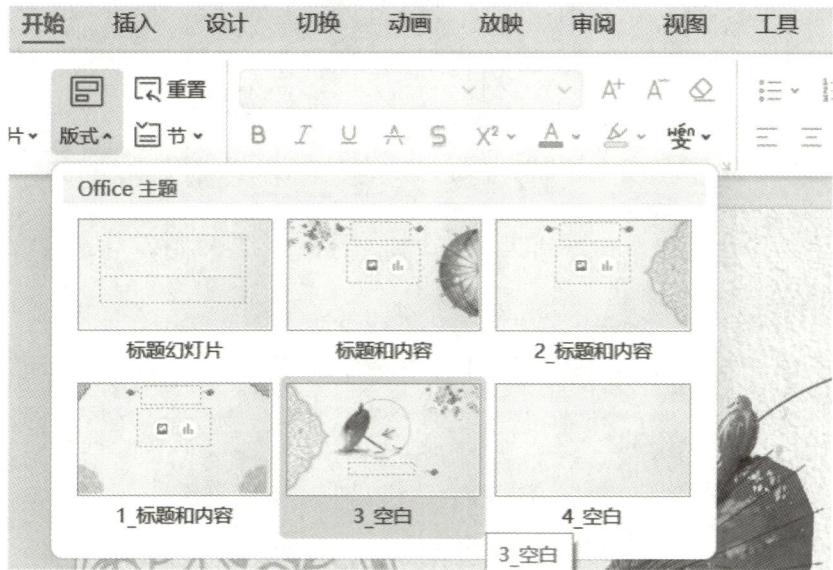

图 7-29　应用主题

操作步骤 3

② 输入标题"春节的由来"，单击"插入"→"文本"→"文本框"，插入一个文本框，并输入文本"壹"，将字体大小设置为 138 号，字体样式设置为华文仿宋，如图 7-30 所示。

图 7-30　输入文本框

③ 在"春节的由来"幻灯片下面单击"插入"→"新的幻灯片",然后选择版式为"标题和内容",制作一个名为"春节的由来"的幻灯片,如图 7-31 所示。

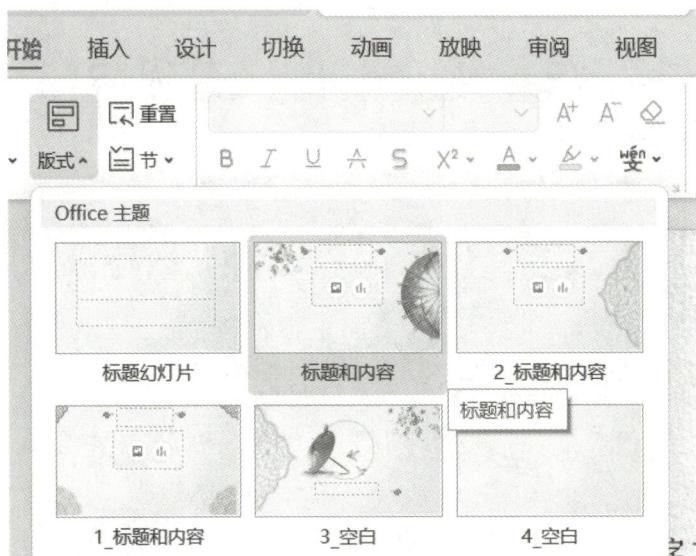

图 7-31　春节的由来 1

④ 复制文字,并插入"亭子"和"半圆"图片,用类似的方法制作另一张名为"春节的由来"的幻灯片,完成后的效果如图 7-32 所示。

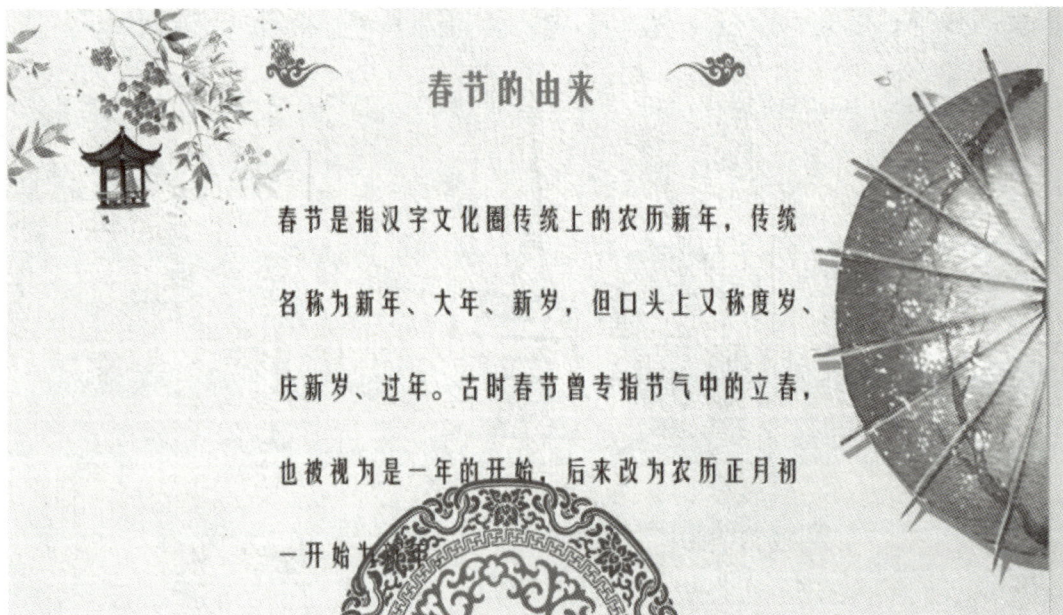

图 7-32　完成后的效果图

⑤ 单击"新建幻灯片",选择版式为"标题和内容",如图 7-33 所示。制作一个名为"春节的由来"的内容幻灯片,在幻灯片中插入图片,并输入文字,设置字体大小为 16 号,段落间距为 1.8,在文字前插入"大年"和"小年"两个图片,完成后的效果如图 7-34 所示。

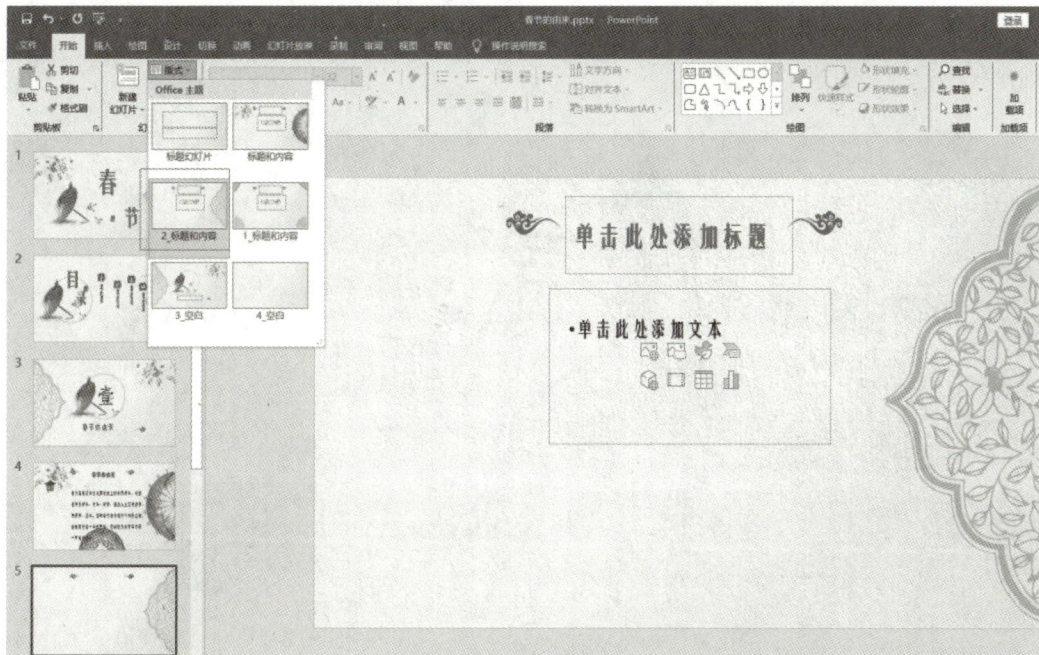

图 7-33　春节的由来 2

图 7-34　"春节的由来"完成后的效果图

(5) 制作"春节的传说"主题页幻灯片。

① 选择"春节的由来"幻灯片，右键复制该幻灯片。将标题文字更改为"春节的传说"，将内容文字更改为"贰"，如图 7-35 所示。

操作步骤 4

图 7-35 "春节的传说"主题页

②制作"年兽的传说"演示文稿页面，单击"新建幻灯片"→"版式"，选择使用"标题和内容"的版式，如图 7-36 所示。

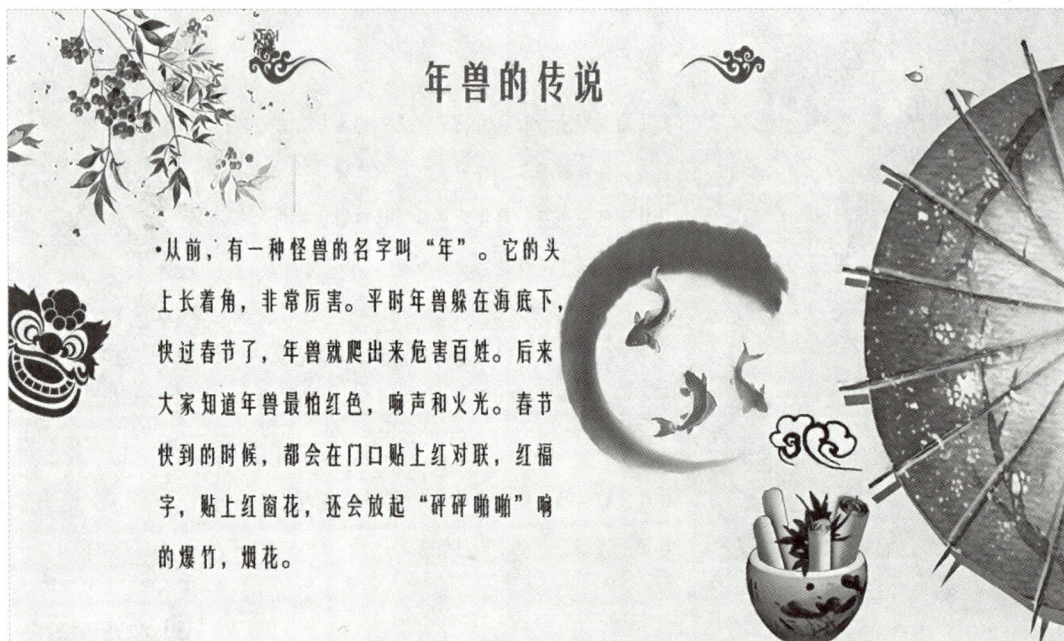

图 7-36 "年兽的传说"演示文稿

③单击输入文字内容，并插入图片。设置水墨画的颜色效果为橙色，并应用重新着色 2 的效果，完成后的效果如图 7-37 所示。

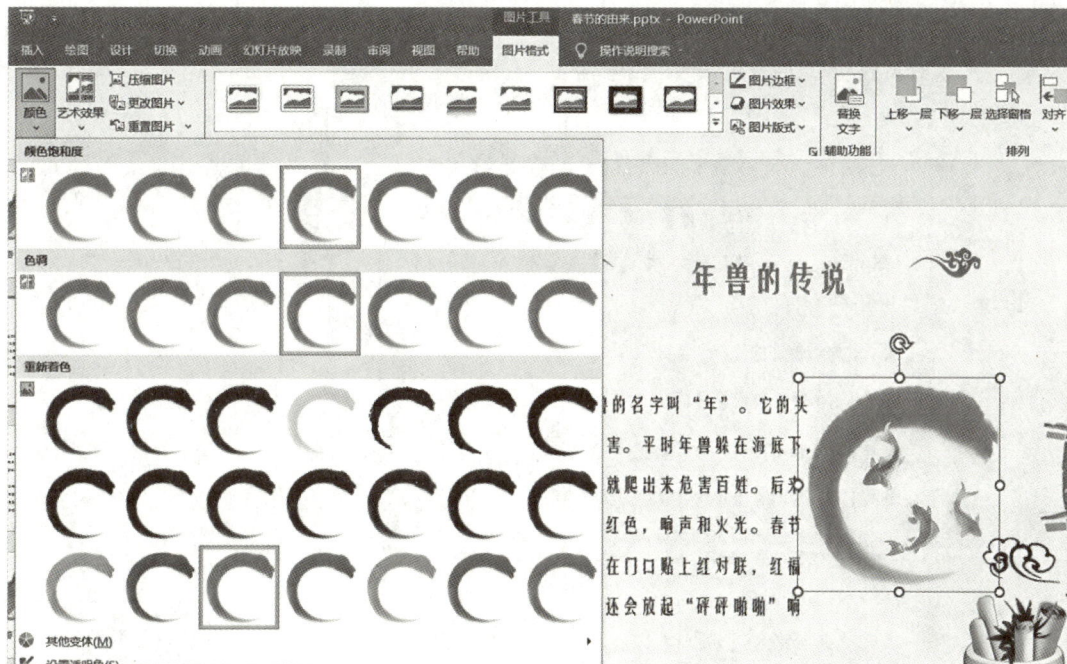

图 7-37 设置图片格式

④ 年兽的传说页面完成效果如图 7-38 所示。

图 7-38 页面完成效果图

⑤ 制作"门神的传说"页演示文稿,单击"新建幻灯片"→"版式",选择使用"标题和文本"模板。将文字字体设置为方正姚体,大小为 18 号,段落间距设置为双倍间距。插入图片,完成后的效果如图 7-39 所示。

图 7-39 "门神的传说"效果图

(6) 制作"春节的习俗"主题页幻灯片。

① 选择"春节的由来"幻灯片，右键复制该幻灯片，将标题文字更改为"春节的习俗"，将内容文字更改为"叁"，如图 7-40 所示。

操作步骤 5

图 7-40 "春节的习俗"演示文稿

② 制作春节的习俗中关于"扫尘"的演示文稿。单击"新建幻灯片"→"版式"，选择使用"1_标题和内容"的演示文稿模板，如图 7-41 所示。

③ 输入标题和内容文本，并将其设置为竖排文本，然后插入"云彩"图片，如图 7-42 所示。

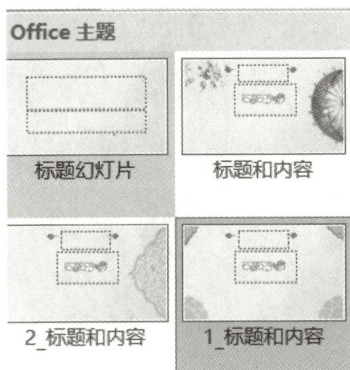

图 7-41　选择版式

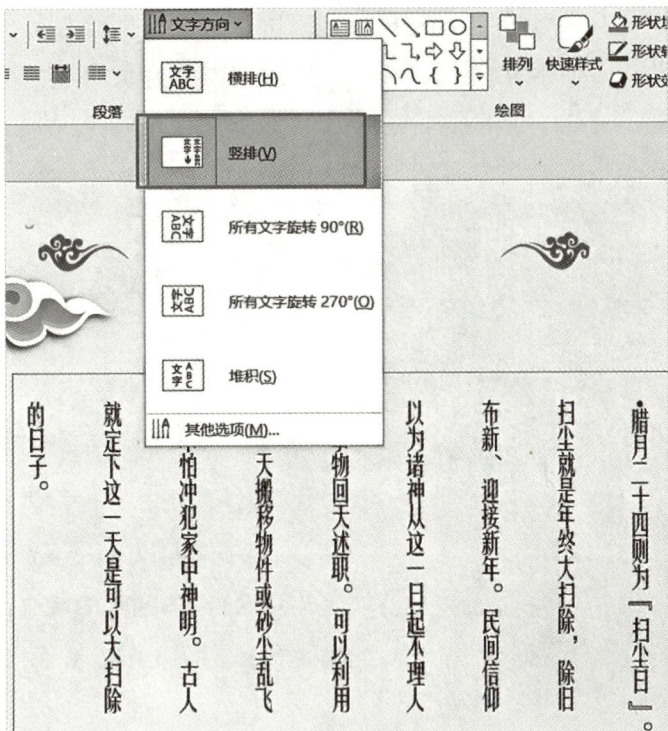

图 7-42　插入竖排文本

④ 制作"贴春联"页的演示文稿，输入标题文字"贴春联"，将内容文本的字体设置为 20 号，插入图片，并调整上联和下联图片的大小高度为 13 cm，对齐方式设置为顶端对齐，设置后的效果如图 7-43 所示。

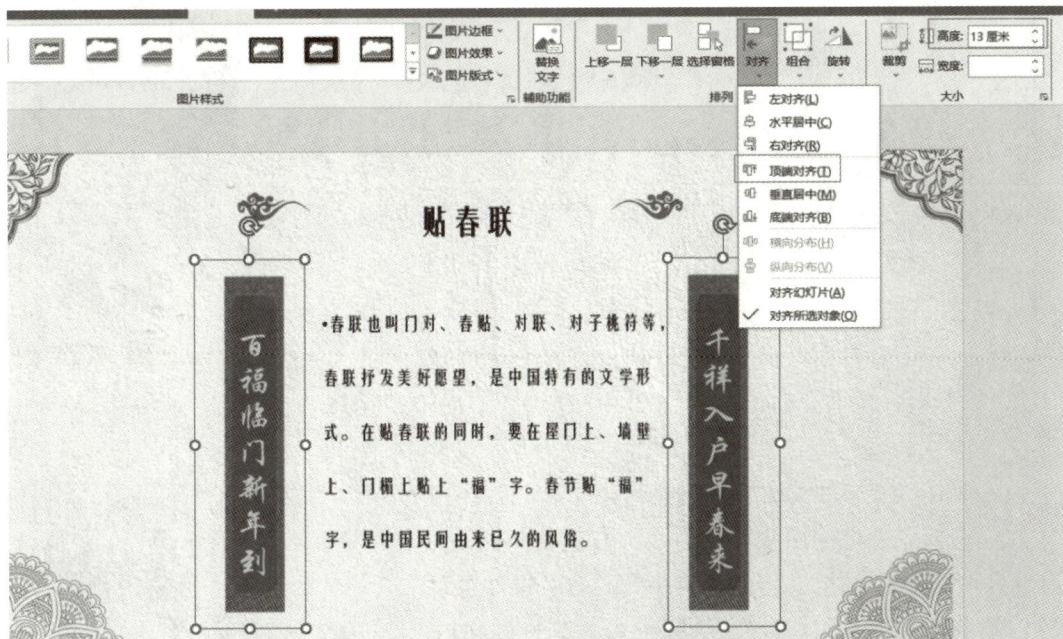

图 7-43　"贴春联"演示文稿

⑤ 制作"守岁和拜年"页的演示文稿。单击"新建幻灯片",将版式设置为"标题和内容",输入相应的文字,将"守岁"页的标题字体颜色设置为黑色,内容字体设置为 20 号,插入图片,并调整图片的大小,将"拜年"页面的图片格式设置为矩形投影,完成后的效果如图 7-44 所示。

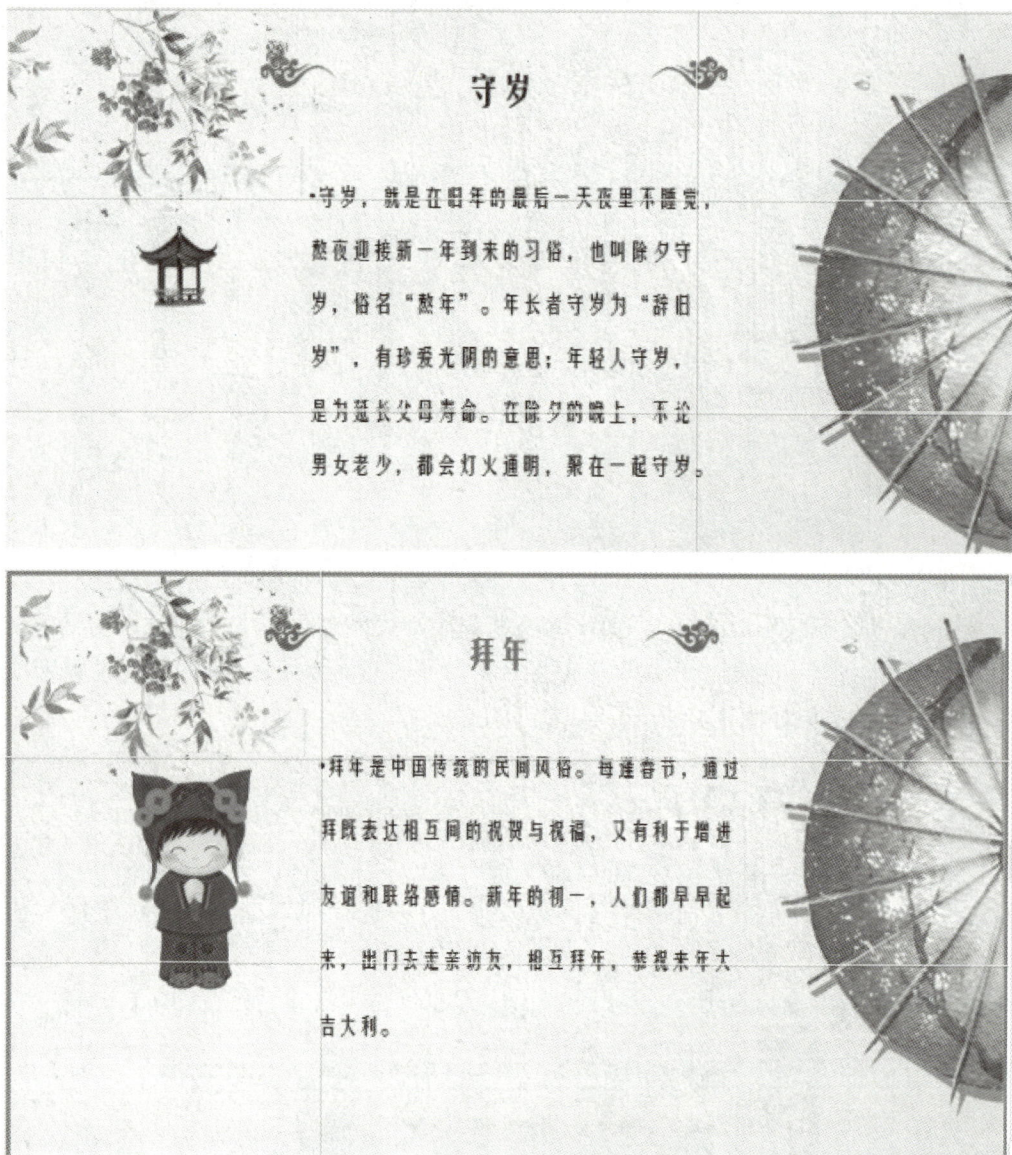

图 7-44 "守岁和拜年"页效果图

(7) 制作"春节的美食"主题页幻灯片。

① 选择"春节的由来"幻灯片,右键复制该幻灯片,将标题文字更改为"春节的美食",将内容文字更改为"肆"。

② 单击"新建幻灯片",选择版式"1_ 标题和内容",完成后的效果如图 7-45 所示。

操作步骤 6

图 7-45　春节美食页

③ 在幻灯片标题中输入"饮食",并在文本框中输入与饺子相关的文字,然后将文本设置为竖排文本,如图 7-46 所示。

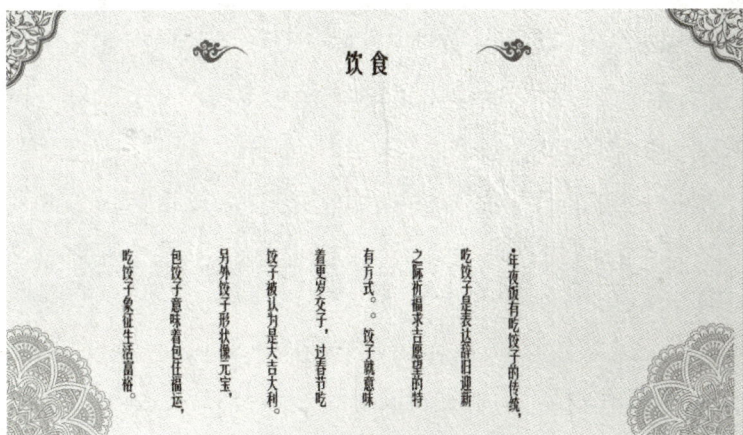

图 7-46　饮食页

④ 插入弧形线条,将其大小设置为高度 4 厘米,宽度 28 厘米,然后将其形状轮廓颜色设置为红色,如图 7-47 所示。

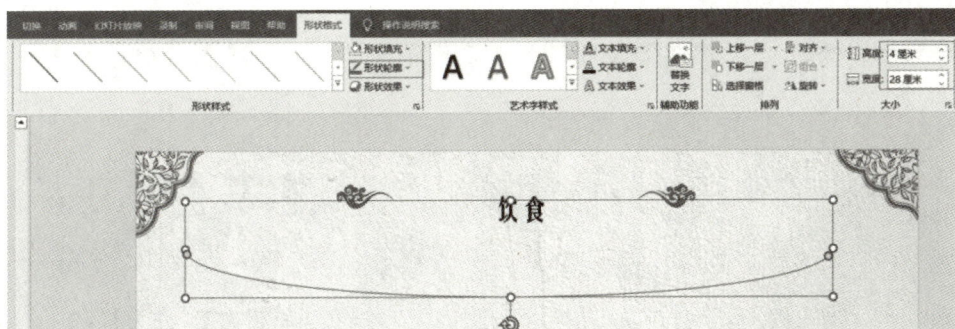

图 7-47　插入弧形线条

⑤ 复制线条，并将其颜色设置为浅红色，然后将线条旋转 5°，并放置在合适位置，设置后的效果如图 7-48 所示。

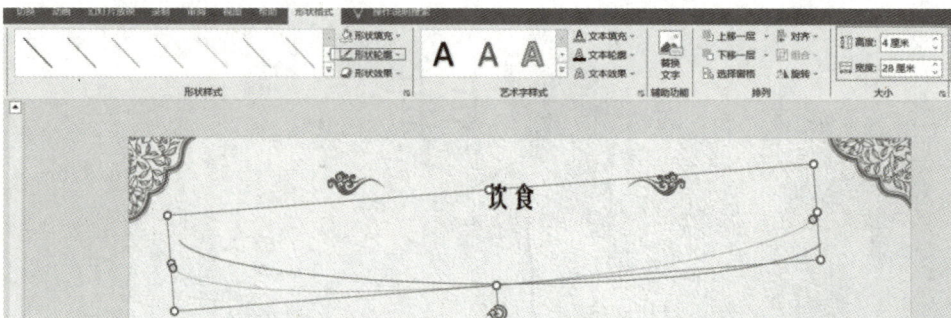

图 7-48　复制弧形线条

⑥ 插入灯笼和饺子的图片，并调整它们的大小和位置，使其效果如图 7-49 所示。

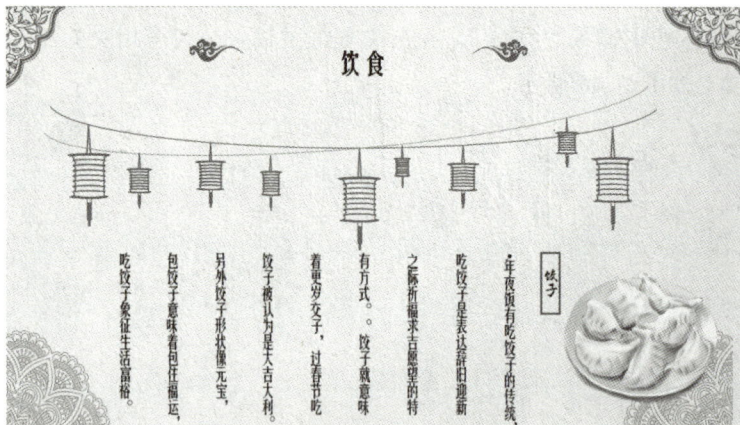

图 7-49　插入图片后的效果图

⑦ 选择"饮食"演示文稿，右键复制该演示文稿。然后更改内容文字，并插入图片，制作效果如图 7-50 所示。

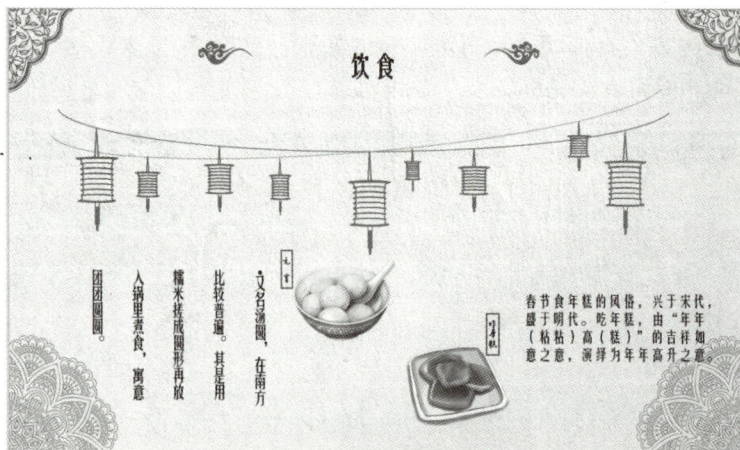

图 7-50　饮食页效果图

⑧ 制作感谢页演示文稿，选择首页演示文稿，右键复制该演示文稿，将文本内容改为"谢谢"。制作完成后的效果如图 7-51 所示。

图 7-51　结束页

·思·

　　春节，自古以来就是中华民族最重要的节日，是阖家团圆、辞旧迎新的喜庆日子。如今，春节走向全球，世界各地的人们在一年更比一年浓的年味儿中感受中华文化的魅力，增进对中国的了解。

　　2023 年 12 月 22 日，第 78 届联合国大会协商一致通过决议，将春节确定为联合国假日，进一步赋予了这一传统节日更深的意蕴和意义。"过年"，正成为一项全球性的文化盛事。春节是中国的，也是世界的。新春的和风将中国文化的独特韵味吹向全球各地。来自五湖四海的人们在贴春联、观舞狮的欢声笑语中感受中华文明对美好未来的向往，在对中国文化的亲身体验中感受中华文明开放包容的天下情怀和美美与共的价值追求。

7.3

任务 2　制作"年度工作总结汇报"演示文稿

任务要求

　　在幻灯片演示中，年度工作总结汇报是一种常见的演示文稿，该演示文稿主要展示对之前工作进行的总结，以及未来的工作规划。

　　此类演示文稿包括对整年的工作进行概述、对完成的项目和任务进行绩效评估、总结年度内取得的工作亮点和成果、总结年度工作中遇到的问题和挑战、进行自我评估、制订发展计划，以及对下一个工作年度进行展望。"年度工作总结汇报"的效果如图 7-52 所示。

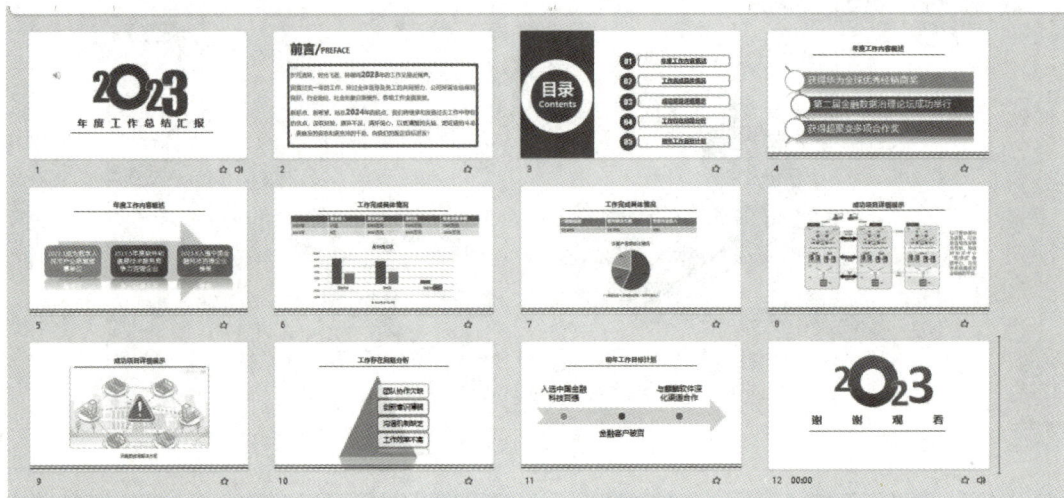

图 7-52　效果图

　　本任务的具体操作要求如下：

　　(1) 封面页的操作要求如下：

　　① 设置幻灯片宽度为 16：9。

　　② 横排文本 2 的字体颜色为深红，文本轮廓设置为白色，设置背景为样式 1，字体样式为 Impact，大小为 169 号，设置文字阴影；文本 3 的字体大小设置为 244 号。

　　③ 将空心圆颜色填充为深红，轮廓设置为白色，背景设置为样式 1，文字设置为阴影，圆的高度和宽度设置为 7 厘米，形状置于底层。

　　④ 将年度工作总结汇报字体设为微软雅黑，大小设置为 44，颜色设置为深红色，设置段落为分散对齐。

　　⑤ 设置直线长度为 22 厘米，颜色为深红色，将线条粗细设为 3 磅。

　　⑥ 将数字的动画效果设置为缩放，年度工作总结汇报的动画效果设置为自左侧飞入，横线的动画效果设置为淡出。

　　(2) 前言和目录页的操作要求如下：

　　① 前言页字体样式设置为微软雅黑，"前言"字体设置为 54 号，"PREFACE"字体设置为 36 号，前言内容文字为 24 号，行距为 1.5 倍，其中 2023 加粗标红显示，并设置文本形状轮廓粗细为 8 磅，颜色为深红显示。

　　② 前言页动画设置为形状，文字动画设置为轮子，效果选项中选择"3，轮辐图案"，序列中选择"按段落"。

　　③ 设置目录页矩形高 19 厘米，宽 11.8 厘米，形状填充为深红色，形状轮廓为白色，

圆环的高和宽为 11 厘米，填充颜色为白色，圆环内文字为"目录"，字形为微软雅黑，字体大小为 36 号，颜色为白色。

④ 设置椭圆的半径为 2.7 cm，颜色为深红色，文字颜色为白色，字体为 Impact，大小为 36，圆角矩形高 1.7 厘米，宽 14 厘米，文字字体大小为 28，样式为微软雅黑。

(3) 幻灯片内容页的操作要求如下：

① 设置标题和内容页的母版标题居中对齐，字体为微软雅黑，字号为 33，直线为 2 磅深红色，长度为 20 厘米，页脚分别插入 2 磅和 8 磅的深红色直线，长度为 33.87 厘米，删除多余母版。

② 年度内容概述页面：输入标题和内容，并把内容转换为 SmartArt 图形，设置动画效果为淡出。

③ 工作完成具体情况页面：插入 3 行 5 列的表格，输入 2022 年和 2023 年的营业收入、营业利润、净利润和现金流量净额，设置表格样式为"中度样式 2"→"强调 1"，插入柱状图，并设置柱状图的坐标数据为 2022 年和 2023 年的营业利润、净利润和现金流量净额，选择表格，设置动画为擦除，图表动画为形状；在第二张幻灯片"制作完成具体情况"中，将图表设置为饼图，选择添加数据标签，并设置表格和图表的动画。

④ 成功项目详细展示页面：插入图片；横排文本框，在图片的右边输入文本框的内容，插入视频。

⑤ 工作存在问题分析页面：输入标题和内容页面文本，把内容文本转换为 SmartArt 图。

⑥ 在目录页面插入超链接，链接到对应的内容页面。

⑦ 首页插入背景音乐，选择播放时隐藏，循环播放。

(4) 结束页幻灯片的操作要求：复制首页幻灯片，粘贴为最后一张幻灯片，更改文本内容为"谢谢观看"。

知识要点

1. 幻灯片添加动画效果

1) 使用预置动画效果。

在 PowerPoint 中，可以为文本框、形状、图片等对象添加进入、强调和退出动画效果。下面是针对 3 种类型的动画效果：

进入动画：进入动画指对象在幻灯片上出现时的效果。它可以吸引观众的注意力，让文本或图形逐步显示出来。常见的进入动画类型包括淡入、由左至右滑入、由下至上弹入等。

强调动画：强调动画用于突出显示幻灯片上的特定内容。这种动画效果可以在对象已经出现后产生视觉上的变化或运动，以引起观众的注意。常见的强调动画包括放大、缩小、抖动、颜色变化等。

退出动画：退出动画指对象在幻灯片上消失时的效果。使用退出动画可以让文本或图形以某种方式离开屏幕，使过渡更加平滑。常见的退出动画包括淡出、向左滑出、向下缩小等效果。3 种类型的动画效果如图 7-53 所示。

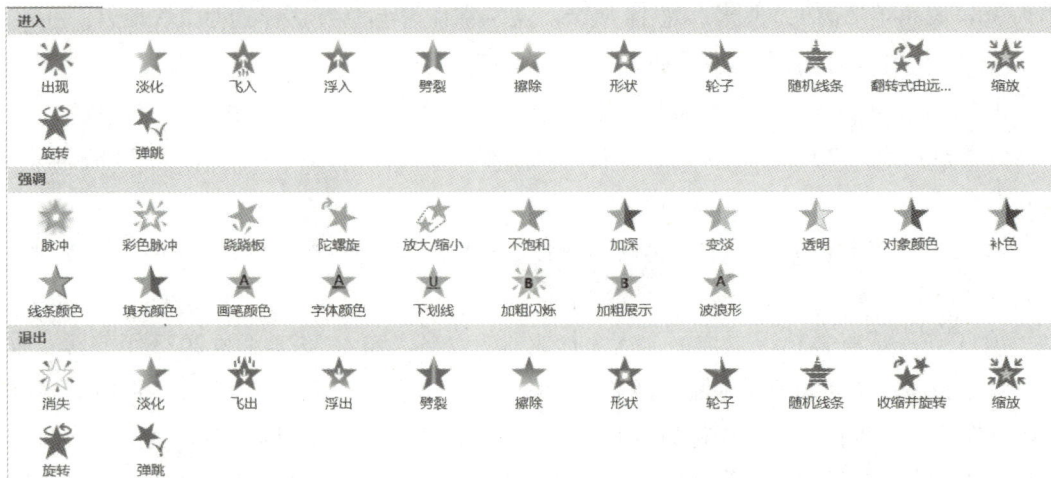

图 7-53　3 种类型的动画效果

预设动画：首先，在幻灯片中选择要添加动画效果的元素，例如文本框或图片，然后，切换到菜单栏上的"动画"选项卡，单击"添加动画"。在弹出的下拉菜单中选择所需要的预设动画效果，如"旋转""淡入"等。接下来，在"动画窗格"中设置动画的详细参数，包括"开始"方式、"持续时间""延迟"等，如图 7-54 所示。

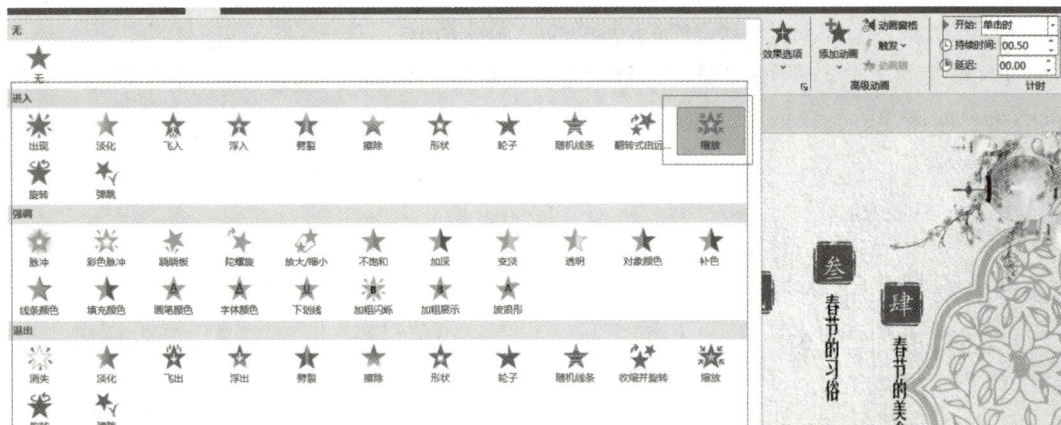

图 7-54　预设动画

2) 自定义动画路径

在幻灯片中选中要添加动画效果的元素，比如文本框或图片。然后切换到菜单栏上的"动画"选项卡，单击"添加动画"。在弹出的下拉菜单中选择"更多动作路径"，单击选择所需的动作路径，如"向上""向下"等。调整路径的起点和终点，并设定路径的长度、方向，以创建自定义的动画效果。还可以设置路径的速度、方向、循环等参数。自定义动画路径如图 7-55 所示。

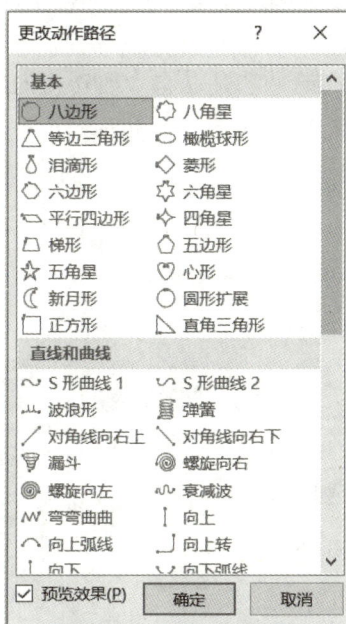

图 7-55　自定义动画路径

3) 使用触发器

在幻灯片中，可以添加动画效果的元素，例如同心圆。其具体实现方法是在菜单栏中选择"动画窗格"选项卡，然后双击要添加动画效果的同心圆，在弹出的界面中选择"计时"选项。接着设置触发器的触发条件，设置完成后，当单击图片 2 时，同心圆将会按照设定的动画效果出现。使用触发器如图 7-56 所示。

图 7-56　使用触发器

2. 应用并设置 SmartArt 图

在设计演示文稿过程中，单纯的文本表达有时会显得枯燥，幻灯片缺乏亮点。针对一些有条目的文本，可以快速使用 SmartArt 图形来增加视觉效果。

1) 文本转换为 SmartArt 图形

将文本转换为 SmartArt 图形的方法是在包含要转换的文本幻灯片上右键单击文本所在的占位符，然后选择"转换为 SmartArt"，如图 7-57 所示。

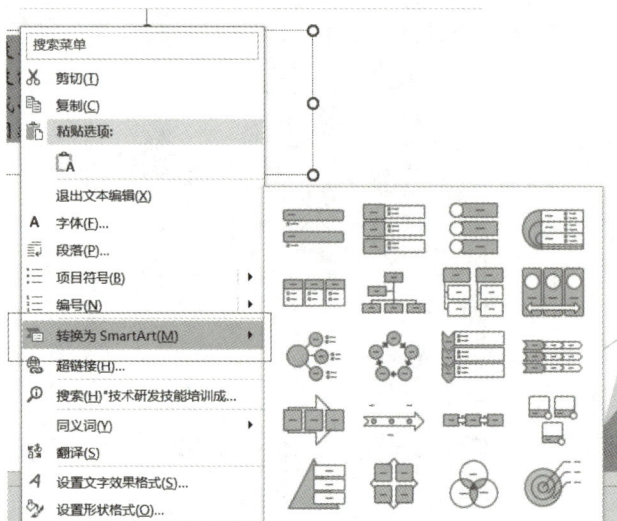

图 7-57　转为 SmartArt 图

注： 在将文本转换为 SmartArt 图形时，部分对幻灯片上文本的自定义设置 (如文本颜色或字号的更改) 可能会丢失。

2) 更改整个 SmartArt 图形的颜色

更改整个 SmartArt 图形的颜色的方法是在 SmartArt 图形上单击，然后在"SmartArt 工具"下的"SmartArt 设计"选项卡中单击"更改颜色"，不同的颜色组合都是从演示文稿的主题颜色中获得的，如图 7-58 所示。

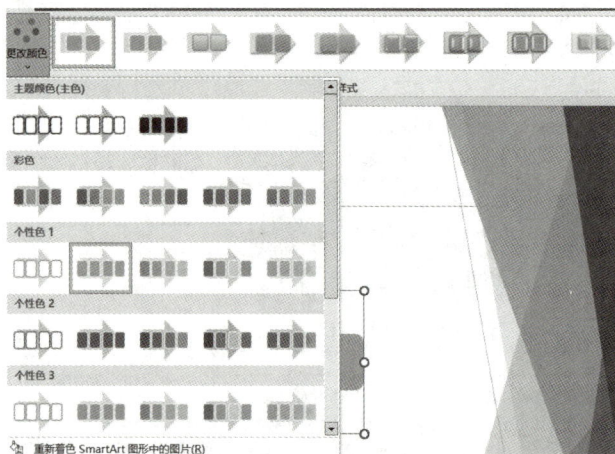

图 7-58　更改颜色

3) 更改 SmartArt 图形的版式

选中 SmartArt 图形后，单击 "SmartArt 设计" 中的版式下拉选项，即可更改图形样式，如图 7-59、图 7-60 所示。

图 7-59　更改图形样式

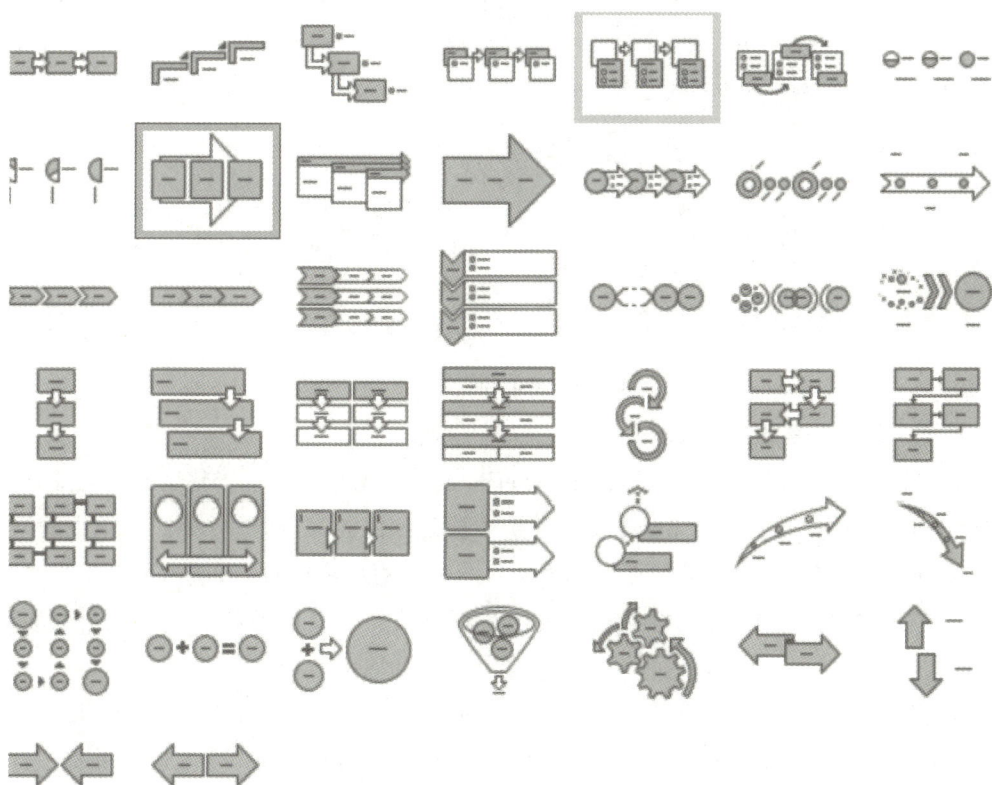

其他布局(M)...

图 7-60　更改布局

3. 添加 Excel 图表

在制作 PPT 幻灯片时，需要通过插入多种 Excel 图表以图形化的方式展示数据的走势和统计分析的结果，下面的方法是在幻灯片中添加 Excel 图表的方法。

1) 利用 PowerPoint 内置的工具制作图表

要在幻灯片中添加一个新的图表，可以使用 PowerPoint 中提供的图表工具。首先在常用工具栏中单击"插入图表"选项，这样就会在幻灯片中插入一个"柱形图"，如图 7-61 所示。

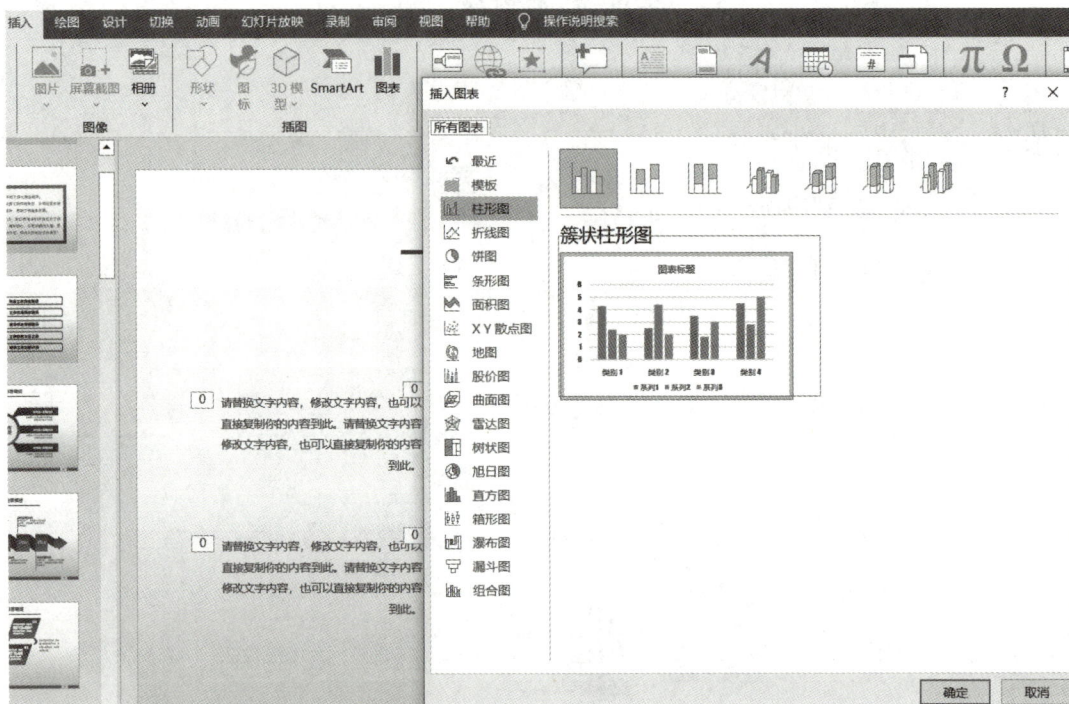

图 7-61　更改图表数据

2) 利用"复制、粘贴"插入图表

要将 Excel 文档中现有的图表添加到 PowerPoint 演示文稿中，可以使用简单的复制和粘贴操作，具体步骤：首先打开 Excel 文件并选中要复制的图表，选择"编辑"菜单中的"复制"选项，如图 7-62 所示，接下来打开需要插入图表的幻灯片页面，右键中单击出现"粘贴选项"。在"粘贴选项"对话框中有"使用目标样式"和"保留源格式"两个选项可供选择。

(1) 选择"使用目标样式"选项，会将 Excel 中的图表复制到演示文稿中，并且复制后的图表与 Excel 源文件没有任何关联，此时，对任意一方进行修改都不会影响到其他文件。

(2) 选择"保留源格式"选项，则会将图表复制到演示文稿中，并且与 Excel 源文件建立连接。这样，无论修改演示文稿还是 Excel 中的图表，另一方都会根据修改的内容进行更改，如图 7-63 所示。

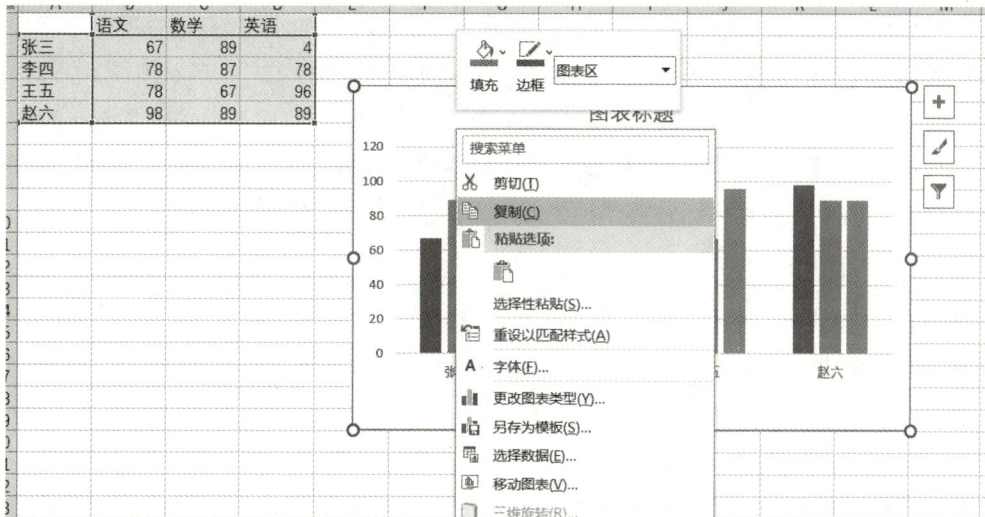

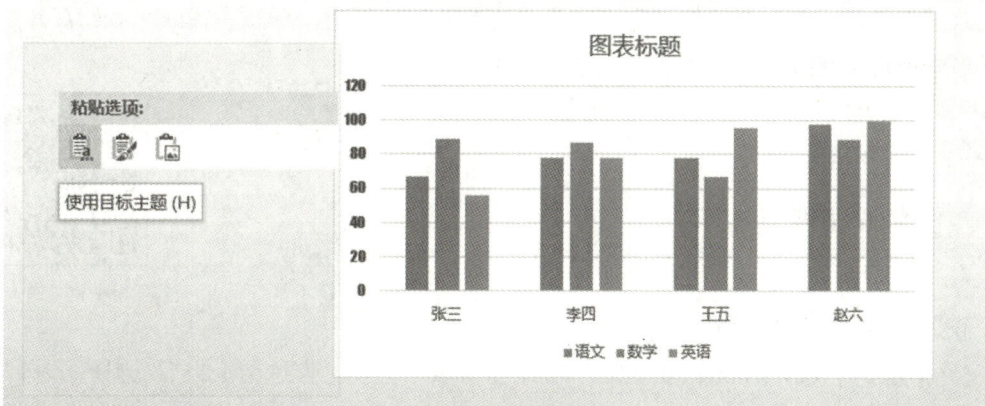

图 7-62　复制图表

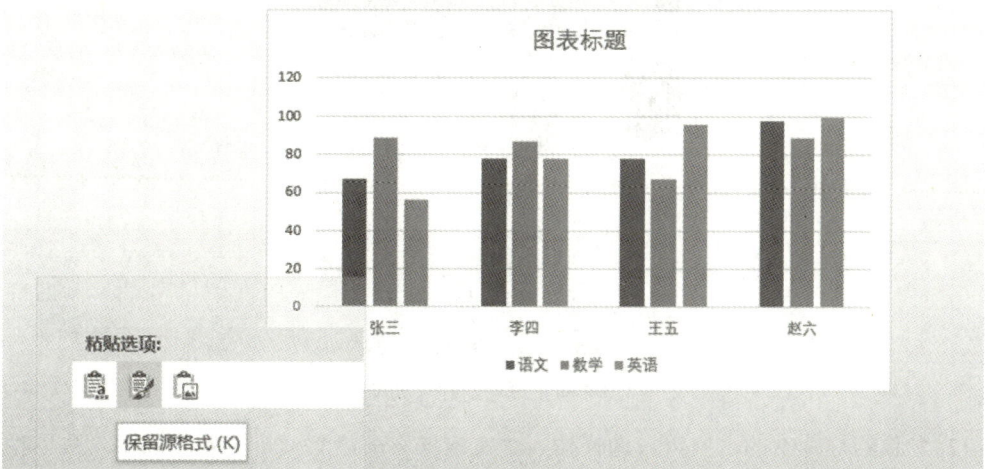

图 7-63　保留源格式

4. 创建超链接

打开 PowerPoint，并进入编辑模式。选择要添加超链接的文本、形状或图片，可以是一个单词、一句话、一个按钮等。在顶部菜单栏中选择"插入"，然后单击"超链接"按钮，也可以使用快捷键"Ctrl + K"来打开超链接对话框。在弹出的超链接对话框中，根据需要选择合适的选项，输入目标链接的地址或名称，并单击"确定"按钮。

5. 幻灯片添加背景音乐和视频

打开 PowerPoint，并进入编辑模式。在顶部菜单栏中选择"插入"选项。如果要添加背景音乐，则单击"音频"按钮。如果要添加视频，则单击"视频"按钮。在弹出的文件浏览器对话框中选择想要添加的音频或视频文件。可以选择计算机上存储的文件，也可以从在线资源库中选择文件。添加完音频或视频后，它会自动插入到幻灯片中。在其位置上拖动音频或视频对象，调整尺寸和位置。如果需要设置音频或视频的播放选项，例如开始时间、结束时间、循环等，则可以右键单击音频或视频对象，选择"格式化音频"或"格式化视频"选项，然后在"播放"选项卡中进行相应的设置。在预览模式下或幻灯片播放时，音频或视频将按照所设置的方式进行播放。

操作步骤

本任务的操作步骤如下。

操作步骤 1

1. 设置封面页

设置封面页的步骤如下：

(1) 新建一个 PowerPoint 2019 文件，保存名字称"年度工作总结汇报"。选择"设计"→"幻灯片大小"，选择宽屏 (16∶9)，如图 7-64 所示。

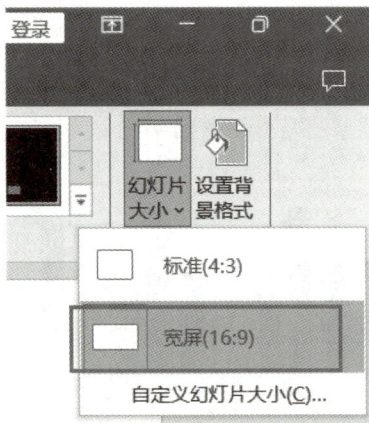

图 7-64　设置幻灯片大小

(2) 删除幻灯片中的占位符，选择插入"文本框"→绘制横排文本框，输入数字"2"，设置字体颜色为深红，文本轮廓为白色，背景 1，字体样式为 Impact，大小为 169，添加文字阴影，如图 7-65 所示。

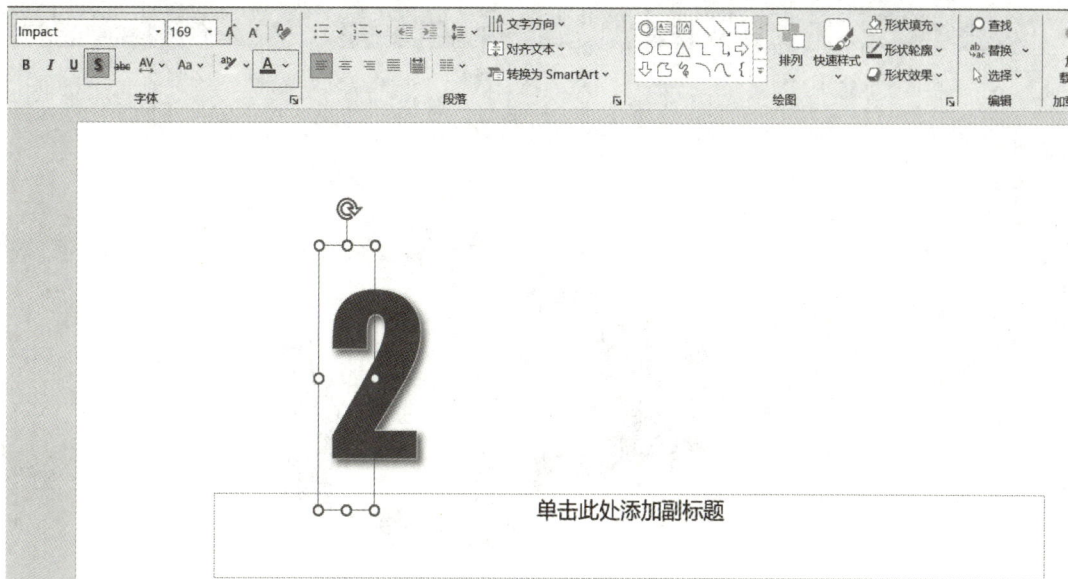

图 7-65　输入数字

(3) 复制文字两份，将其中一份的文字大小调整为 244，同时调整相应的位置，具体操作如图 7-66 所示。

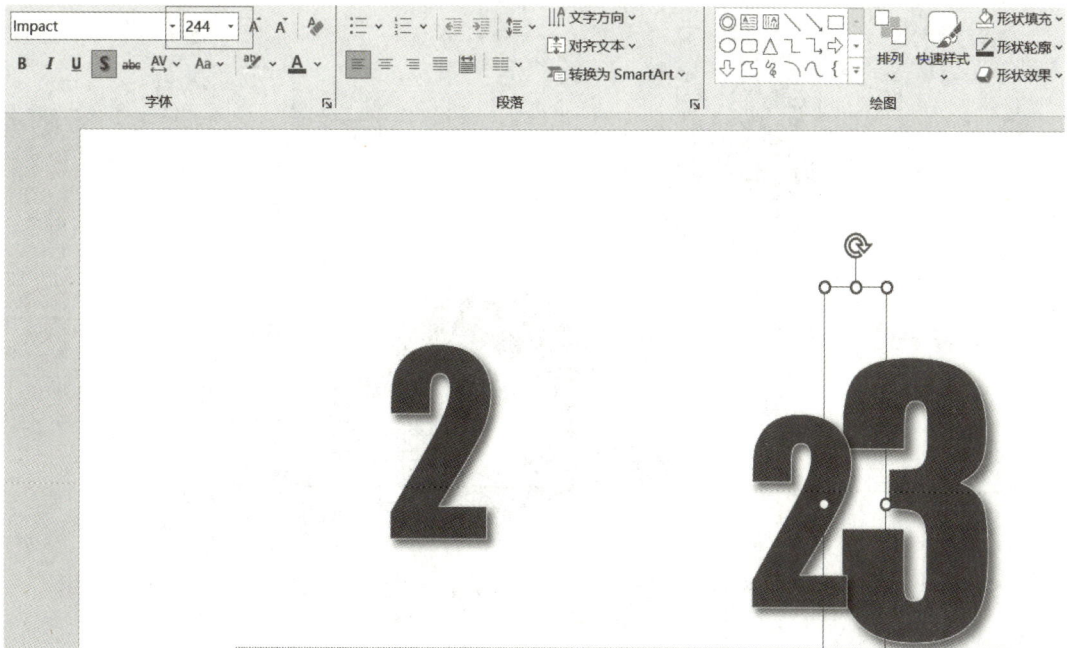

图 7-66　调整字体大小

(4) 选择"插入"→"形状"，选择空心圆形状，在如图 7-67 所示位置绘制圆形，颜色填充为深红，轮廓颜色设为白色，背景样式设为 1，添加文字阴影。将圆的高度和宽度设置为 7 厘米，并将形状置于底层，具体设置效果如图 7-67 所示。

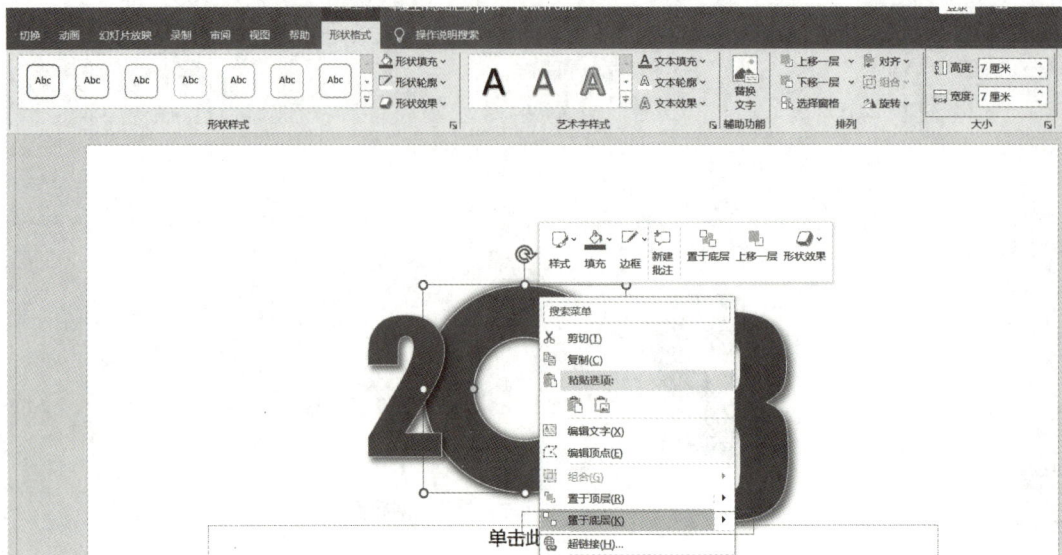

图 7-67　绘制空心圆大小

(5) 在副标题栏中输入"年度工作总结汇报"，设置字体为微软雅黑，大小为 44，颜色为深红色。将段落对齐方式设置为分散对齐，并调整文本框的大小，设置宽度为 20 厘米，具体效果如图 7-68 所示。

图 7-68　设置副标题

(6) 在"年度工作总结汇报"字体下方插入一条长度为 22 厘米的直线，颜色设为深红色，线条粗细为 3 磅，具体效果如图 7-69 所示。

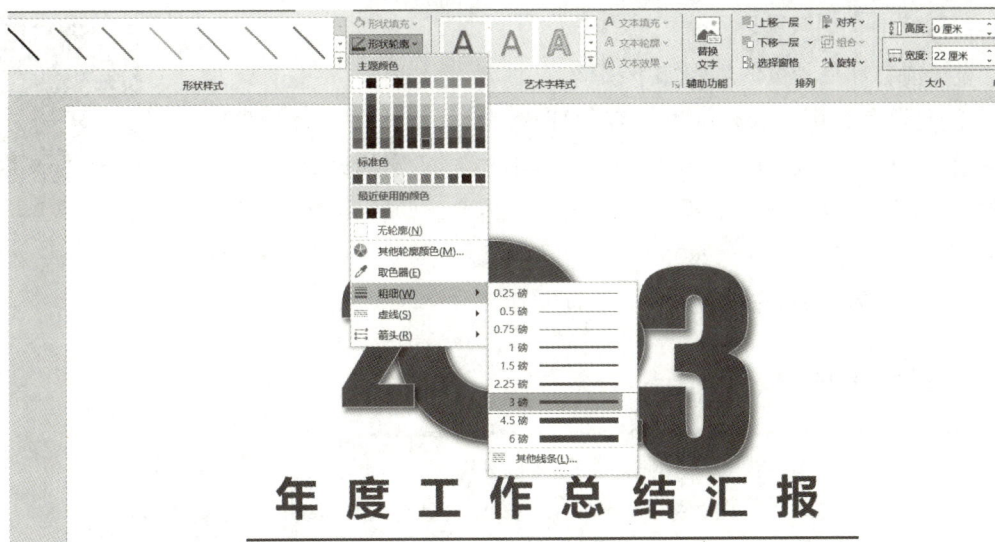

图 7-69　插入直线

(7) 设置首页数字的动画效果为缩放，"年度工作总结汇报"的动画效果为自左侧飞入，横线的动画效果为淡化，具体的动画顺序和效果如图 7-70 所示。

图 7-70　设置动画效果

(8) 首页的完成效果如图 7-71 所示。

图 7-71　首页完成效果图

2. 设计前言和目录页

设计前言和目录页的步骤如下：

(1) 设计前言页，新建标题内容幻灯片，字体样式设为微软雅黑。在标题文本框中输入"前言/PREFACE"，其中"前言"字体设置为 54 号，"PREFACE"字体设置为 36 号，输入前言内容文字，大小为 24，段落为 1.5 倍行距。将其中的"2023"加粗并标红显示，设置文本形状轮廓宽度为 8 磅，颜色设为深红，具体效果如图 7-72 所示。

操作步骤 2

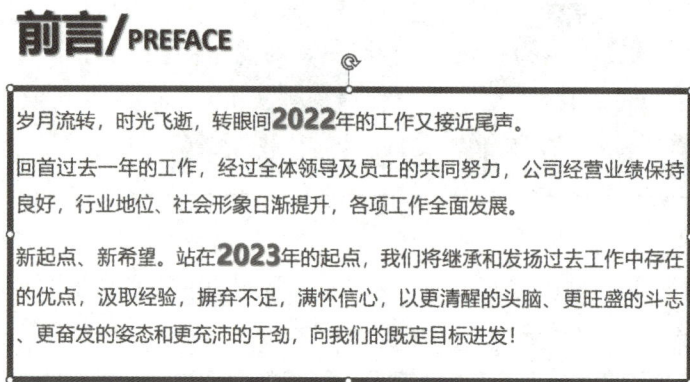

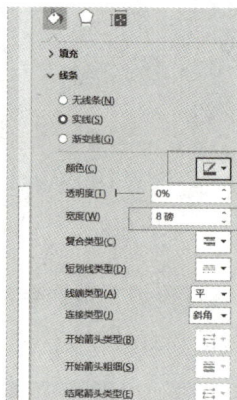

图 7-72　设计前言页

(2) 设置前言页面的动画效果，标题的动画为形状，文字动画效果为轮子，效果选项中选择"3 轮辐图案"，序列中选择"按段落"，如图 7-73 所示。

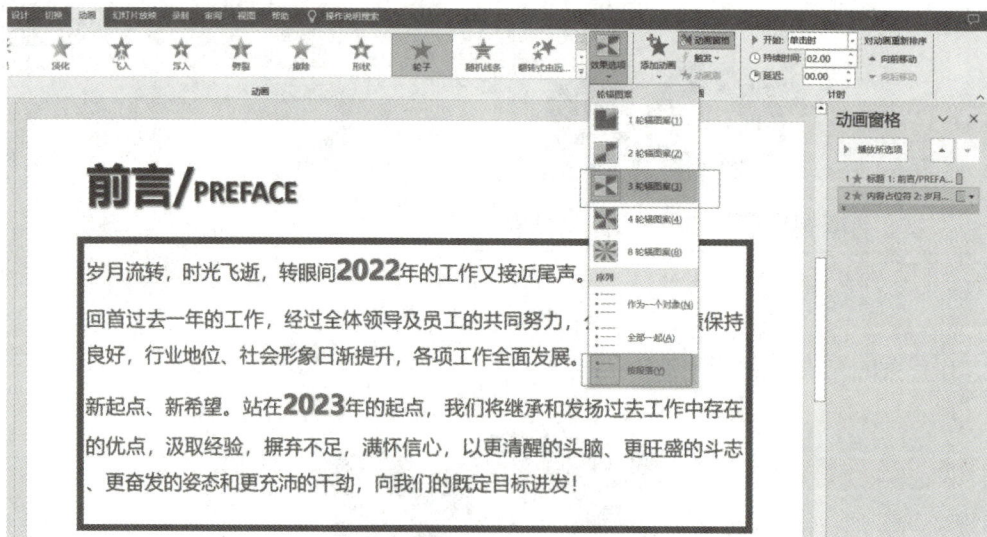

图 7-73　前言页动画

(3) 设计目录页，新建一张空白幻灯片，选择"插入"→"形状"→"矩形"，在幻灯片左侧插入一个高度为 19 厘米，宽度为 11.8 厘米的矩形。矩形的形状填充颜色为深红色，轮廓颜色为白色。在矩形上方插入一个高度和宽度都为 11 厘米的圆环，填充色为白色，在圆环内输入中文"目录"，字形设为微软雅黑，英文字形设为 Times New Roman，字体大小设为 36 号，字体颜色设为白色，具体完成效果如图 7-74 所示。

图 7-74　设计目录页

　　(4) 幻灯片右侧选择"插入"→"形状"→"基本形状"→"椭圆"，绘制一个半径为 2.7 cm 的椭圆形，颜色设为深红色，内部输入文字"01"，颜色设为白色，字体选择 Impact，大小设为 36 号，然后在椭圆右侧选择"插入"→"形状"→"矩形"→"圆角矩形"，在幻灯片上插入一个高度为 1.7 厘米，宽度为 14 厘米的填充颜色为白色的圆角矩形。选中矩形，并编辑其中的文字，输入内容为"年度工作内容概述"，字体大小设为 28 号，颜色为深蓝色，字体样式选择微软雅黑、加粗，并添加字体阴影，具体完成效果如图 7-75 所示。

图 7-75　目录页字体设计

　　(5) 同时选中椭圆和圆角矩形，选择"形状格式"→"排列"→"对齐"→"垂直居中"，然后选择组合操作，将椭圆和圆角矩形组合在一起，具体完成效果如图 7-76 所示。

图 7-76　组合椭圆和圆角矩形

(6) 复制椭圆和圆角矩形，分别更改序号和文字，并调整它们的位置，具体完成效果如图 7-77 所示。

图 7-77　目录页文字完成效果图

(7) 添加动画，选中目录组合框，选择"动画"→"擦除"，在效果选项中选择"自左侧"，如图 7-78 所示。

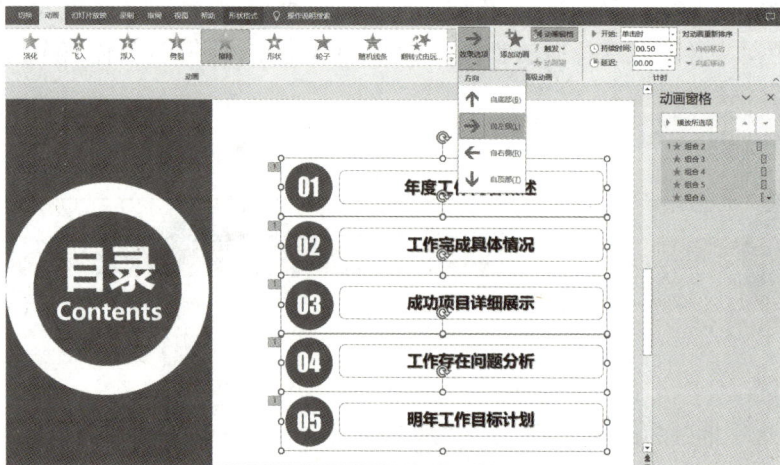

图 7-78　目录页文字动画效果

(8) 选择"01 年度工作内容概述框"，双击动画窗格，选择"擦除"动画效果，设置计时方式为"从开始"，然后选择"上一动画之后"，单击"确定"按钮。接着设置组合的动画触发器，同样设置 02～05 的动画触发方式，具体设置效果如图 7-79 所示。

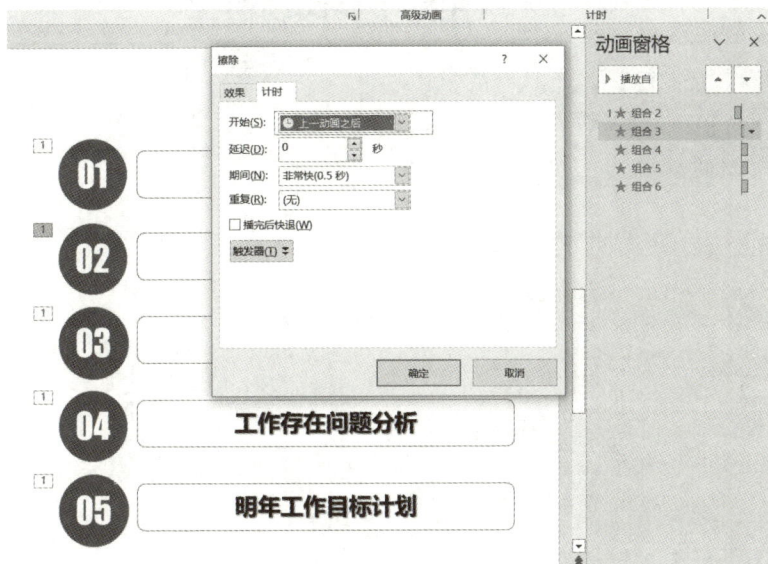

图 7-79　触发器效果

3. 设计幻灯片内容页

设计幻灯片内容页的步骤如下：

(1) 创建内容页母版。打开母版视图，将标题和内容页的母版居中对齐，并设置字体为微软雅黑，字号为 33 号，在字体下方插入一条长度为 20 厘米的深红色直线，粗细为 2 磅。同时，在页脚上分别插入两条深红色直线，粗细分别为 2 磅和 8 磅，长度都为 33.87 厘米。删除多余的母版元素，具体完成效果如图 7-80 所示。

操作步骤 3

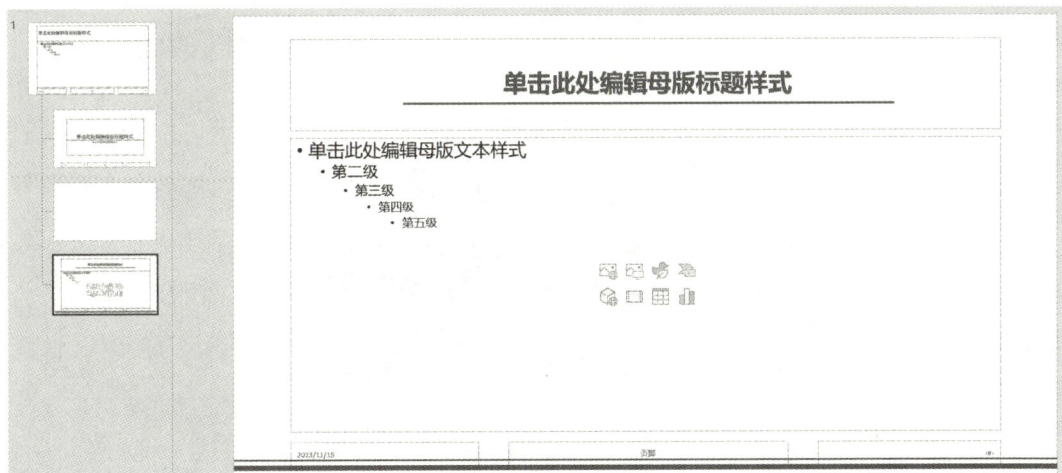

图 7-80　内容页母版

(2) 制作"年度工作内容概述"页面。

① 输入标题和内容，然后将内容转换为 SmartArt 图形，效果如图 7-81 所示。

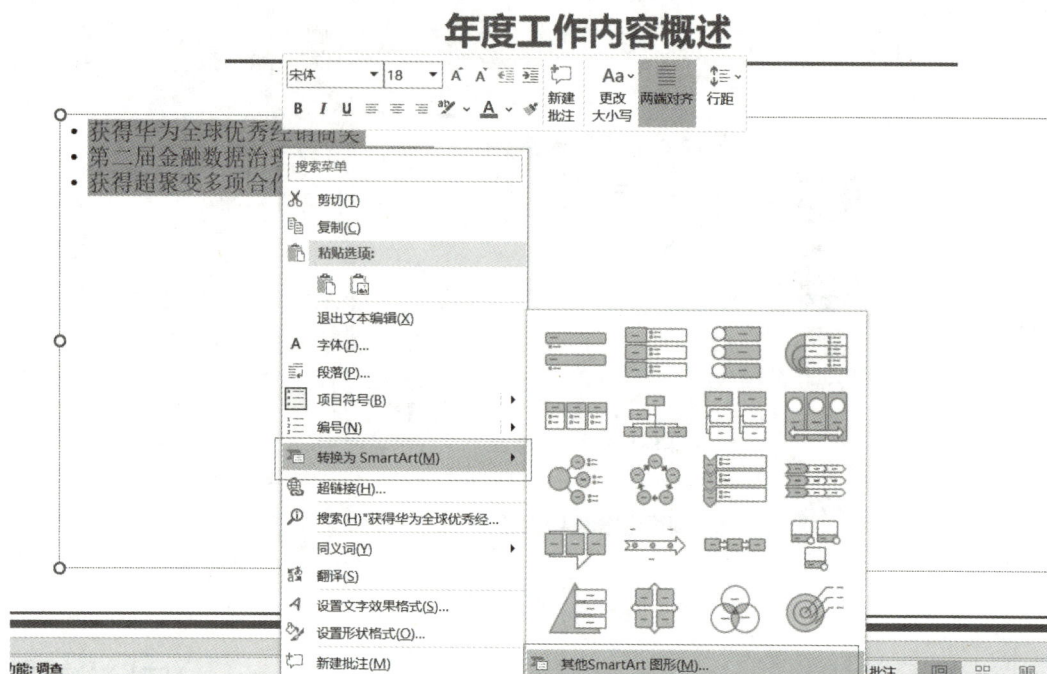

图 7-81　内容转为 SmartArt 图形

② 选择合适的列表图形，设置颜色和样式，并将图形动画效果设置为淡化，具体效果如图 7-82 所示。

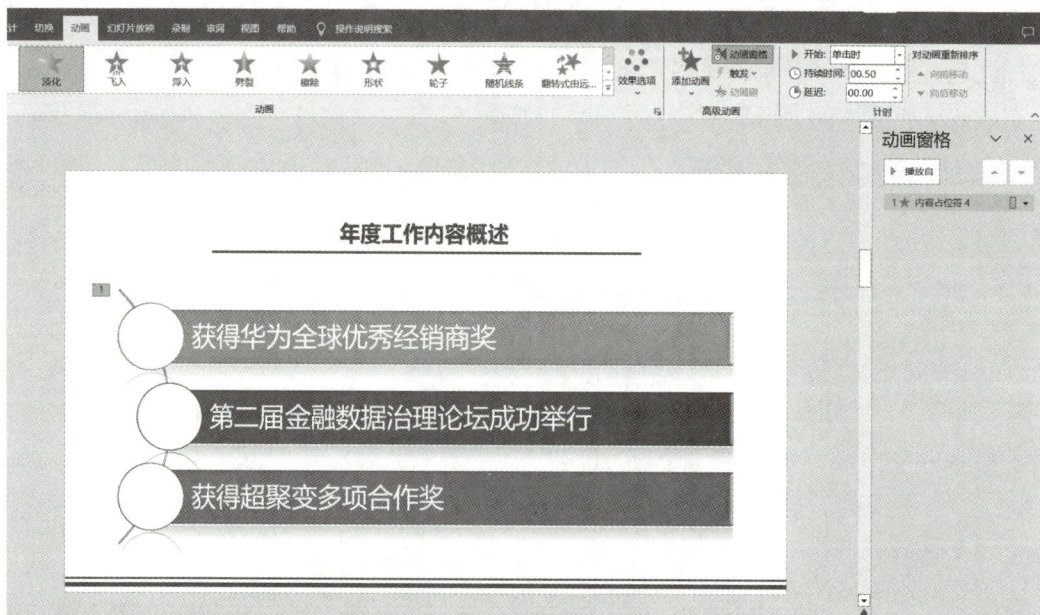

图 7-82　内容概述页面效果图

③ 使用相同的方式设置第二张"年度工作内容概述"页面，具体效果如图 7-83 所示。

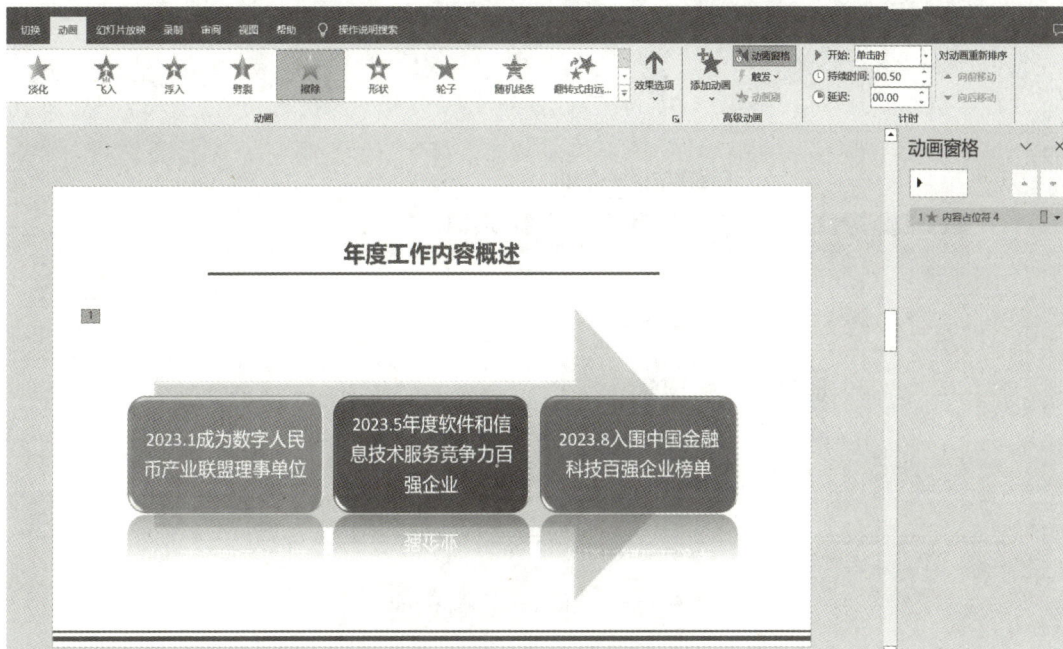

图 7-83　年度工作内容概述页

(3) 创建"工作完成具体情况"页面。

① 选择"插入"→"表格"，插入一个 3 行 5 列的表格，并在该表格中分别输入 2022 年和 2023 年的营业收入、营业利润、净利润以及现金流量净额数据，接着将表格样式修改为"中度样式 2 －强调 1"，具体效果如图 7-84 所示。

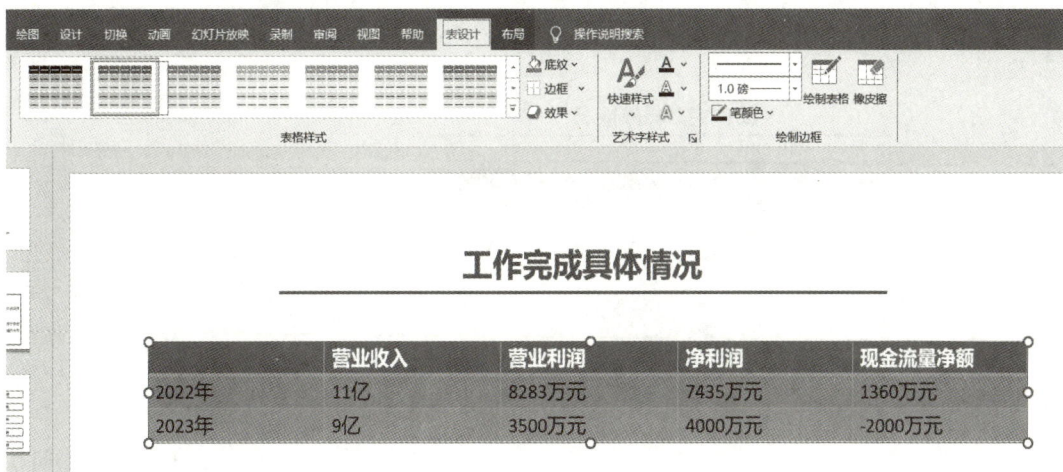

	营业收入	营业利润	净利润	现金流量净额
2022年	11亿	8283万元	7435万元	1360万元
2023年	9亿	3500万元	4000万元	-2000万元

图 7-84　工作完成具体情况图

② 首先选择"插入"→"图表"→"柱状图"进行柱状图的插入，然后添加坐标数据，包括 2022 年和 2023 年的营业利润、净利润、现金流量净额；接着选中表格，设定动画效果为"擦除"，并设置图表动画为"形状"，最后的完成效果如图 7-85 所示。

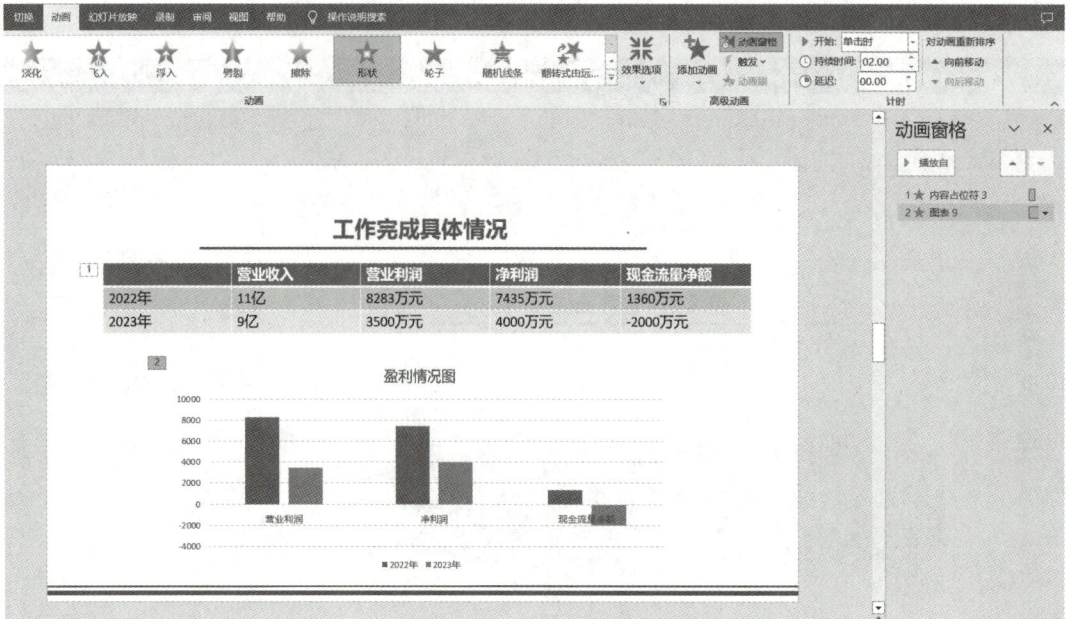

图 7-85　工作完成具体情况页

③ 创建"工作完成具体情况"第二张幻灯片，以饼图展示数据，操作步骤：选择"插入"→"图表"→"饼图"，然后添加图表元素中的"数据标签"，选择"数据标签内"位置；接着为表格和图表分别设置动画效果，具体完成效果如图 7-86 所示。

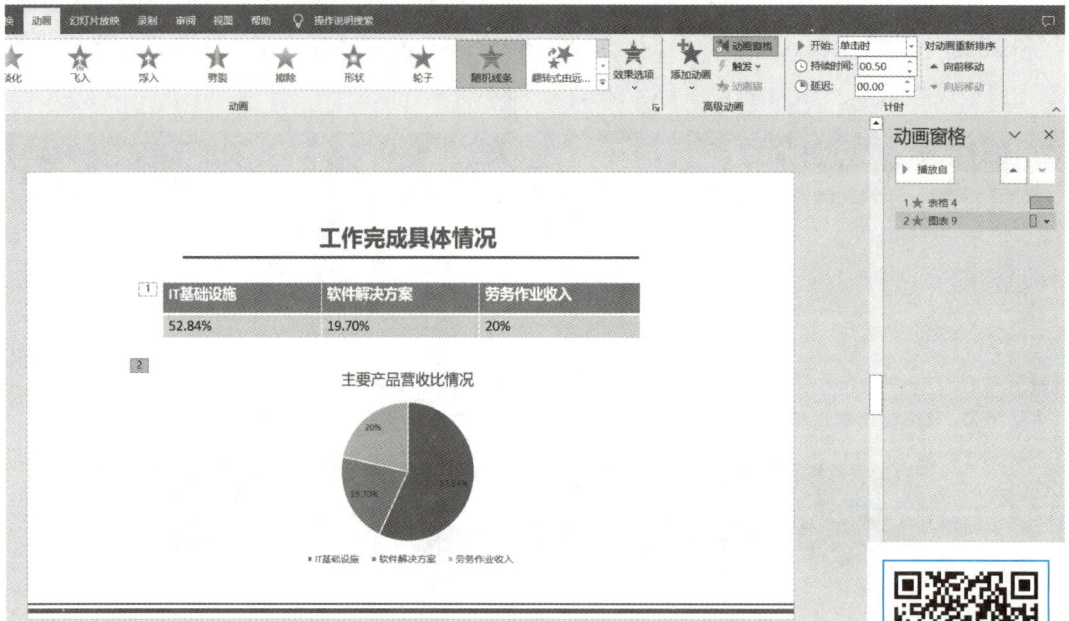

图 7-86　工作完成具体情况页效果图

(4) 制作"成功项目详细展示"页面。

① 输入标题后，选定内容区域，依次单击"插入"→"图片"，选

操作步骤 4

择"本地设备"并插入所需的图片；然后单击"插入"→"文本框"，选择"绘制横排文本框"的方式，在图片旁边添加相应的文字描述，完成后的效果如图 7-87 所示。

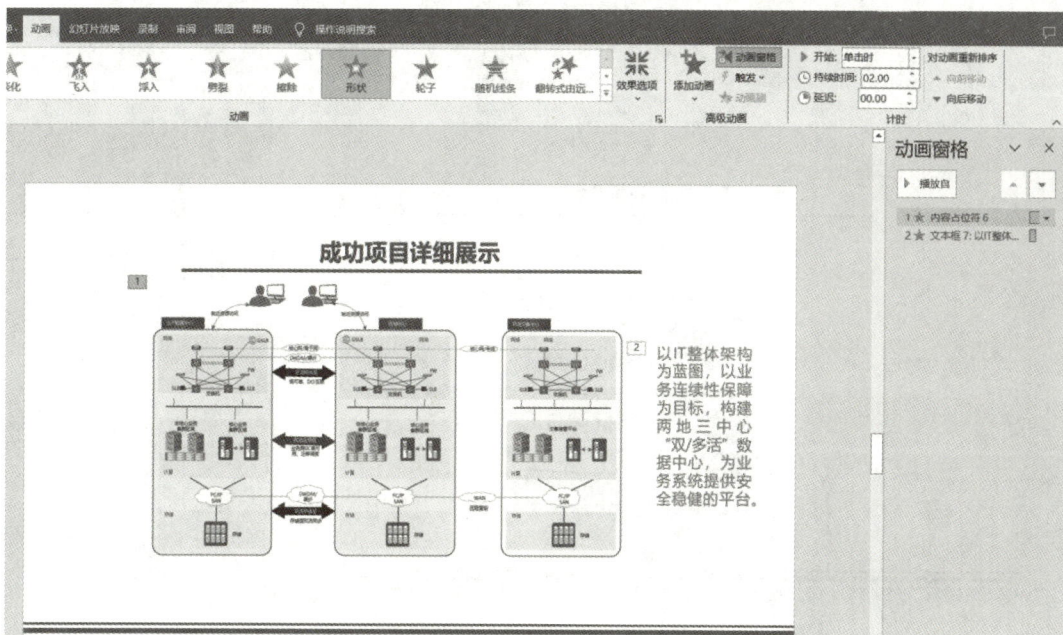

图 7-87　成功项目详细展示页效果图 1

②制作"成功项目详细展示"页面，输入页面标题后，在内容区域内操作，依次选择"插入"→"媒体"→"视频"→"此设备"以插入视频，然后选择"插入"→"文本框"→"横排文本框"，在文本框中输入详细内容，完成后的效果如图 7-88 所示。

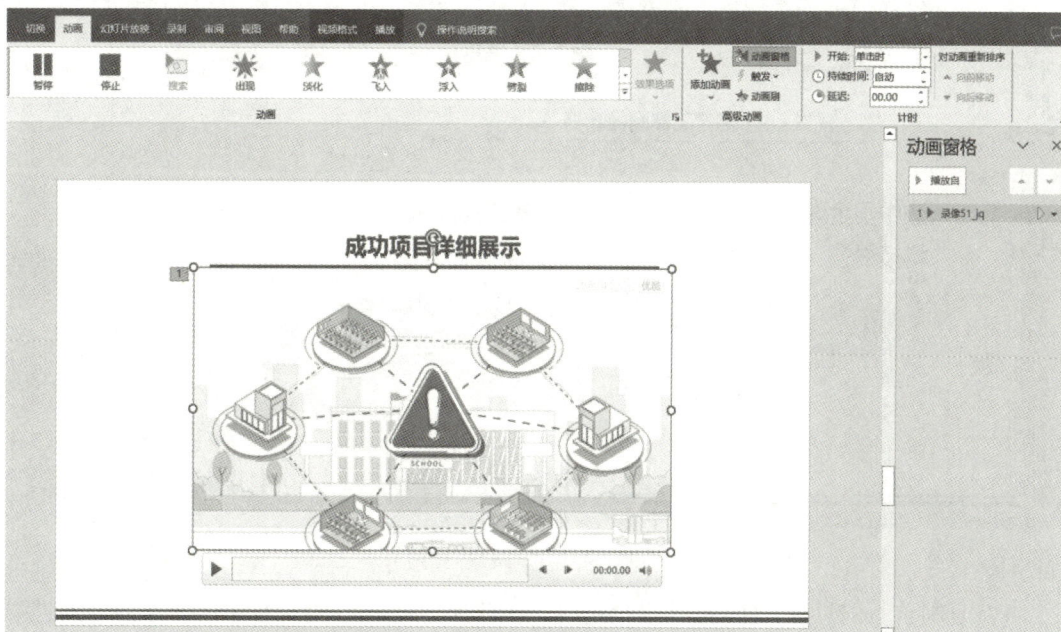

图 7-88　成功项目详细展示页效果图 2

(5) 制作"工作存在问题分析"页面时，先输入标题和内容的文本，然后将文本内容转换为 SmartArt 图，以更直观和美观的方式展示问题分析，最终完成的效果如图 7-89 所示。

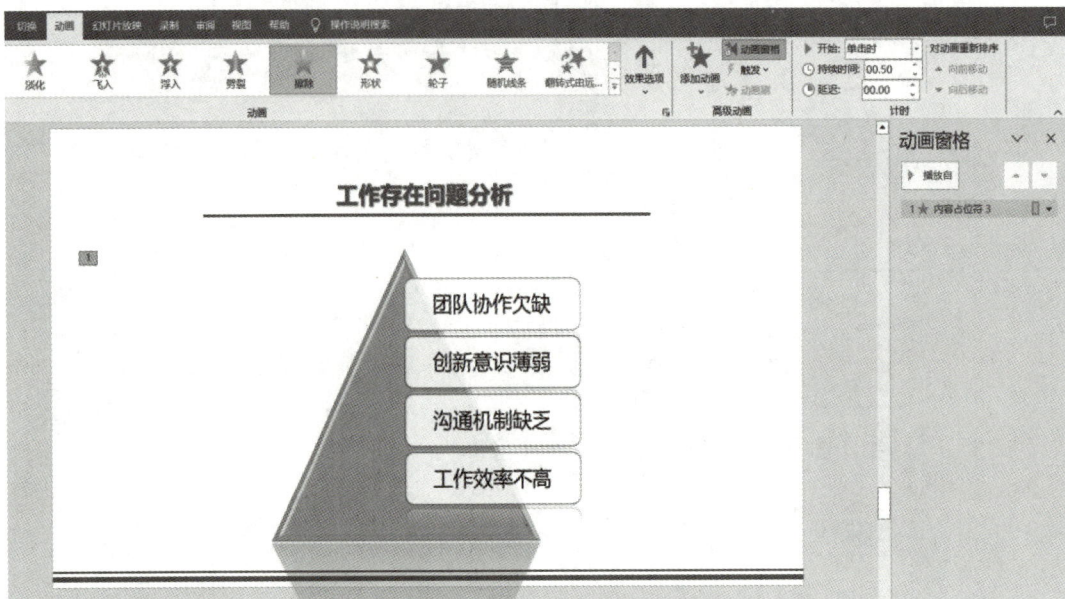

图 7-89　工作存在问题分析页

(6) 制作"明年工作目标计划"页面，制作完成后的效果图如图 7-90 所示。

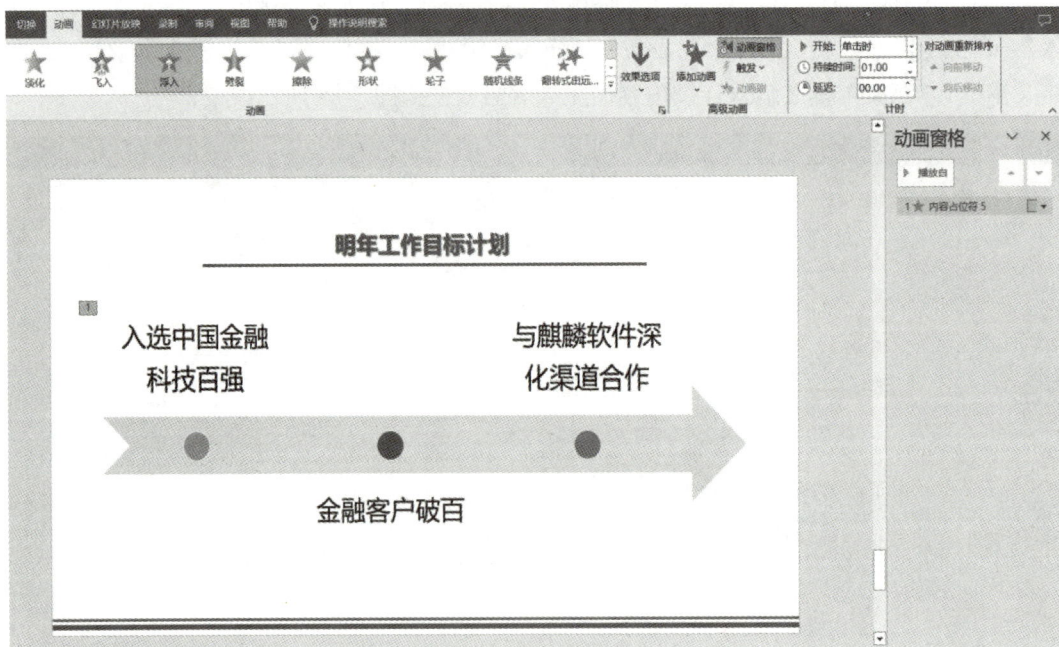

图 7-90　明年工作目标计划页

(7) 复制首页幻灯片，并将其粘贴为最后一张幻灯片，更改幻灯片中的文本内容为"谢谢观看"，如图 7-91 所示。检查幻灯片运行效果以确保与预期一致。

图 7-91　结束页

(8) 为目录页面插入超链接。选中目录页面上的"年度工作内容概述"文字,右键单击以显示菜单,选择"超链接",在弹出的对话框中选择"本文档中的位置",然后选择链接至第 4 页的"年度工作内容概述"页面,如图 7-92 所示。

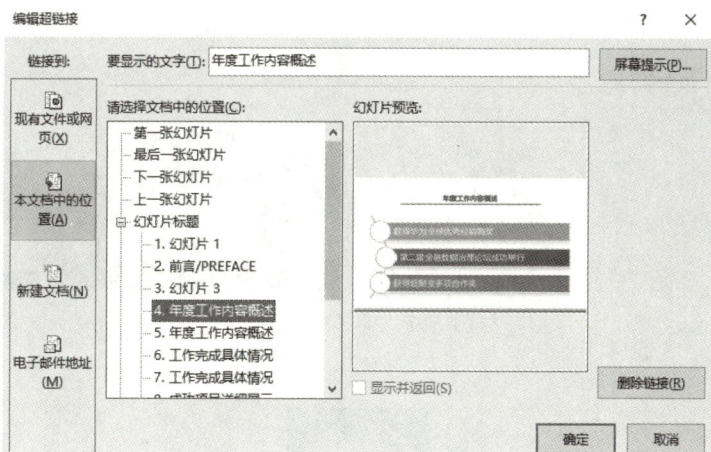

图 7-92　目录页插入超链接

为目录页各项内容添加超链接,链接指向对应的幻灯片页面,操作完成后的效果如图 7-93 所示。

图 7-93　目录页效果图

(9) 首页插入背景音乐。在首页单击"插入"，选择"音频"，然后选择来自"PC 上的音频"，从计算机上选择一个音乐文件并插入到幻灯片中，如图 7-94 所示。

图 7-94　插入背景音乐

在"播放"选项卡下选择"放映时隐藏"，同时在"音频选项"中勾选"跨幻灯片播放"和"循环播放，直到停止"，如图 7-95 所示。

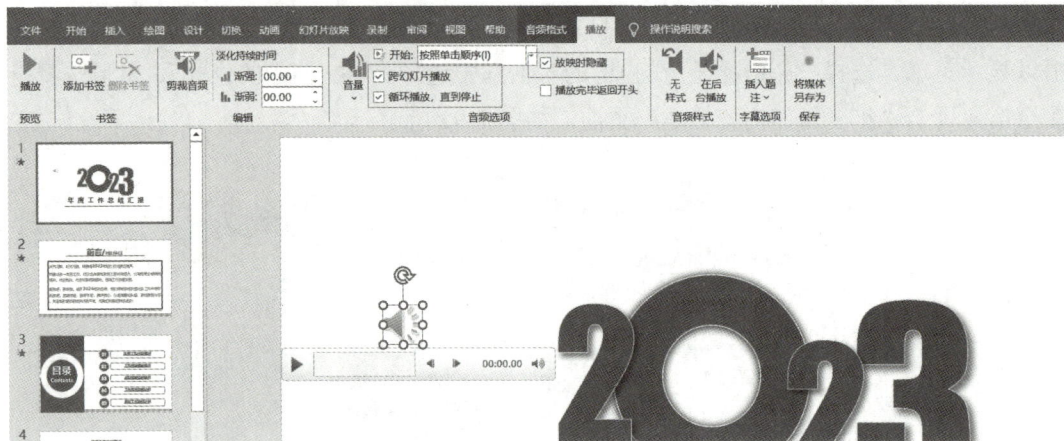

图 7-95　设置播放方式

7.4

任务 3　放映"年度工作总结汇报"演示文稿

任务要求

为确保"年度工作总结汇报"演示文稿与观众沟通有效，在演示过程中，设置幻灯片切换效果和添加标记功能；为使放映更具吸引力和交互性，在演示文稿中插入缩放或定位辅助放映切换；根据情况使用 Word 软件创建演讲稿或讲义，便于记录演示内容和关键点；使用适当的软件工具，将演示文稿转换为 PDF 格式，以方便与他人共享和阅读；学会将演示文稿转换为视频格式，以便在不同平台上播放和分享；通过特定工具或软件，实现多个观众能够在同一时间观看同步放映的幻灯片；通过适当的设置或利用软件功能，将整个演示文稿输出为单张静态图片。

本任务的具体格式要求如下：

(1) 放映幻灯片：设置放映中的切换及标记；设置插入缩放定位辅助放映切换。

(2) 输出幻灯片：输出"年度工作总结汇报"演示文稿为讲义；将"年度工作总结汇报"演示文稿转换为 PDF 文件；将"年度工作总结汇报"演示文稿创建为视频文件；将"年度工作总结汇报"演示文稿导出为 Word 讲义；将"年度工作总结汇报"演示文稿批量输出为单张图片。

知识要点

1. 幻灯片的放映

1) 设置放映中的切换及标记

在放映幻灯片的过程中，讲解人员可以随意切换到其他指定幻灯片，也可以通过电子记号笔标记重要内容。

切换幻灯片的方法如下：

(1) 使用键盘快捷键：按下"Page Up"键向前切换到上一张幻灯片，按下"Page Down"键向后切换到下一张幻灯片。

(2) 使用鼠标单击：在幻灯片视图中的左侧区域单击可以向前切换到上一张幻灯片，在右侧区域单击可以向后切换到下一张幻灯片。

(3) 使用自定义导航栏：若启用了自定义导航栏，则在放映模式下，可以使用导航栏中的按钮来选择要切换到的幻灯片，如图 7-96 所示。

图 7-96　使用自定义导航栏

(4) 使用自动定义动作按钮：选择"插入"→"形状"→"动作按钮"，可以在幻灯片中插入动作按钮，以实现幻灯片的切换，运行效果如图 7-97 所示。

图 7-97　动作按钮

标记重要内容：使用电子记号笔功能。在放映模式下，可以在幻灯片上书写、标记和擦除内容。单击"画笔"按钮，选择合适的颜色和粗细，然后在幻灯片上进行标记，如图 7-98 所示；也可以右键单击鼠标进行选择，如图 7-99 所示。

图 7-98　使用电子记号笔

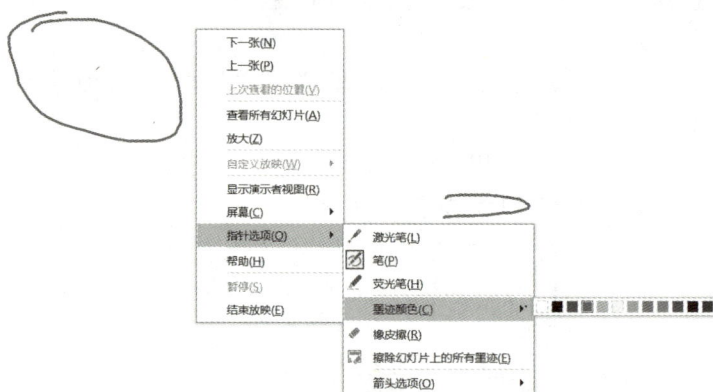

图 7-99　在屏幕上进行标记

2) 放映时边放映边讲解

放映时边放映边讲解的方法如下：

(1) 注释和讲解模式：可以在幻灯片的注释窗口中输入文本或备注，并与观众共享讲解内容。

在放映过程中，幻灯片上会显示输入的注释，观众只能看到幻灯片本身，如图 7-100 所示。

图 7-100　注释讲解模式

(2) 使用外部录音设备或软件：在放映模式下，可以使用外部录音设备录制讲解的声音，在准备好要放映的幻灯片后，开始录音并进行讲解，完成讲解后，保存录音文件，并将其与幻灯片一起分享给观众，观众可以同时听取录音并观看幻灯片。录制声音如图 7-101 所示。

图 7-101　录制声音

3) 设置幻灯片自动放映

在 PowerPoint 2019 中，可以设置自动播放功能，使幻灯片在没有人操作的情况下自动进行播放。在幻灯片放映选项中选择"观众自行浏览"或"在展台浏览"方式，并设置不同的放映选项，如图 7-102 所示。

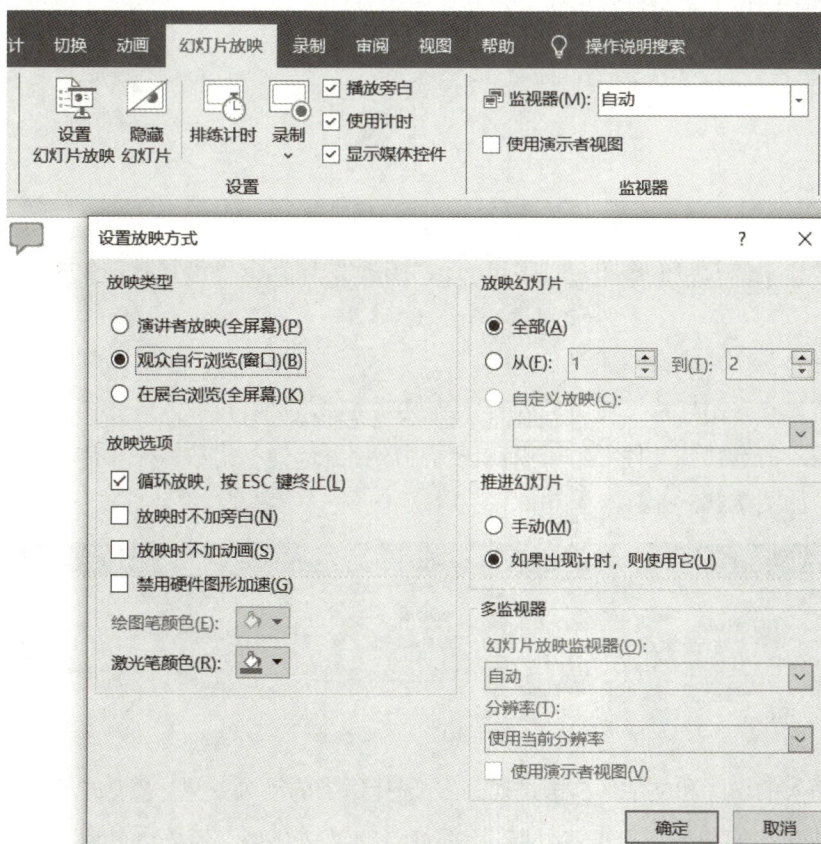

图 7-102　自动放映

4) 插入缩放定位辅助放映切换

缩放定位是 PPT 2019 新版为灵活跳转幻灯片放映而开发的功能。如果幻灯片数量较多，则为了灵活控制放映进度，可以使用缩放定位在章节、转场页和内页之间进行快速切换。摘要缩放定位功能适用于整个演示文稿，如图 7-103 所示。

图 7-103　设置缩放定位

在 PowerPoint 2019 中，可以通过插入缩略图来辅助进行放映切换。在放映模式下，单击底部工具栏上的"幻灯片排列视图"按钮，即可显示所有幻灯片的缩略图视图。在缩略图视图中选择想要插入的缩略图，通过单击并拖动的方式，可以选择多个幻灯片。然后将选择的缩略图拖放到幻灯片的位置，这样就会在当前幻灯片中插入选定的缩略图，如图 7-104 所示。

图 7-104　插入缩略图

在幻灯片中插入的缩略图是可单击的。当在放映模式下单击它时，会跳转到相应的幻灯片。

5) 使用书签实现音画字同步

首先新建一张幻灯片，然后插入音频或视频文件，接着再插入一张图片和歌曲的一句歌词，在插入的音视频文件上，可以在任何播放位置选择"播放"→"添加书签"来实现书签功能，如图 7-105 所示。

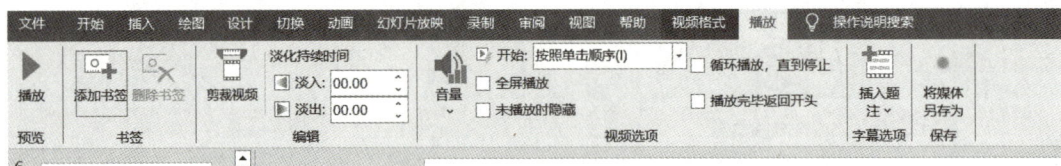

图 7-105　添加书签

选中插入的图片和文字，单击"动画"，选择适当的动画效果，然后单击"动画窗格"，选中图片和文字的动画，单击"计时"，选择"触发器"→"播放下列内容时启动动画效果"→"书签"，效果如图 7-106 所示。

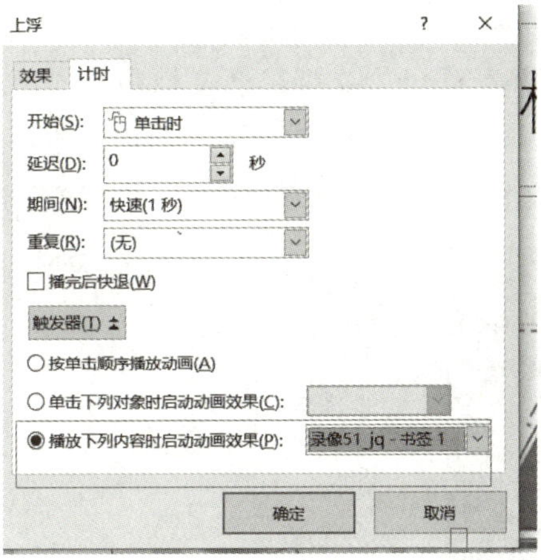

图 7-106　触发器设置

2. 幻灯片的输出

1) 创建讲义

在幻灯片编辑模式下，单击"文件"选项卡，然后选择"打印"，在打印设置页面中，找到"设置"部分，并选中"全页幻灯片"。在右侧的"设置"菜单中选择"讲义"，在打印设置页面中可以预览讲义的效果，如图 7-107 所示。使用左侧的"放大缩小"按钮可以调整讲义的字体大小。

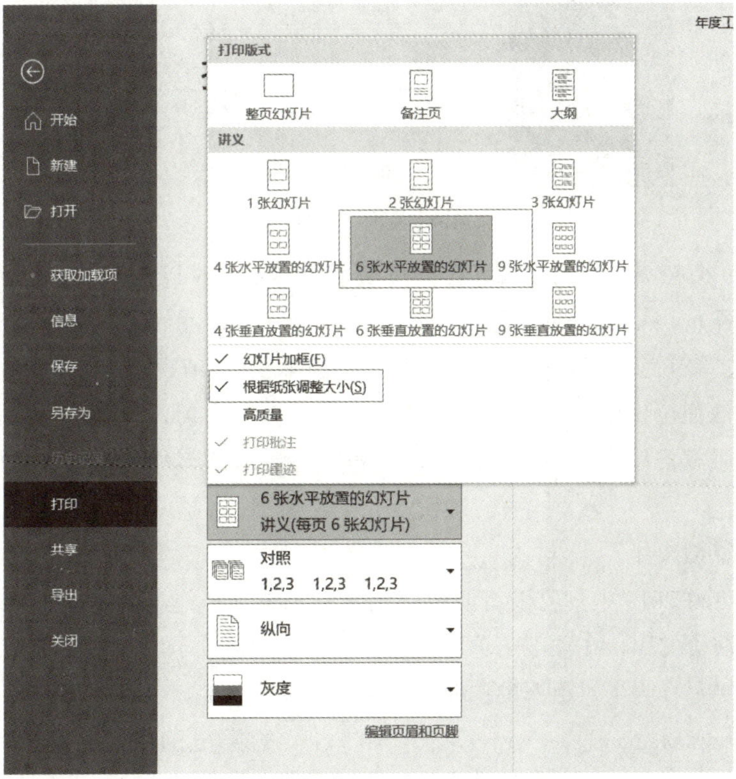

图 7-107　输出为讲义方式

2) 转化为 PDF 文件

打开 Microsoft Word，并新建一个文档，在文档中输入演示文稿的内容，包括标题、正文和其他所需的要素。在导航栏中选择"文件"选项卡，然后选择"另存为"或"导出"选项，选择"PDF"作为输出文件格式并保存演示文稿，如图 7-108 所示。

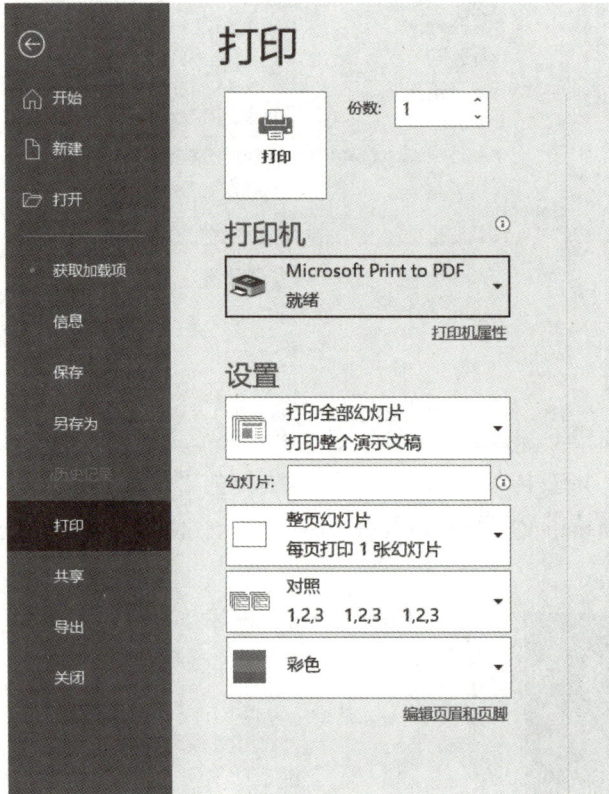

图 7-108　打印为 PDF 文件

PowerPoint 会按照当前的布局和样式将演示文稿导出为 PDF 文件，包括所有幻灯片、注释和其他内容 (如图表、图片等)。

如果演示文稿中包含特殊的效果或功能 (如动画、音频或视频)，那么这些内容在 PDF 文件中可能无法完全保留或播放。因此，在转换为 PDF 之前，要确保所需内容能够满足需求，并注意版权问题，确保在转换和共享 PDF 文件时遵循相关法律和原始内容的版权规定。

3) 创建为视频文件

在 PowerPoint 2019 中，可以将演示文稿导出为视频文件，以便于在其他平台或设备上播放。打开演示文稿，在顶部菜单栏中选择"文件"选项卡，在文件菜单中单击"另存为"选项。在"另存为"对话框中选择目标文件夹和文件名，并在"保存类型"下拉菜单中选择"Windows Media 视频 (.wmv)"或"MPEG-4 视频 (.mp4)"，然后单击"保存"按钮，将演示文稿导出为视频文件，如图 7-109 所示。

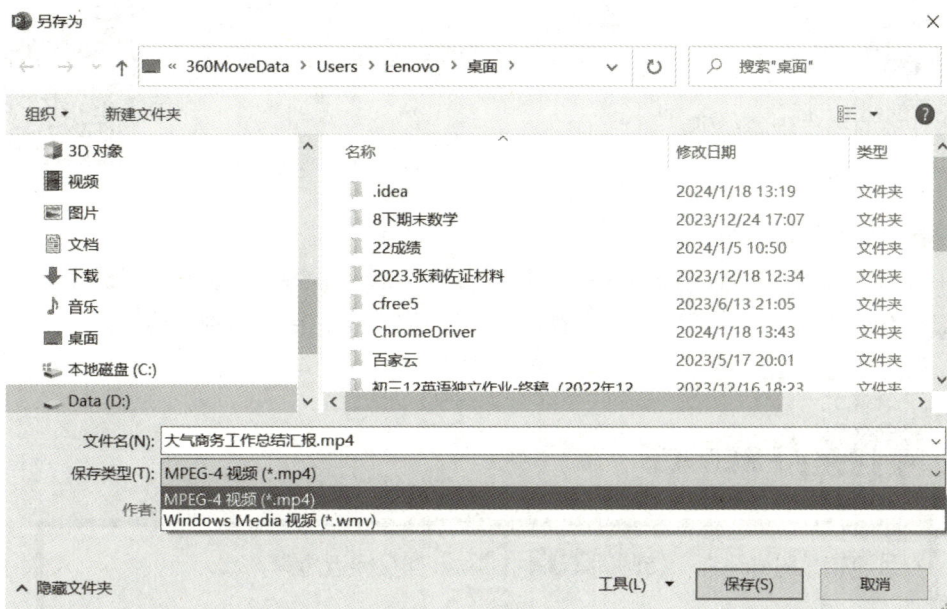

图 7-109　另存为视频文件

4) 输出为单张图片

PowerPoint 2019 中，可以将演示文稿中的每一张幻灯片导出为独立的图片文件，打开演示文稿，在顶部菜单栏中选择"文件"选项卡，在文件菜单中单击"另存为"选项。在"另存为"对话框中选择目标文件夹和文件名，并在"保存类型"下拉菜单中选择"PNG (.png)""JPEG(.jpg)"或其他图片格式，然后单击"保存"按钮，将演示文稿的每个幻灯片都导出为单独的图片文件，如图 7-110 所示。

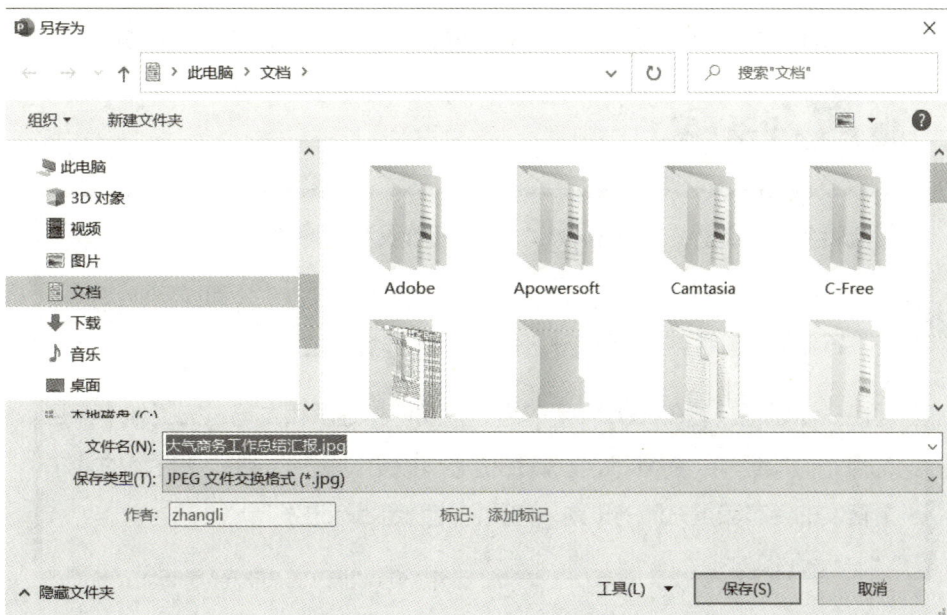

图 7-110　输出为图片文件

操作步骤

本任务的操作步骤如下。

1. 放映幻灯片

放映幻灯片的操作步骤如下：

(1) 放映时边讲解边标记。进入"年度工作总结汇报"的放映状态，在屏幕上单击鼠标右键，然后从弹出的快捷菜单中选择"指针选项"，将光标移动到"笔"命令上并单击选择，如图 7-111 所示。

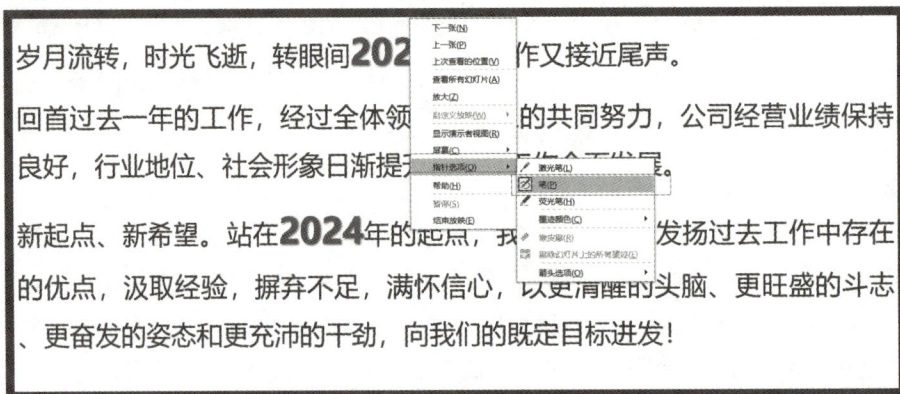

图 7-111　选择指针选项

当鼠标变成红点时，可以通过拖动鼠标在屏幕上进行标记，效果如图 7-112所示。

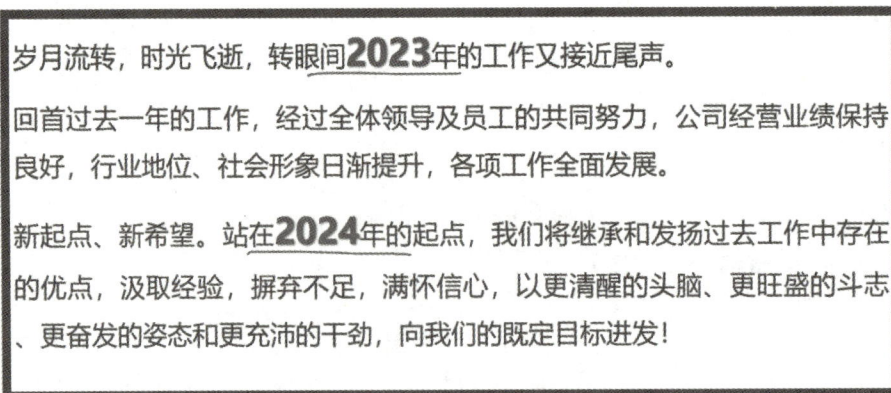

图 7-112　标记文字

(2) 设置幻灯片为无人自动放映。打开"年度工作总结汇报"演示文稿,在"幻灯片放映"选项卡的"开始放映幻灯片"组中单击"设置幻灯片放映"按钮,以打开"设置放映方式"对话框,如图 7-113 所示。

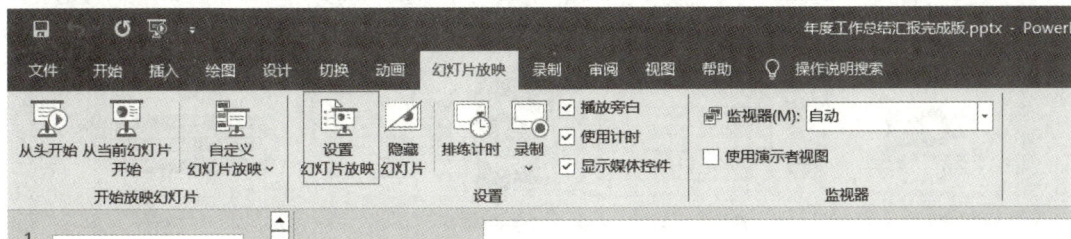

图 7-113　设置幻灯片放映

选中"循环放映,按 ESC 键终止"复选框,单击"确定"按钮完成设置即可,如图 7-114 所示。

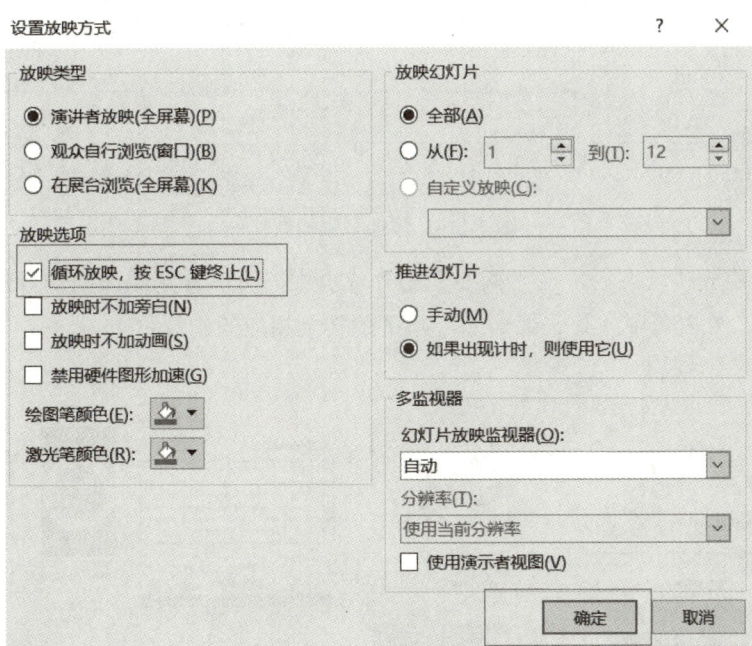

图 7-114　设置循环播放

(3) 插入缩放定位辅助放映切换。打开"年度工作总结汇报"演示文稿,选择"插入"选项卡的"链接"组,在该组中单击"缩放定位"下拉按钮。在展开的下拉列表中选择"摘要缩放定位"命令,以打开"插入摘要缩放定位"对话框,如图 7-115 所示。

图 7-115　缩放定位

选中需要添加到摘要的多张幻灯片复选框，如图 7-116 所示。

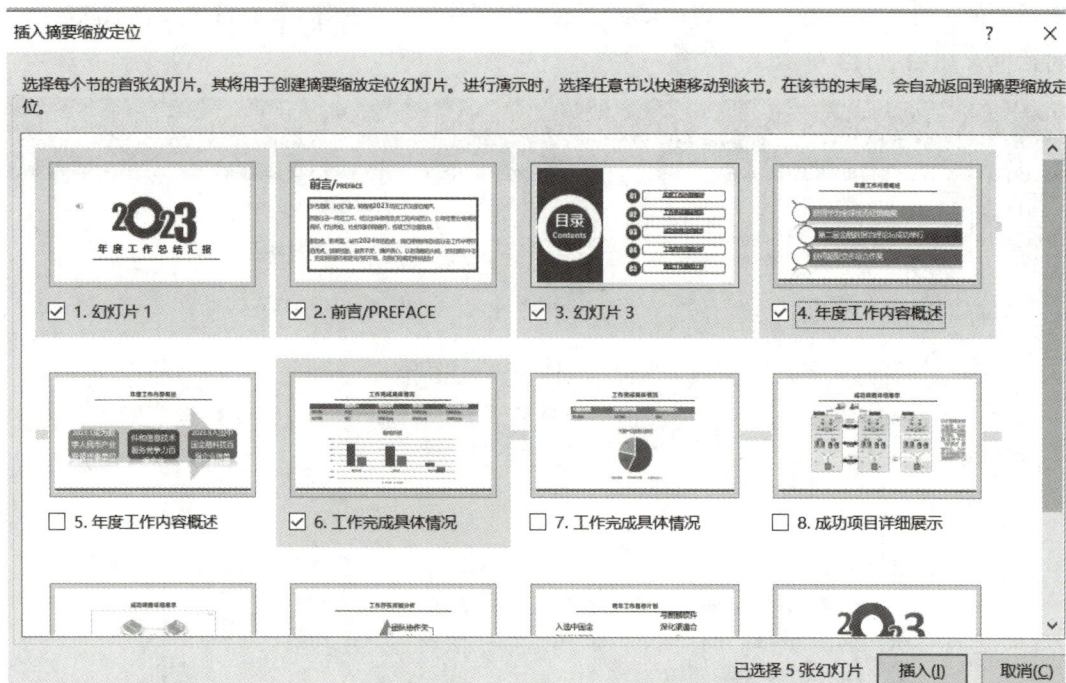

图 7-116　添加多张幻灯片

进入幻灯片放映状态后，在"摘要"幻灯片页中，可以看到添加的幻灯片缩略图，如图 7-117 所示。单击其中的某张缩略图，即可跳转至相应的幻灯片页。

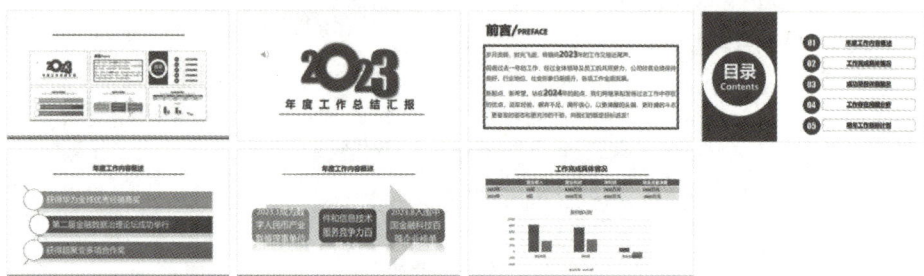

图 7-117　查看缩略图

2. 输出年度工作总结汇报演示文稿

输出年度工作总结汇报演示文稿的操作步骤如下：

(1) 将年度工作总结汇报演示文稿输出为讲义 (每页 6 张水平放置的幻灯片)。单击"文件"选项卡，选择"打印"，在打印机选项中选择"Microsoft Printto PDF"选项，然后在"设置"选项中的幻灯片版式中选择"讲义"，并选择"6 张水平放置的幻灯片"选项，最后单击"打印"进行输出，如图 7-118 所示。

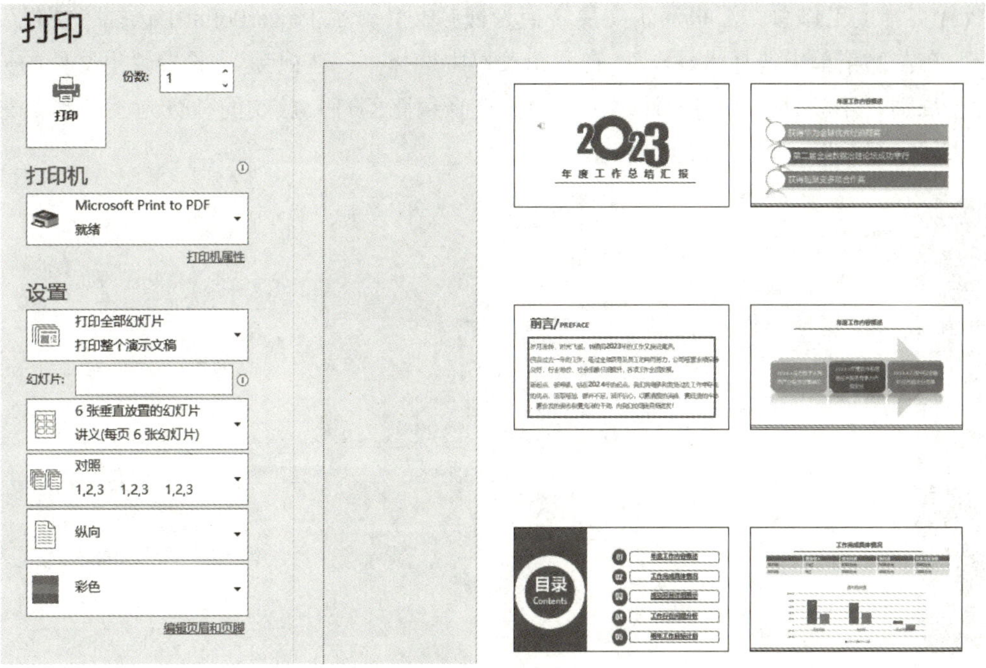

图 7-118　打印年度工作总结幻灯片

(2) 将年度工作总结汇报演示文稿转换为 PDF 文件。打开演示文稿,单击左上角的"文件"选项卡。在文件菜单中选择"另存为"选项。在弹出的"另存为"对话框中选择保存路径，文件名设定为"年度工作总结汇报"，在"保存类型"下拉菜单中选择"PDF"，然后单击"保存"按钮，即可将演示文稿保存为 PDF 文件，如图 7-119 所示。

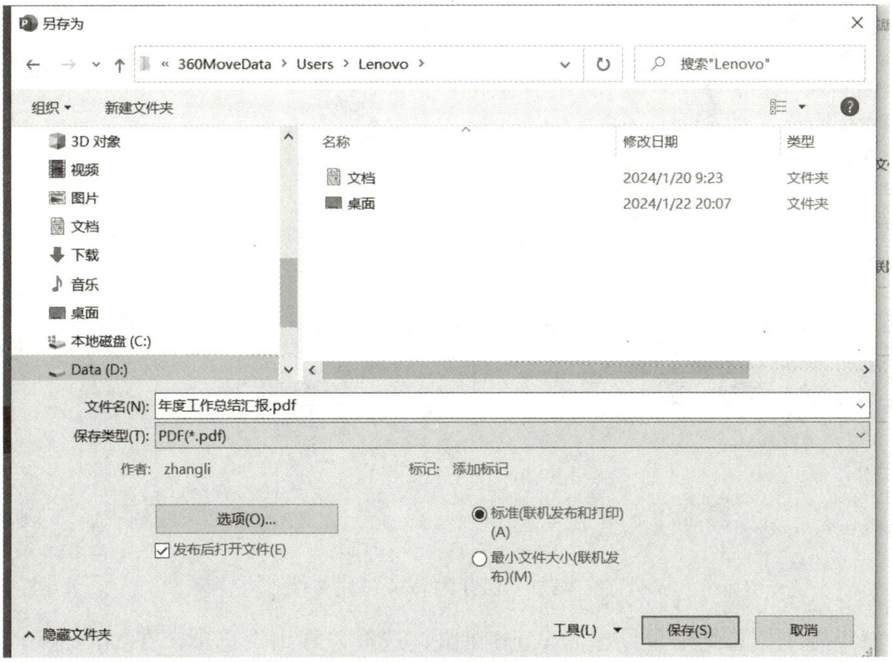

图 7-119　转换为 PDF 文件

(3) 将年度工作总结汇报演示文稿转换为视频文件。在 PowerPoint 中选择"文件"选项卡，在左侧菜单中选择"导出"，在导出菜单中选择"创建视频"，设置输出文件的分辨率为全高清、不要使用录制的计时和旁白，选择每张幻灯片放映的秒数为 5.00 秒，最后单击"创建视频"，如图 7-120 所示。

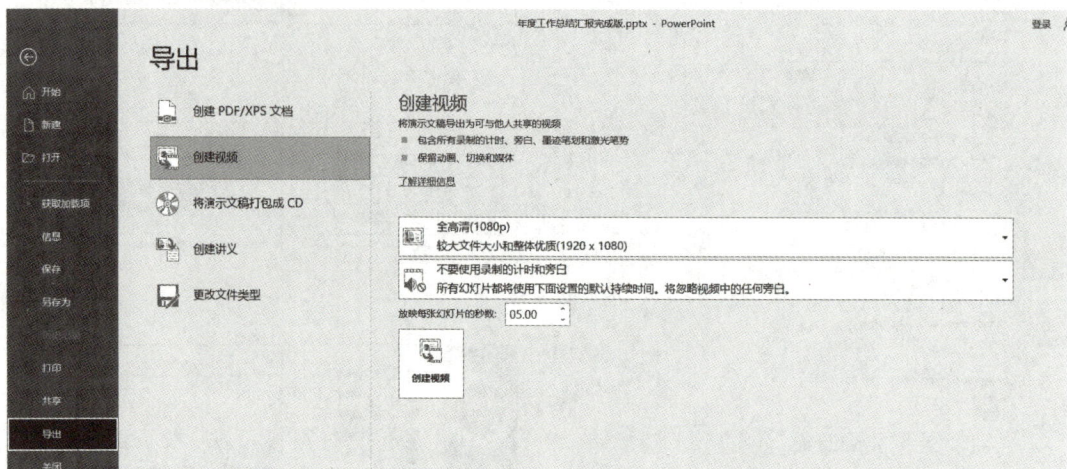

图 7-120　导出为视频文件

选择保存类型为".mp4 类型"，将文件名设置为"年度工作总结汇报 .mp4"，最后单击"保存"按钮，如图 7-121 所示。

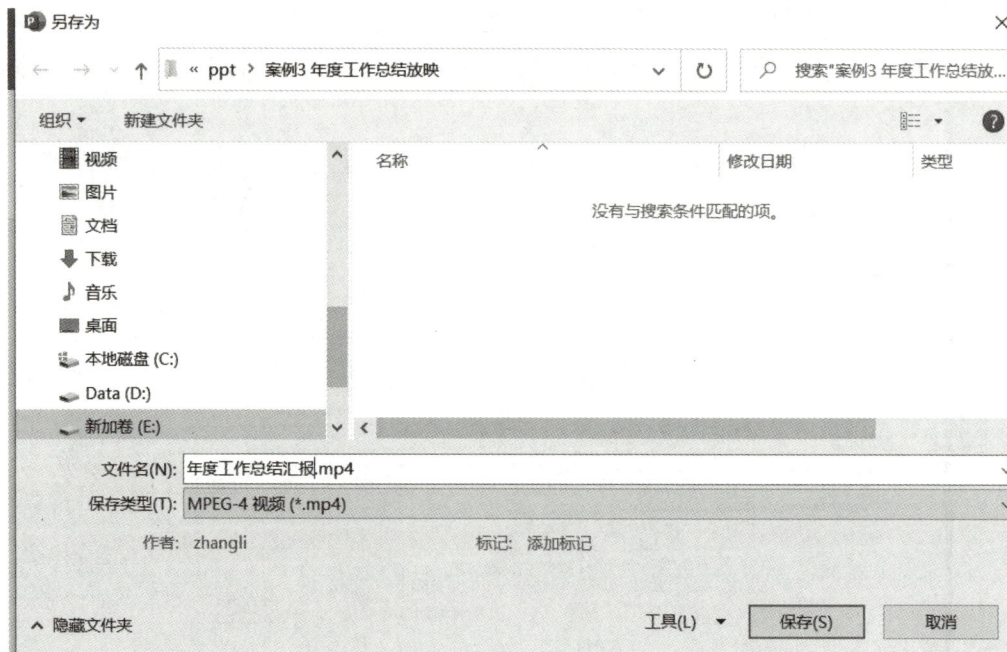

图 7-121　保存为 mp4 格式文件

(4) 将年度工作总结汇报导出为 Word 讲义，选择"导出"选项，在 Microsoft Word 中创建讲义，如图 7-122 所示。

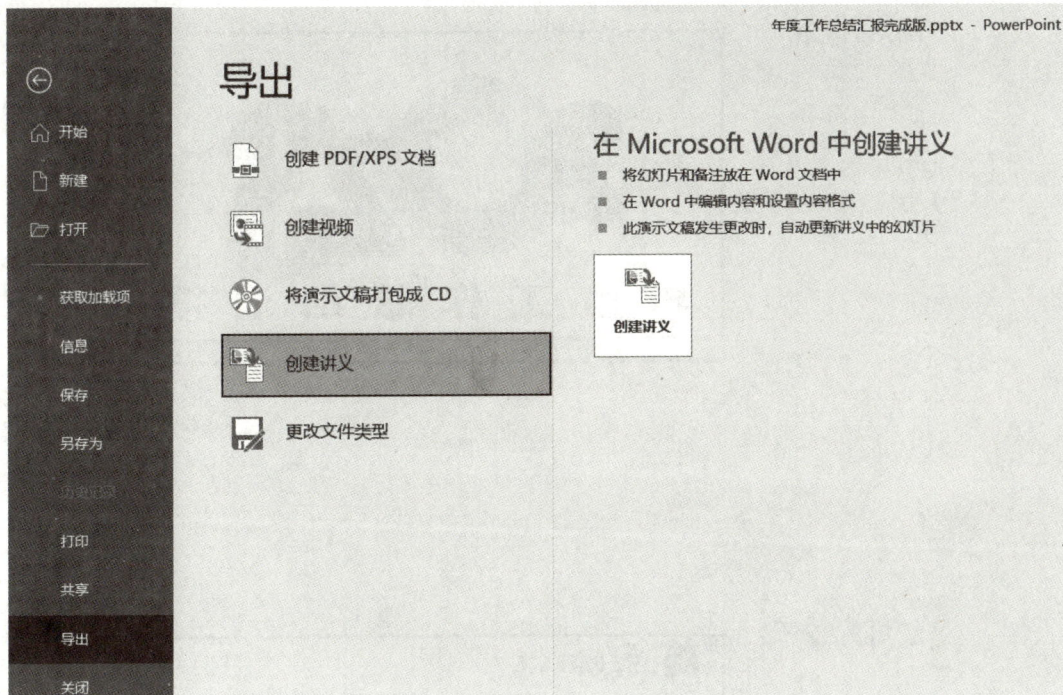

图 7-122　创建讲义

　　选择发送到 Microsoft Word，选择 Microsoft Word 使用的版式为"备注在幻灯片旁"，将幻灯片添加到 Microsoft Word 文档中并"粘贴"，如图 7-123 所示，完成后的效果如图 7-124 所示。

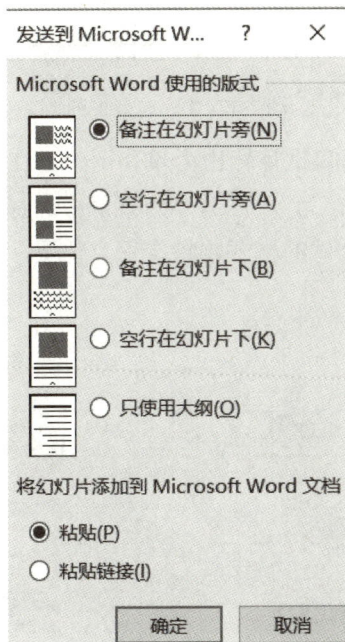

图 7-123　将幻灯片添加到 Word 文档

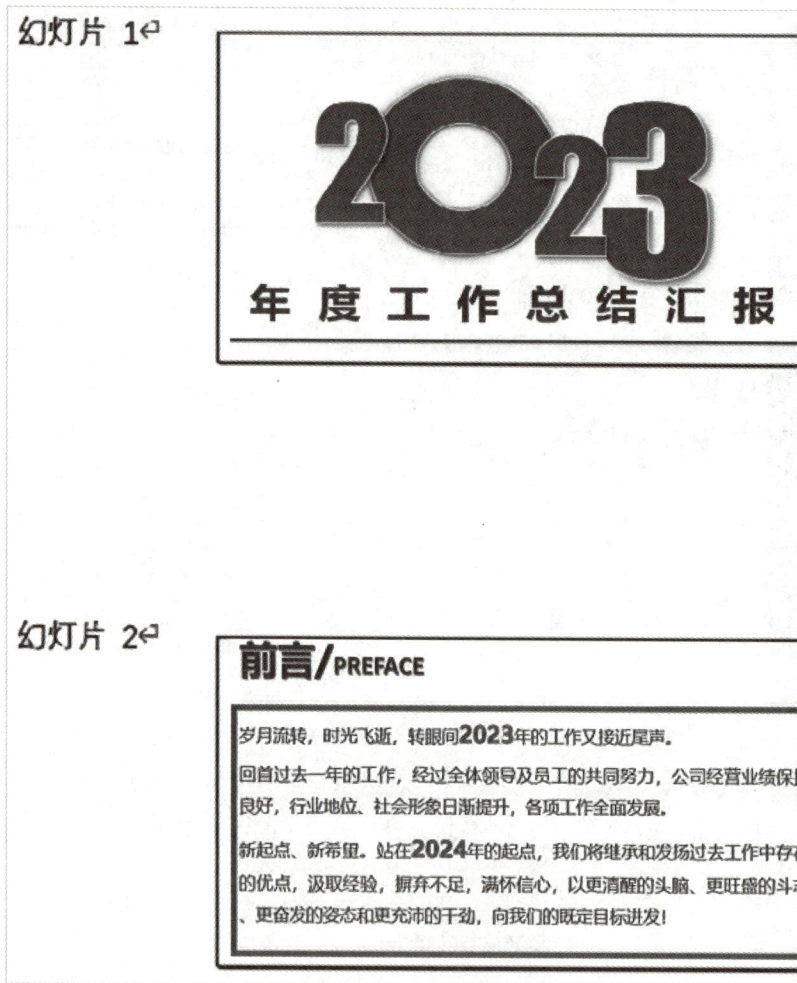

图 7-124　完成效果图

(5) 将年度工作总结演示文稿批量输出为单张图片。在 PowerPoint 中选择"文件"选项卡，在左侧菜单中选择"另存为"。在另存为菜单中选择"其他格式"，弹出对话框后，选择"图片 (JPG)"作为保存文件的格式，指定保存位置，并单击"保存"按钮，运行效果如图 7-125 所示。

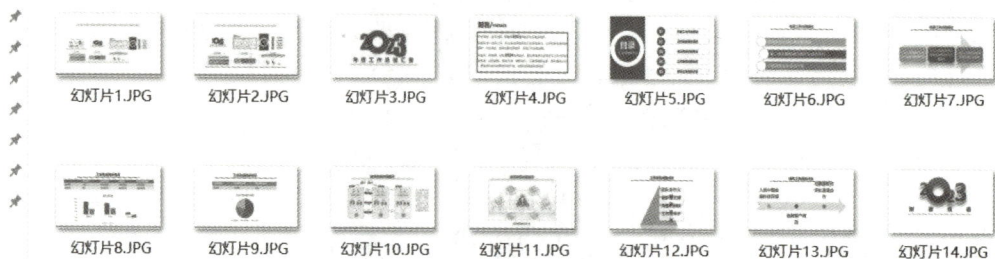

图 7-125　保存为图片格式

习　题　七

1. 以《自我介绍》为主题，制作一个至少有 4 张幻灯片的演示文稿，主题要鲜明，布局要合理，视觉效果要美观舒适，具体要求：

(1) 第一张幻灯片要求用"标题幻灯片"版式。主标题为"自我介绍"，副标题写明自己的"专业、班级、姓名"。

(2) 第二张幻灯片用"标题和内容"版式，写出"学习、生活、爱好、性格……"等项目 (任选两个项目) 描述，文字不要太多。

(3) 第二张幻灯片中各项目与相应的描述幻灯片之间建立超级链接。

(4) 幻灯片内要求插入艺术字、图片和文字。版面布局要合理，修饰和演示效果要好。

(5) 在所有幻灯片的页脚位置插入幻灯片编号和可自动更新的日期，日期格式为"年 /月 / 日"。

2. 以《我的专业》为主题，制作一个至少有 3 页的演示文稿，主题要鲜明，布局要合理，视觉效果要美观舒适，具体要求：

(1) 第一页版式为"标题幻灯片"，标题设为《我的专业》，副标题写明制作人的学校名称、专业和姓名。标题设为紫色、隶书、80 磅，副标题设为蓝色、华文楷体、48 磅。

(2) 第二页版式为"标题和内容幻灯片"，标题是艺术字，设为隶书、44 磅，正文文本均为华文楷体、28 磅。

(3) 第三页版式为"空白幻灯片"，内容有文本、图片，利用标注对其中一张图片加以说明。

(4) 设置动画效果 (任选) 和幻灯片切换效果。

(5) 设置循环播放方式。

习题 1 操作步骤　　　　习题 2 操作步骤

参 考 文 献

[1]　赵帅. 未来已至：5G 时代大变革 [M]. 北京：化学工业出版社，2022.

[2]　武志学. 大数据导论：思维、技术与应用 [M]. 北京：人民邮电出版社，2019.

[3]　李勇. 办公软件高级应用教程 (Office 2019)[M]. 北京：电子工业出版社，2021.

[4]　赛贝尔资讯. Word/Excel/PPT 2019 高效办公从入门到精通 [M]. 北京：清华大学出版社，2019.

[5]　宋亚奇，李莉，等. 云计算技术及应用 [M]. 北京：电子工业出版社，2022.

[6]　聂哲，周晓宏. 大学计算机基础：基于计算思维 (Windows 10 + Office 2016)[M]. 北京：中国铁道出版社，2021.